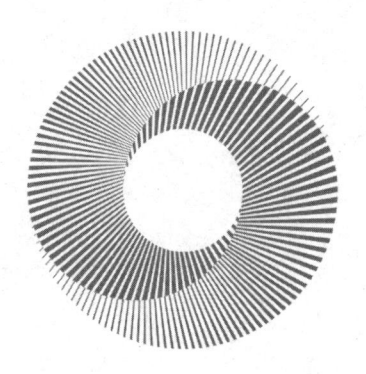

The Logic of Hegel

Georg Wilhelm Friedrich Hegel

小逻辑

［德］黑格尔 ◎ 著
孙瑜　凌颖 ◎ 译

中国华侨出版社
·北京·

译者序

格奥尔格·威廉·弗里德里希·黑格尔（Georg Wilhelm Friedrich Hegel，1770—1831）是19世纪德国古典哲学家、客观唯心主义者、辩证法大师，西方哲学史上最伟大的系统性思想家之一。作为德国古典哲学最后的一位代表，黑格尔不仅从其哲学立场出发对德国古典哲学进行了概括和总结，而且被看作古典哲学的集大成者。他百科全书式的思想体系可分为逻辑学、自然哲学、精神哲学三个部分。

《小逻辑》实则为《哲学科学全书纲要·一·逻辑学》的俗称。与之对应的就是"大逻辑"，指整部《哲学科学全书纲要》（以下简称《哲学全书》）。学界为了区分《哲学全书》提纲挈领和具讲义性质的第一部分《逻辑学》和全本，将前者称为"小逻辑"，后者称为"大逻辑"。本书《小逻辑》语言清晰、紧凑、严谨、深刻，初看晦涩难懂，细细体味则奥妙无穷，让人读罢时常会有"确实如此"的感叹，也体现出黑格尔高超的哲学思维和洞察能力。《小逻辑》一书是黑格尔哲学大厦的重要组成部分，代表了黑格尔晚年渐趋成熟的哲学体系的形成。

《小逻辑》的汉译本至今主要有1950年初版的贺麟先生译本和2002年梁志学先生译本。前者语言通俗易懂，也因此多次再版，知名度和影响力很大，贺先生语言和哲学造诣颇深，也是我国学界和普通读者了解黑格尔逻辑学思想的领路人；后者实为梁先生20世纪80年代始译，最终在21世纪初付梓的译本，在准确性和详细度上同样值得称道。

高山在前——译者从德文原版直接翻译该著，吸收已有译本的优点，意义和用词上尽可能准确、忠实，语言风格和行文尽可能流畅、通顺，符合当今时代的语言习惯，便于普通读者阅读。《小逻辑》是黑格尔著作中较易读的，但要读懂也不易。翻译过程中，译者亦查询了大量文献，挖掘哲学词汇在西方文化中不同于中国文化的背景和语境，以免貌合神离。在哲学术语上，延续使用约定俗成的术语，以使译本读者可以融入哲学话语生态，并适当进行少许改进。如"Grund"一词，贺译翻成"根据"，而本译本根据其语境含义和原文含有"Grund"的"充足理由律"这个哲学术语中文固定译法，将之译为"理由"。再如"Sein"一词的译语，贺译《小逻辑》最初将它译为"有"，后来将它修正为"存在"，但是依然保留了"有"一词，二者兼用。梁译《逻辑学》则将它译为"存在"，在本译本中，"有"与"存在"这两个译法是交替使用的，视语境意义和连贯性总体以"存在"为主。

　　很多人说，德语是哲学家的语言。这一点虽非完全正确，然而词法、句法相对严谨和繁复的德语以其复杂的构词方法、错综的性数格、多种时态语态、纷繁的单句套句间，展现出哲学思维的缜密和细微，这一点也体现在原著中——语言形式的些许腾挪，或能带来意义的天壤之别。中、德文分属不同的语系，亦有着不同的词法、句法和学术语特征，译者努力在中文译语中展现出德文原著的意义和思想，然而语言功底和学术造诣尚非最深，总有不及之处，虚心期待读者指正。希望该译本可以帮助读者体悟逻辑学之精妙，在俗世中拨开一片净土体验辩证哲学之美。

目 录

第一版序言	001
第二版序言	004
第三版序言	018
柏林大学开讲词	024
导　言	029
逻辑学概念的初步规定	049
A. 思想对客观性的第一态度	072
形而上学	072
B. 思想对客观性的第二态度	085
（a）经验主义	085
（b）批判哲学	090
C. 思想对客观性的第三态度	118
直接知识	118
逻辑学的进一步定义和划分	134
第一篇　存在论	146
A. 质	148
（a）存在	148
（b）定在	157

（c）自为存在	166
B. 量	171
（a）纯量	171
（b）定量	175
（c）程度	177
C. 尺度	185
第二篇　本质论	191
A. 本质作为实存的理由	196
（a）纯粹的反思规定	196
（b）实存	211
（c）物	213
B. 现象	219
（a）现象界	221
（b）内容和形式	221
（c）联系	224
C. 现实	235
（a）实体联系	248
（b）因果关系	251
（c）相互作用	254
第三篇　概念论	261
A. 主观概念	265
（a）概念自身	265
（b）判断	269
（c）推论	284

B. 客体	300
（a）机械性	302
（b）化学性	306
（c）目的性	308
C. 理念	316
（a）生命	321
（b）认识	325
（c）绝对理念	335

第一版序言

哲学爱好者们期待在听我的哲学讲座时手捧一份讲义教本，为了满足这一需求，这份关于哲学全部轮廓的概述，出版问世的日期比我原定的计划要更早一些。

由于本书仅仅是大纲，未能就一些理念的内容进行更为详尽的阐述，并且没有科学的哲学所必要的、包含一般所谓论据的体系推演。我将书名确定为《哲学科学全书纲要》，一方面旨在表明本书的写作范围限于总览全局，而细节会在口头讲座中加以弥补。

另一方面，本书不像是其他现有的、为人熟知的著作一样，有一个外在的目的，依据某种特殊用意，武断地将内容加以处理和结合起来。本书的写作思路并非如此，旨在按照一种全新的方法，对哲学进行重新定义。在我看来，这种方法，会在日后被公认为唯一真正与内容相一致的方法。倘若客观情况允许，如我就哲学的其他部分《自然哲学及精神哲学》先行进行了详尽的阐述并已有相应的著作诞生；又如《哲学科学全书纲要》的第一部分——《逻辑学》（《小逻辑》），也曾问世，供大众阅读，我觉得也许这样对于广大的读者群体而言，益处更大。不管怎样，我认为，虽然在目前的论述中，接近表象观念的内容和熟习的经验内容，在这一方面受到了一定的限制，但其中理念的过渡与转化，只能通过概念在其中发挥作用——这样一来，内容和方法都是矛盾发展的，都是从抽象到具体的，因此，矛盾发展有两个优点。其一，矛盾发展处处揭示问题的内在联系，而不是与其他的科学一样，在表面上做肤浅的论述；其二，与传统对待哲学对象的办法不同，矛盾发展不是在主观上预定一套范畴，然后在这些范畴的基础上，武断、粗暴地对所有的材料加以排列与处理，并通过极为奇特的误解，从概念发展的必然性自身的演动和联系出发，研究哲学对象，从而将概念的必要性和联系的偶然性与任意性统一起来。

由此可以看出，哲学上也充斥着很多任性作风与浅薄作风，并且在思想上走上了一条冒险的道路。有时，这种作风给正直、务实的哲学研究人员留下了深刻的印象，但有时，这种作风会被当作愚蠢的行为，甚至达到了狂妄、发疯的程度。与其说它时而使人敬佩，时而使人疯狂，不如说哲学的内容揭示了许多众所周知、零零碎碎的事实，同时显现出了故意为之以及带有拼凑性质的古怪的形式。总的来说，披着学术严肃的外衣，却实则自欺欺人。另外，我们又常常看到一种浅薄的作风，缺乏深度的思考，秉持着怀疑主义，误认为理智无法认识物本身。与此同时，理念越是空疏，其自负与虚荣的程度就越高。在一段时间内，学术界的这两种倾向，对德国人对学术的严肃性产生了负面影响，使其更深层次的哲学需要有所下降，并导致人们甚至对哲学科学产生一种轻视或蔑视的态度，以至于现在连自诩谦虚的人士，都认为自身有资格与哲学的高深问题对着干，并否认其中理性的知识，而这种知识的形式在此前是得到了证明的。

这里所涉及的第一个现象，我们可以部分将其视为新时代年轻人的热忱。而这种热忱，在科学领域与政治领域都得到了显现。这种热忱需要人们激动地迎接复苏的黎明，可以不经过一番精神的刻苦努力，就立刻去体味理念之美，得到真理，并且在这种热忱所带来的希望与前景中陶醉一段时间，就更容易产生某种过分的不羁的狂想。然而，对于这种浅薄的、虚骄的态度，人们也会表示理解。这是由于，总的来说，其中仍然有一个完整的核心存在，在这一核心周围不断缭绕的阴霾，很快就会自行消逝。另外，还有一种现象更加令人厌恶，因为它揭示了人在理智上的疲惫与无力之感，并努力用一种自欺欺人的态度，假意已经掌握了所有世纪以来的全部的哲学思想，以此来掩盖这种弱点。

与这两个趋势相反，还存在着令人欣慰之事，因此我打算特别拿出来谈论。对于哲学的热爱，以及对更高深的知识发自内心的热爱历久弥新，既真诚又不浮夸。倘若这种兴趣，有时更多的是停留在一种直接的知识与感觉的形式，即不通过概念或理性的方式去试图追寻真理，这样一来，它反向证明了理性洞察力的内在、更深远的驱动力——只有这种理性的识见，才能赋予人以尊严。最重要的是，这种兴趣和理性的识见，只能充当哲学知识的结果，正因此这至少被哲学认定为一种条件，一种达到较高知识的预备条件。为了满足这种认识真理的兴趣，我打算将这篇文章作为导言或绪论，并希望读者能够接受这样一个目的。

——写于海德堡，1817年5月

第二版序言

在本书这一新的版本中，细心的读者也许会发现，有许多地方重新进行了改写，并添加了更为详尽的规定。一方面，在写作的过程中，我努力想要削弱与减少讲演的形式，并尽可能地用通俗易懂的补充说明等形式，使抽象的概念更接近普通读者的理解与更具体的表象观念。另一方面，本书作为一本纲要，须得十分紧凑、短小精悍，因此许多内容显得有些深奥，甚至晦涩难懂。在这个意义上，第二版仍与第一版的目的相同，即作为一本讲义，通过口头讲述的形式做出必要的解释说明。单就《哲学科学全书纲要》这一书名而言，科学方法最初似乎可以不必太过严谨，也可以留有外在编排的余地；但本书的内容实质决定着前后逻辑要保持一致为全书的基调。

也许有太多的机缘巧合，或者说我似乎得到了某种激励，觉得很有必要在这里对我的哲学思想在当代教育的精神与无精神工作的外在态度加以诠释，且这只能以一种外在的方式，如在序言中进行创作。因为虽然这种创作与哲学之间存在一定的联系，却不允许哲学被科学接纳，科学从而无法真正进入哲学，而是从外部引进。通常来说，著者不愿意进入这种与科学格格不入的领域，这一做法显得不够专业。正是因为这种解释与讨论，并不能真正促进理解，而只有理解真知才是真知所必不可少的组成部分。不过讨论一些现象也许不无用处，不无需要。

在我的哲学创作过程中，我曾经并正在努力实现获得关于真理的科学认识。这是一条最为难走的道路，但也是唯一一条对精神有价值、有兴趣的道路。精神一旦踏上思想的道路，且没有陷入虚浮，而能够保留追求真理的意志与勇气时，人们很快就会发现，只有采取正确的方法，才能够规范思想，把思想引向内容的实质，并把思想维持在其中。事实证明，这样的延续，目的无非是恢复我们的思想中最初努力设定的内容，恢复精神最特殊、最自由的元素。

一种不偏不倚的，而且表面上看来很幸运的状态，不久前才刚刚结束。在这种状态中，哲学与其他的科学与文化教育并驾齐驱、携手同行。这种温和的、理智的启蒙，同时能够满足理智的需要和宗教的信仰。同样地，天赋人权说与现有的国家与政治和谐共处，而经验的物理学以自然哲学为名。但这种和谐的状态十分肤浅，特别是理智与宗教，正如实际上，天赋人权与国家之间存在着内在的矛盾。由于出现了分离，矛盾也便发展出来了。不过，在哲学中，精神却安于与自身进行和解，所以，这种哲学与上述这些矛盾本身之间也相互矛盾，并在不断地粉饰这些矛盾。以为哲学仿佛与经验的感性知识，与法律的感性现实，与纯粹的宗教和虔诚，皆是相互对立的，这本身就是一种错误的成见。哲学不但要认可这些形态，甚至要证明其正确性。思辨意识需深入这些内容中，在其中学习并肯定自身，从而得到教训，增进力量。正如思想在自然、历史和艺术的伟大直观中，能够不断丰富其自身的内容，并增进力量一样。因为这种丰富的内容，只要其表现是思想，那么就是思辨理念本身。它们与哲学的冲突只建立在这一基础之上，且摆脱了其固有的特殊性，存在的内容要在范畴中不断得到把握，并使之依赖这种范畴，而不将范畴引导到概念，并上升到理念的高度。

一般的科学教育的理智，有时也会带来一种重要的消极结果，即通过有限概念的方式，无法找到一条道路与真理进行调解，从而达到真理。但这往往会产生与它预期相反的后果，因为这种看法认为真理对范畴的研究以及应用，存在于直接的情感或信仰中。换言之，这种理智的信念对研究范畴不再感兴趣，因而不关注如何正确应用范畴的问题。这样一来，使得有限的关系和认识有了距离，在认知中失去了一席之地。而范畴的运用，正如在绝望的状况中，只会变得更加无所顾忌与不加批判。误以为有限范畴不足以达到真理，就会否认客观知识存在的必要性。结果当然是依据情感和主观意见来作肯定或否定。而且在本来应当加以科学证明的地方，提出了一些主观的论断和事实。而这些事实本身，需要得到进一步的证明与批判。在意识面前，人们对其越是不加批判，这些事实越是会被视为纯粹的事实。对于一个像直接性这样空泛的范畴，倘若不对其进行进一步的研究，精神的最高需求就应当通过直接性来决定。人们可能会发现，尤其在讨论宗教对象的时候，许多人很明显地将哲学搁置在一旁，仿佛这样一来，所有的邪恶便能够得以驱除，获得了抵制错误和假象的保障。于是，真理的探讨便可从某处从推理的预设开始，并运用一般的抽象理论对其予以证明。换言之，应用常见的思想范畴，如本质与现象、原因与结果等，并且论述这些与其他有限性论述的关系，从而做出推论。

"他们摆脱了诸恶，但那恶仍然存在着。"[1]而且这恶比原先的更要糟糕十倍，这是由于，这恶不加怀疑、不加批判地获得了信任。哲学好像那个被驱除的邪恶似的，可以是除探讨真理外的任何别的内容，不过这种真理的探讨是一种与关于思想关系的性质与价值的意识，联结着、规定着一切内容的思维关系的本性和价值。

这样一来，哲学遭受了最为悲惨的打击，当许多人开始进行所谓的哲学研究，他们一方面想要掌握哲学，另一方面想要批判哲学。这是从物质方面、精神方面来看的一种事实，特别是在宗教方面赫然存在着的事实。这是由于这些人研究这些反思式的抽象思想的方式出现了问题，因而真理遭受了歪曲。另外，这种认识方式本身也具有一定的意义，即首先将事实提高到已知的高度上，但困难在于从内容实质到认知的过渡。而且这种过渡是反思哲学形成的。这种困难在科学本身已不存在。因为哲学的事实是一种现成的认知，而哲学的认识方式只是一种反思，也即是对于事实的进一步思考。首先，批判需要一种具有普通意义的反思。但不加批判的知性证明其自身在对于理解特定的已说出的理念方面同样不忠实。

---

[1] 坎特伯雷大主教安瑟尔谟，在《宣讲》中对此进行了以下描述："不能设想比之更伟大的东西，确实不能仅仅存在于心中。因为如果它只存在于心中，它也能被设想为在现实中存在，而后者要比前者更伟大。如果不能设想比之更伟大的东西仅在心中存在，那这个不能设想比之更伟大的东西，就是可以设想比之更伟大的东西了。但这明显是不可能的。"

而且知性对于它所包含的固定的前提同样也缺乏一定的怀疑能力，以至于无法重述哲学理念的赤裸裸的事实。这种知性奇妙地集两方面于一身。一方面，知性没能充分且不偏不倚地把握理念，而是强行把握，因此甚至对于应用范畴会陷于明显的矛盾；另一方面，知性没有意识到还存在着另外一种思维模式，且可以运用一种更为妥当、更为有效的方式。在这种方式下，思辨哲学的理念固执存在于其抽象的定义中。人们没有意识到的一点是，概念的意义不是僵化的、不是固定的、不是现成的，而是一个发展的过程，定义的意义和必然的证明只存在于它的发展里。换言之，定义只是从发展过程中产生出来的结果。我们也会发现，一般来说，理念是具体的、精神的统一体。但知性包括只在范畴和概念的抽象中进行定义，即在其片面性与有限性中。所以，正是在这种情况下，知性便将具体的、精神的统一性当作一抽象的、无精神性的同一性，在这同一性里，一切是一，即形式逻辑的同一律，甲等于甲。与此同时，形式逻辑仅仅看到了其中的同一性，没有看到其中的差异性。这样一来，在思辨哲学的框架下，同一性已经得到了一致的认可。

倘若有一个人描述其宗教信仰："我相信天父上帝，这天与地的创造主。"而另一个人则片面地摘取这句话的前半部分，推论出这自述者只相信上帝为天的创造主。也就是说，他相信的不是由上帝创造出来的，物质是永恒的，那么我们对于这个断章取义的人，一定会感到惊讶。那人在他的自述中说他相信天的创造主是上帝，这个事实是正确的，而另一个人所理解的事实完全是错误的。这个例子也许不为人所信，显得不可思议与微不足道。但是，实际上，对于哲学理念的理解，无非就是这样的一种强硬的二分化。为了不引起不必要的误会，以及确定思辨哲学的原则的同一性，并且明确其之间的联系，他们会发现，主体与对象之间是存在区别的，同样地，有限与无限之间也是存在区别的，仿佛具体的精神统一体本身是不确定的，且其本身不包含差异，又仿佛有些人不知道主体和对象是不一样的，有限和无限也是不一样的。换言之，在钻研哲学的智慧时，要铭记，哲学并没有否定这种差别，但是这种差别仅仅是熟知，还未经过反思，成为真知。

由于哲学与某些事物之间存在区别，受到了相当的诋毁，且这些区别不为人知晓，甚至说哲学以这样一种方式，抹杀了善与恶的差异。于是有人自告奋勇，以公正且宽宏大量的态度，当众承认："哲学家在他们的阐述里并没有常常发挥出与他们的原则结合在一起的危险结论"（也许他们之所以没有发挥出来，是因为他们根本没有想到这些结论）。[1] 哲学不屑于要这种人们赐予的怜悯，因为哲学既对

---

[1] 这是德国神学家图鲁克（Tholuck，1799—1877）在《东方神秘主义之选集》（柏林，1825年，第13页）中的话。即使是深有感触的图鲁克，在那里也受到了世俗大众对哲学的看法的影响。他表示，理智只能从以下两个方面得出结论：如果仅存在一种能够制约和影响一切的原始的理由，那么我自身的最终的原因也存在于其中，由此，我的存在和自由的行为只是假象。换言之，如果我真的是一种不同于原始理由的存在，那我的行动便不受原始理由的制约和影响，那么，原始理由并不是制约和影响一切的原始事物。这样一来，就不存在无限的上帝，而是有众多的神，等等。所有思维深刻、敏锐的哲学家都应当信奉第一个命题（我不能理解为什么前者的片面性要比后者更为深刻、更为敏锐）。然而，如前文所述，并不总能够发展得到这样的结果，也就是说："即使是人的道德标准，也不是绝对真实的，但需要强调的是，善与恶在实际上是同等的，只是从外在上看，二者有所不同。"人们虽然情感深刻，却仍然陷入抽象理性的片面性，仅仅是为了对原始理由（这里个人的存在及其自由只是一种假象）的"非此即彼"和对个人的绝对独立性有所了解，而对于这种，神学家图鲁克所谓的危险境地的片面性之"非此非彼"一无所知，那还是不谈哲学会更好。在书中的第14页，他确实谈到了具有这样的精神的人。实际上，这些人是接受第二命题的哲学家（这肯定与以前所说的第一个命题相同），并通过无差别的原始的存在，对无条件的和有条件的存在进行对立，在其中所有的对立关系都相互渗透。然而，对于图鲁克的说法，我们并未注意到，在对立面要相互渗透的无差别的原始存在，与其片面性进行扬弃的无条件存在，是完全同一的内容。恰恰相反，他直接宣布对片面性进行扬弃，却恰恰陷入了片面性的危险，也就是说，并没有真正进行扬弃，而是片面性的延续。具有这样的精神的人，必须能够用精神来把握事实，否则，事实就不再是真实的内容，而变为了虚假的内容。与此同时，值得注意的是，这里和进一步提到的关于图鲁克的哲学的观念，不可以说是单独针对他个人的内容。同样地，我们可以在成百本的书中读到相同的内容，其中特别是在神学的序言中。在这个意义上，我引用图鲁克的说法，一方面是因为最近我碰巧读了他的书，另一方面是因为似乎将他的著作置于与理智神学截然相反的一面，这具有深刻的意义。这是由于深刻的意义的基本特性，即和解，并不是无条件的原始的存在和这样抽象的内容，而是内容实质的本身，这实际上就是思辨的理念，理念就是思维着的实质——这种实质的内容，是在理念中绝对不能够错认的，具有深刻的意义。

然而，在图鲁克的著作中，他却常常将这种说法称为所谓的泛神论。关于泛神论，我在《哲学全书》较后一节的附释中，更确切地说是在§573的附释中详尽地谈到过。因此，在这个意义上，我只想提及一点，图鲁克陷入了特有的不适宜和颠倒的错误。他将原始的理由视为所谓的哲学的困境的一方面，并称其为泛神论，他把另一边称为索西尼派（否认三位一体）、裴拉几派（持性善自救论的人）以及通俗的哲学家。按照这种说法，不存在无限的上帝，而是有众多的神灵的存在，即除了所谓的原始理由，还存在着所有那些与所谓的原始理由不同、有固有的存在和行动的本质。实际上，一方面，有众多的神灵的存在，而且一切内容，一切有限之物，在这里被认为有其固有的存在，都是神灵；另一方面，按照图鲁克的说法，一切都是神灵。泛神论相信，一切是上帝，上帝是一切。图鲁克认为上帝是唯一的原始理由，所以这只能将其称为一神论。

其原则的需要缺乏洞察力，又同样缺乏真正的后果，因此哲学更不需要道德理由护体。但是实际上哲学并没有抹杀善恶之间的区别。我们并没有把这种区别看成一种纯粹的假象，因为这种哲学观点本身就是空洞的。让我们举一个例子加以说明。我们知道，斯宾诺莎的哲学初始点是上帝即自然。在他的哲学中，上帝仅仅是实体，而不是主体或精神。这一区别涉及统一性的定义，这一点非常重要。在斯宾诺莎的哲学体系中，实体看成了一种脱离个体性的同一性的内容，神就是统一性本身。在这里，思维的主观性和自然的局限性都消失了，只有神存在。但是斯宾诺莎也没有夸张到声称善恶是一回事，也没有主张一切等同。与此同时，斯宾诺莎也区分了人不同于神的思想，表明他并没有主张抽象的同一性的观点。他认为，实体的统一性就是善本身，恶则是一分为二，因此实体性的统一就是善与恶融合为一，恶被排除了，因此神本身没有善恶的区别，因为这种区别仅仅分裂为二，而恶的本身就在分裂为二的内容之中。

再则，斯宾诺莎主义还进行了一次区分，也就是人区别于神。在这个意义上，他的体系在理论上可能并不令人满意。因为人与一般的有限物，尽管后来被降低为一种模式，在斯宾诺莎的学说里仍然处于与实体接近的地位。在这一点上，人与神的区别存在的地方，本质上亦即是善与恶之间存在的区别。其中的原因在于，人生来就有善恶的区别，这也是客观规定着的。一方面，倘若在斯宾诺莎主义中，人们眼前只有实体，我们在其中找不出善与恶的区别，但这是由于，恶与有限的和一般的世界一样（详见§50说明），在这个观点中根本就不存在。但在另一方面，倘若我们更注意斯宾诺莎的哲学体系中论及人和人与实体的关系，即论及恶及恶与善的区别的地方是否占有一席之地等问题，我们还须细心研读《伦理学》中涉及善恶、情感、人的束缚以及人的自由各部分内容，以便能够讲述这个哲学体系的道德后果。毫无疑问，人们会相信这种道德的高度纯洁性，其是以对上帝的爱为原则的高尚纯洁的道德观，而且会深信高尚纯洁的道德就是他的体系的结果。莱辛当时说过"人们对待斯宾诺莎好像对待一条死狗"；即使在现代，我们也很难说，人们对于斯宾诺莎主义及一般的思辨哲学有了较好的态度，因为我们看到那些提及斯宾诺莎与批评他的人甚至没有努力正确地掌握事实，正确地陈述与叙述它们。换言之，对得起斯宾诺莎哲学和一般的思辨哲学，这将是最起码的正义，而这种正义是我们所能要求的最低限度。

哲学的历史是发现关于"绝对"的思想的历史。哲学研究的对象就是绝对。譬如，我们可以说，苏格拉底曾经发现目的这一范畴。而这一范畴后来由柏拉图，特别是由亚里士多德发展并得到确定的承认。其中的代表就是布鲁克尔（J. J. Brucker）的哲学史[①]，他缺乏批判的能力，缺乏批评精神，随意搜集史料，以外在的方式拼凑起来，没有把握思想发展的内在逻辑，并且把一些主观的观点强加给古人。我们发现，他从古代希腊哲学家们那里抽出了二十、三十或者更多的命题，将其规定为他们的哲学思想，可这些命题却没有一个是真正属于他们的。这些都是布鲁克尔由他那个时代糟糕的形而上学做出的推论，并将其归结为那些希腊哲学家的论断。结论有两种，一方面仅仅是对某一原则进行更详尽的解释，另一方面却是返回到一个更深层次的原则。

一部真正的哲学史，在于指出某个哲学家的思想对于前人有了更深的发展，并且把这更深的发展过程揭示出来。但这种方法也有其不合时宜之处，不仅仅因为那些哲学家们自身没有得出假定存在于他们的原则中的结果，因而只是没有明确说明出来，而不是因为在哲学史家对于某些思想进一步的发展过程中，但是不能把古人尚未明白的内容，说成古人已经达到的内容，不能对古人的思想，武断地进行有限方式的推论。而有限方式的推论，就是直接违反有思辨精神的哲学家的观点，这些思想从而玷污和歪曲了哲学的理念。这样一来，就古代哲学而言，布鲁克尔提供了一些孤立的命题。倘若有人用古代哲学中一些揣想的结论来作为正确结论的借口，而这些结论也能得到我们的认可；那么在哲学中，真理是一个过程，每一个哲学的观点，其实是这个真理自身演动过程之中的某个环节。这些

[①]《批判历史哲学》第三卷，新版1766年，附录1767年（莱比锡，1742—1744年）。

命题本身已经部分地在明确的思想中构想了其理念，而理念正是以一种别样的方式来构思，只从表象中提取出一个环节，并将这个环节当作整体。倘若这些范畴按照最方便、最接近的方式被贯串起来，如像贯串日常意识那样，便会体现出其片面性与不真实性。因此，要把握哲学事实的第一条件，就是对于思维方式做深刻的认识。真理绝不能一下子把握，因为真理是一个过程，不经过一番精神的艰苦跋涉，是不可能把握真理的。

宗教是意识的一种形态，就像真理对所有的人，对所有具有学识的人一样，都具有普遍的意义；但对真理的科学认识是其意识的特殊方式，不是所有人，而是少数人，才能胜任这份工作。二者的内容实质是一样的，正如荷马所说的那样，某些事物有两个名字，一个是神的语言，另一个是在世间人的日常语言。因此，真理的内容实质也有两种语言：一种是感情、表象、理智的语言，基于有限范畴和片面抽象之中进行把握；另一种是通过具体的概念去把握的语言。倘若我们也想从宗教出发去讨论与探讨哲学，那么需要的不仅仅是拥有日常意识的语言习惯。科学知识的基础是内在的内容，是内在的理念及其在精神中活跃的生命力，正如宗教是不折不扣地锻炼出来的思想，是被唤醒的精神反思，经过发展教导的内容。近代以来，宗教不断地愈益收缩了它广阔的教化内容，而且往往将其内容中显得贫乏枯燥的情感引回到深厚的虔敬或情感。所以说，只要宗教有一个信仰、一个教义、一个信条，那么它便具有哲学所从事寻求的内容——真理，在这一点上，哲学和宗教便可结合在一起。另外，这并不是理由现代宗教观念的、分离的、坏的知性来理解的。因为理由这种知性，宗教与哲学是彼此互相排斥的。换言之，二者总体上是可以分离的，以至于二者只能从外部联合起来。相反，到目前为止，宗教确实可以脱离于哲学而存在，但哲学不能脱离宗教而存在，而是应该将其包含在自身之中。真正的宗教，精神的宗教，必须有这样的一种信仰，一种内容。这是由于精神本质上是意识，因而意识作为客观的对象；作为情感，精神还是一种没有对象的内容。换言之，人们可以借用 J. 波麦的话，仅有某种"痛苦"

或"情调",只是意识的一个最低的阶段,具有与动物共同的形式。思维使得灵魂首先成为精神(动物也被赋予灵魂)。

而哲学,只是关于这种内容、精神和精神的真理的意识,也在其存在的形式之上,区别于动物,并使得宗教具有基本的形态。宗教情绪,以心情为中心,必须对悲观、低沉、无助、绝望的情绪加以扬弃,必须使之转化为组成重生的基本环节。

但宗教情绪同时必须谨记着,它与精神的"心情"息息相关,精神是能够制裁"心情"的力量,只有在它自身重生时才能存在这种力量。这种精神从自然的无知与自然的错误中重生,通过指导与对客观的真理的信仰,即内容,通过精神的见证而形成这种精神上的重生,直接从片面的知性的虚妄中重生。从这种知性的角度来说,精神明白有限物与无限物是不同的。理智上较为敏锐的人,在哲学的观点上,不至于相信多神论,或者相信泛神论等,因而从这种可悲的见解中得以重生。许多虔诚且谦逊的人,反对这种哲学态度,正如理智上较为敏锐的人,反对神学知识一般。倘若过于固执地坚守着纯粹素朴的宗教观点,那么就会变得狭隘,从而缺乏精神性的广度和深度。一方面,这种观点承认思想上的狭隘化,导致其逐渐与真正的宗教教义和哲学学说精神的普及进行对立。① 但在另一方面,

---

① 让我们再次来谈论图鲁克吧。可以说,他被公认为宗教上虔诚派最有灵智的代表。他的《论罪恶的学说》一书(第二版于1825年出版,最近我恰好读到这本书),这足以表示他缺乏学问。值得注意的是,在他的著作中,他提及了三位一体的学说和关于《晚期东方人玄思的三位一体说》(1826),对于他所辛勤收集来的历史研究,我应当表示出我诚挚的谢忱。他的这一学说被称为经院的学说。但不管怎样,这一学说也远比所谓的经院哲学要早。不过他仅仅从一个推测的历史起源的外在方面去考察哲学,即仅去研究这种学说是如何来自某些圣经的章节,是怎样受到柏拉图和亚里士多德哲学的影响的(第41页)。然而,从《论罪恶的学说》一书来看,我们可以断定,图鲁克勇敢地讨论了这一信条。他表示,这种信条只可当作一个框架,将关于信仰的学说增添进去(第220页)。换言之,我们甚至必须通过那种名词(第219页)来阐述这一信条,指出它似乎站在了精神的沙滩上,如同海市蜃楼一般虚妄。但是,图鲁克在书中的第221页提到三位一体学说的时候,称这种信条绝对不能够充当信仰所须依据的基础。三位一体学说作为最神圣的内容,不是本身构成信仰的主要内容,将其奉为信条早已成为主观信仰的基础。(假如不是自古如此,请问究竟有多久不是如此?)如果没有三位一体学说,那么在所提到的那书中,图鲁克以其丰富的情感来阐释"和解说",如何才能具有比道德的或

思维的精神不仅不局限于或满足于更纯粹、无偏见的宗教性，恰恰相反，从精神来看，这种纯粹素朴的宗教观点，本身就是反思与推理的结果。宗教仍然是以感性的方式表达真理，所以精神哲学应当是高于情感，它能够使得情感从低级状态中解脱出来。真正的宗教势必要与哲学结合起来，而绝不是与哲学对立的。故而，宗教是从反思中产生的结果，只有肤浅的知性才会把哲学和宗教对立起来。写到这里，我得提到弗朗茨·冯·巴德尔的《知识的酵素》一书第五卷（1823）序言（自第9页后）的一段关于这一形态的虔诚性的中肯的评价。

他说："只要宗教与其教义，没有再次得到科学的认可，以自由研究为基础，从而以真正的信念为基础，没有从科学方面获得基于自由研究从而达到的真正信念的尊重，无论虔诚与否，运用你们所有的戒律与禁令，运用你们所有的言论与行为，皆无法纠正邪恶。这样一来，这种不被尊重的宗教也就不会长期受人推崇，因为一个人只能衷心地与真诚地爱他所看到的真诚地受人尊重与经人承认的可敬之物，且明确这是值得敬佩的事情。因此，只有值得享受这样一种'普遍的爱'的宗教，才能得到人们的尊重。换句话说，倘若你想让宗教的实践再次蓬勃发展，就请你注意我们再次达成一个合理的宗教理论，切忌运用一些不合理的、亵渎神明的主张，为你的对手，即无神论者，扫清障碍。比如说，这样的宗教理论，作

异教的更高的基督教意义？此书均未对别的特殊信条做讨论。图鲁克总是引导读者看到耶稣的受难与死，但没有说到他的复活和升天就坐在上帝的右方，也没有提到圣灵的降临。和解说的主要特点在于罪恶的惩罚。在图鲁克看来（第119页之后），罪恶的惩罚是一种有重负的自我意识，与之相关的，在于离开上帝而生活的所有人难免将遭受的灾难。上帝才是幸福和圣洁的唯一源泉。因此，罪恶，犯罪的意识和灾难，二者是不能分开来思考的。（说到这里，他又考虑到，如第120页所昭示的，甚至人的命运也是从上帝的本性那里得到的。）这种罪恶惩罚的确定，就是人们所谓罪恶的自然惩罚，也是图鲁克惯常所厌恶的理性和启蒙所产生的结果和学说（正像对三位一体学说的不屑一顾）。与此同时，这种看法，在前些时候，英国国会的上议院否决了一个处罚"单一宗"。更确切地说，基督教相信唯一的上帝，而不相信三位一体说的宗派的法案。在这个意义上，这使得英国报纸揭示出欧洲和美洲单一宗的信徒的数量之多，并附带评论道："在欧洲大陆上新教和单一宗现在大体上是同一的。"神学家应当意识到，图鲁克所秉持的信条，与通常的启蒙学说有所区别，或者更加细致地加以观察，连这一两点的区别也没有。

为一个不可能的理论，是完全不能接受的。又如说，宗教仅只是心情方面的事情，对此，人们无须过问。"①

值得注意的是，关于宗教内容的匮乏这一点，宗教只能说是在特定时期宗教的外在的表象。倘若有必要只提出对上帝的单纯的信仰，这对高贵的耶可比来说是很有意义的，进一步说只是为了唤醒集中的基督教的情绪，那么这样的时代可能会令人感到悲哀；与此同时，更高的原则也不能被误判，这些原则本身就在其中得以表现出来（详见《小逻辑》导言§64说明）。但在科学面前的是几个世纪与几十个世纪以来的认识能动性带来的丰富的内容，在这些丰富的内容面前，科学不是作为历史的陈述，而仅仅作为他人拥有之物，对我们来说已是明日黄花，只是对记忆的知识与批评叙事的敏锐，而不能对研究精神的知识与真理的问题提供动力。在众多的宗教、哲学与艺术作品中，最崇高、最深沉与最内在的内容都被揭示出来，有的更纯粹，有的更不纯粹，有的更清晰，有的更模糊，往往是非常令人畏惧的。弗朗茨·冯·巴德尔不仅清晰地记得这些形式，而且以一种深刻的思辨精神，通过揭露与证实这些形式的哲学理念，使其内容明确获得科学的尊誉，从而证实哲学的理念。波麦观点的深刻性，特别为这一精神经验提供了机会与样式。于是，人们因他这种强大的精神尊称他为"条顿民族的哲学家"。一方面，他曾把宗教的内容部分地扩展到普遍的理念，试图在其中把握理性与精神的最高问题，以便理解精神与自然中更明确的领域与形式。其依据在于，在上帝的模型中，为人所公认的仅仅在于三位一体的模型，人的精神与一切事物都是被创造的，而唯有在现世的生活中，失去了上帝的原型才能逐渐得以重新整合和恢复。

---

① 图鲁克在多个地方引用安瑟尔谟的论著《神人论》里的句子，并于《论罪恶的学说》的第127页赞美道："这个伟大思想家深刻的卑谦。"但没有考虑到并引用《神人论》的另一个句子（《哲学全书》§77也引用过这个句子），即："对我而言，这是由于懒怠，如果我们已经认可一个信仰，而不试图去理解我们所信仰的对象。"——如果信条仅仅缩减到少数的几项，那么需要得到理解的内容就所剩无几，并且只有很少一部分是从认知中得到的。

相反，在另一方面，这一名词从自然的事物，如硫黄、盐硝等质，苦酸等味的形式中，吸取了部分内容，用于精神与思想的形式。巴德尔关于"建立理性的宗教理论"的观点，从这样的形式中延续下来，是鼓励与促进哲学问题的研究的一种特殊方式；他的重知主义极力反对启蒙运动所推崇的空洞的理智，也反对只想单纯保持一种强烈的宗教上的虔诚。巴德尔在其所有著作中表明，他远远没有把这种宗教上的重知主义当作获取知识的唯一途径。这种重知主义有自身的不便之处，它的形而上学迫使它不能进行对范畴本身的思考，并不能对内容给予有条不紊地发展；它的问题就在于，没有力图把各自具体形态提升到纯粹思维的高度，让它们回归精神，让精神自觉自身，并从它来解释、论证与反驳。①

人们可以说，在古代和近代的宗教与神话中，在重知论与神秘化的哲学中，

---

① 我很高兴地看到弗朗茨·冯·巴德尔最近的几部著作的内容，和他书中提及了许多我之前说过的话，二者之间甚相契合，这一点让我很是欣慰。对于他所论述的大部分甚至是全部内容，对我来说，理解起来没什么难度。值得注意的是，我的思想和他的见解实际上并没有什么出入。仅有一点瑕疵，在《论现时一些反宗教的哲学思想》一书（1824，详见第5页、第56页及以后）里，我只有一处需要指摘，其中提到一种哲学，这种哲学产生于自然哲学学派，并提出了一种错误的物质观念。由于这种哲学对于这个世界的本质，对于本身是短暂易逝的，且含有堕落和无常的本质。有一种说法，认为这种直接、永恒的从上帝出发和消逝的过程，永远地制约着永恒的回归（作为精神），也就是上帝永恒的外流（外在化）。然而，至于这个观念的第一部分，即物质产生于上帝那里（"产生"是一般的概念范畴，我不太喜欢使用，因为它只是一个比喻性的表达，而不是一个哲学范畴）。在我看来，这一命题，只意味着上帝即是世界的创造者。然而，对于这个观念的另一部分，即永恒的外流，制约着上帝作为精神的永恒的回归，巴德尔先生便在这里提出一个条件，一个在这里本身不相符，而且我也很少在这方面使用过的范畴。这个范畴部分是不恰当的，我也同样不认可这种关系。这就使我记起了我在上面说过的关于思想范畴的无批判的互换。然而，讨论物质的直接或间接的产生或起源，只从中产生了若干种不同形式的定义。弗朗茨·冯·巴德尔本人在第54页及以后提出了关于物质观念的说法，与我的说法并无出入，也没有偏离我的看法。正如我不明白把握世界的创造，作为一个概念的绝对任务，有何补救措施。在概念里即包含有弗朗茨·冯·巴德尔在第58页所说的，物质不是统一性的直接产物，而是一些原则（它的全权代表），即埃洛希姆的产物。因为就文法的构造看来，他想表达的意思并不是很清楚。所以他这句话的意思，不一定意味着物质是这些原则的产物。换言之，物质是由埃洛希姆所创造的，而埃洛希姆本身又是由这些原则产生的。因此，这些埃洛希姆，包括上帝→埃洛希姆→物质，这整个圈子，全部都被视为与上帝处在同一个关系中，而这种关系并没有因为埃洛希姆的介入而变得无法说明了。

关于纯粹的模糊的种种形态的真理，我们已经有足够与丰富的更纯粹与更模糊的真理形式，其中已经暗藏着真理，这使得我们感到愉快。因为在这些形态中，人们可以发现理念；并从哲学真理不只是孤独的内容中获得满足，因此哲学的真理不是抽象的，它是内在于各种具体形态的事物，故而不是孤寂的。哲学家要善于把它提升到概念的高度，让其很容易在其惰性与无能力的科学思维中，上升到排斥性的认知模式。许多这样的想法，同时带有片面的武断的哲学思想，较之将概念不断发展成为体系的工作，并且将思想和精神依照逻辑的必然性予以发挥，是十分容易做到的。与此同时，一个人如果很自然地把他从别人那里学到的内容归结为自身的发现，当他与别人争吵或贬低别人的时候，换言之，因为他从别人那里得到了自身的见解而对他们感到恼怒的时候，他就更容易相信这一点。

正如思想的冲力，虽然其发展的过程是不免歪曲的，但是如我们在这篇序言中所提到的那样，思想冲力，能够前进到思想本身的制高点，为时代的需要而满足。在这个时代，各种的意识形态都可以作为思维的材料或内容。因此，只有它才值得被称为我们的科学。以前被揭示为神秘的内容，但在其揭示的更纯粹的形式中，以及更多的更沉闷的形式中，对形式思想来说仍然是一个谜。思维本身被揭示出来，它在其自由的绝对权利中宣称顽固地将自身与丰富的内容结合在一起。即哲学并不是脱离现实的玄想，恰恰是基于这个时代的现实，然后力图以概念化的方式去表达。把哲学仅仅看成神圣内容的理解，起源于柏拉图或亚里士多德，力图揭示理念，把理念吸收到自身的思想之中，这就是对于理念的理解，这也在推动哲学的发展。正如耶稣教的重知主义者和犹太教中神秘主义者的幻想那样，需要发挥理念，而不只是提到或暗示理念的一些声响。

关于真理，有人说过："真理是它自身的标准，又是辨别错误的标准。"但从错误的观点，即形而上学的观点出发，就不知道什么是真理。所以，我们可以说，概念理解自身，又理解非概念形式的内容，即哲学不仅理解自身，也理解宗教。但是非理念的内容未必能够理解理念的内容，即宗教不能理解哲学。而科学，这里的科学不是自然科学学科，而是指真理，既要关注自身的发展，也要吸收消化非科学的内容。而这类的判断，就是本书之中试图提出来的，即一种演动、过程性的辩证法思维，是值得关注和予以重视的。

——写于柏林，1827 年 5 月 25 日

第三版序言

在第三版中,在许多地方做了改进,并特别注意了论述的清晰性与规定性。但由于本书是一本讲义,目的是要简明扼要,文字仍不免紧凑、灵活与抽象。为了达到最佳的效果,还需要口头补充对部分内容进行必要的解释和说明。

本书自第二版以来,出现了一些对我的哲学体系研究的批评的声音。其中大多数的异见者没有显示出对这种哲学这一行道的研究,即缺乏对于哲学的专门研究;他们对一个经过多年思考,并以严谨的态度和科学要求进行透彻加工的作品,做出轻率的回应,没有留下任何令人愉快的印象,从自负、傲慢、嫉妒、蔑视等负面情绪的角度来读书,更不会得到任何启发。西塞罗说过:"真正的哲学是满足于少数评判者的,它有意地避免群众。因为对于群众,哲学是可厌的、可疑的。所以假如任何人想要攻击哲学,他是很能够得到群众赞许的。"[①]在哲学上走马观花,在理论上越是做得不深刻、对于哲学的见解越不彻底,就越受大众的欢迎;就其他人的反应而言,常常会见到一种狭隘且敌意的态度,其之所以会有这种态度,其实不难理解。其他的对象呈现在感官前,或者以整个的直观印象呈现在表象前。倘若有人想要谈论这些事物,总感觉有必要对它们进行了解,即使是轻微的了解。可是他们对哲学无知,却完全对一个想象出来的哲学进行批判。与此同时,其他对象也更容易唤起理智的人的知性,也就是常识,因为它们是一种熟悉的、坚定的存在。但缺乏知性与常识的人,能够毫不犹豫地反对哲学,换言之,

---

[①] 由哲学家卡尔·格奥尔格·毕希纳(Karl Georg Büchner, 1813—1837)的翻译版本所译。

能够想象出、杜撰出关于哲学的某种妄诞的、空虚的内容，并缺少任何实质性的内容作为出发点，于是只好完全在不确定的、空洞的、毫无意义的地方徘徊。——我曾在其他地方做过不愉快、没有收获的事，即赤裸裸地揭示出这种由想象与无知编织出来的现象。①

一方面，不久以前，人们认为，从神学甚至从宗教意识的土壤出发，对于上帝、神圣事物和理性，应当在较为广泛的范围，进行一场科学的、严肃的探讨。②

但在另一方面，这一运动的开端并没有立即引起这种希望，这是由于这个论辩基于人身攻击。无论是指责虔诚的信仰者，还是被指责的自由的理性，所持的论据都没有上升到内容实质本身，也更没有上升到正确地讨论内容实质的高度上。必须踏上哲学的领域的道路。这种以非常特殊的宗教外在条件为由对人身攻击，表现为一种妄自尊大的高傲，对个人的基督教信仰进行武断的宣判，从而在个人身上烙上世俗与永恒的谴责的印记，这是一种可怕的定罪。但丁凭借《神曲》的热情，自告奋勇地挥舞着彼得的钥匙，并指名道姓地谴责许多已经逝世的与他同时代的人，甚至包括教皇和皇帝在内，使他们遭受地狱般的诅咒。在近代哲学中，曾经有人对一种新的哲学加以不实的抨击，即在这种新的哲学中，人类个体把自身当成了上帝。但与这种错误推论的指责恰恰相反的是，存在着另外一种脱离现实性的指控，将自身视为世界的审判者，来裁决个人对基督教的信仰，从而对个人加以最为内在的罪名。这种绝对权威的口头禅，借助主基督的外衣，大言不惭地宣称，主存在于这些法官的心中。基督说："凭着他们的果子，便可以认出他们来。"（《马太福音》第 7 章第 20 节）然而，这种夸大的定罪与判决，并不是好的果实。基督继续说："并不是所有向我叫'主呀主呀'的人都可以进到天国。在那一天有许多人将向我说：主呀主呀，我们不是曾用你的名字宣道吗？我们不是曾

---

① 在1829年的《科学批判年鉴》中，黑格尔对他的哲学的五部著作进行审查，只出版了其中两部著作的评论。

② 这里指的是《福音报》和哈勒大学神学系的代表之间所谓的哈勒争端（1830）。

用你的名字驱走魔鬼吗？我们不是曾用你的名字做过许多奇迹吗？我必须明白告诉你们：我还不认识你们，全离开我吧，你们这些作恶的人！"那些自诩并自信其独占基督教，并要求他人全盘接纳这种观点的人，并不比那些借基督之名驱逐魔鬼者高明多少。恰恰相反，他们中的许多人，就像普雷沃斯特的女预言家的信徒一样，相信自身能看到圣迹，听从飘零的鬼魂的意旨，并对其怀有敬意，而不是驱逐并排斥哲学反基督教的带有奴性色彩的、迷信的谎言。

  同样地，他们也没有表现出讲出几句充满智慧的话的能力，并且完全没有能力创造出丰富知识与促进科学的大事业，尽管增进知识和科学是他们的使命与责任；学识渊博还不能称之为科学。一方面，他们凭借一大堆不相干的宗教信仰等外在的方面，做着繁文缛节的工作。但另一方面，就信仰的内容和实质而言，他们对信仰本身的内容与主基督的名字缺乏了解，只戴有色眼镜去轻视或者嘲弄学理的发挥，殊不知基督教教会信仰应当以学理为真正的基础。这是由于这种宗教教义的堆砌，无法构成科学。精神上的、充满着思想与科学的绵延拓展，对那些主观上自负的自大狂产生了一定的干扰或者阻碍。这些自大狂一度坚持认为没有精神的、贫瘠的善，只会孕育恶果，他们过于武断自信，认为他们拥有基督教，并且基督教只属于自身。因为理由《圣经》也应当知道，耶稣说："任便谁人相信我，从他的腹中将会流出活水的江河来。"（《约翰福音》第7章第38节）这意味着，仅仅相信那个暂时的耶稣的人身，还没有得到圣灵，也就没有得到真理本身，还不能说是真理的扩充。这一点在后文的§39中会得到解释与说明。在§39里，信仰是这样被规定的：这番话是基督对那些相信他并要接受圣灵的人所说的。因为圣灵还没有出现，耶稣还没有得到光荣，基督仍未得到光荣的形象，是当时感性地呈现在时间上的个性，或者以同样的内容得以呈现的，也是后来信仰的直接对象。一方面，基督亲自向他的门徒们口头揭示了他永恒的本性与命运，意在让上帝与其自身和解，让世人与他人和解，并启示救赎之道与道德的教义，门徒们的信仰本身就包含了这一切。在另一方面，这种信仰缺少强烈的确定性，它被诠释为只是一种开端，一种有条件的基础，是未完待续的内容。而那些具有这种信仰的人还没有得到圣灵，他们应首先接受圣灵，而圣灵就是真理本身，直到这种圣灵后来成为一种信仰，引导人达到一切真理。但对于那些持有信仰的人而言，仍然存在这样或那样的确定性和有限的条件。但确定性本身只是主观的，仅能带来某种主观形式上的确信的结果，随即引起虚骄傲慢，诋毁并责罚他人。他们未遵循圣经的教训，通过坚守确定性反对圣灵，殊不知圣灵或精神即是知识的扩大，它们才是真理。

这种宗教上的虔诚派与其直接成为他人指责与攻击的对象的启蒙派，其本质都缺乏科学与一般的精神内容。注重抽象理智的启蒙派，通过某种形式，已经清空了宗教内部所有抽象的、无内容的思维和内容，与那将信仰归结为念主的虔诚派的空无内容，并无实质性的区别。在这一点上，二者无非是五十步笑百步。与此同时，在二者发生争执的时候，他们并没有任何实质内容或者共同的基础，因此也不可能对学理进行探讨，并进一步得到知识与真理，因此两派的争端无疾而终是有其道理的。启蒙派的神学，一方面，坚守其形式主义，主张空喊良心的自由、思想的自由、教学的自由，甚至援引理性与科学。诚然，这种自由属于精神的无限权利的范畴，也是真理的另一个特殊条件，即信仰。但在另一方面，真正的自由的良心，所包含的理性原则与规律，自由的信仰与思维所拥有与教导的内容，诸如此类涉及内容实质之处，他们皆不能切实加以说明，而只是停在一种消极的形式主义中，自由任性，胡乱发表意见来填补自由。因此，一般来说，内容本身是无关紧要的。也正是出于这个原因，他们不能达到真理的内容，因为基督教团体必须通过一个教义概念、一个信仰忏悔的纽带结合在一起。而过时的、没有生命力的理性主义知性观念的普遍性与抽象性，不允许基督教内容与教义概念的特殊性存在。而坚持用"主呀主呀"的虔诚派，坦率地轻视那些将信仰发展或扩充为精神、实质和真理的成就。

因此，这场关于宗教的争辩，尽管激起了许多傲慢、怨恨与人身攻击，充满了空疏的议论，但是没有得到任何成果。这是由于这场争辩没有把握实质，不能带来内容与知识，并且哲学满足于被排除在这场游戏之外，也欣然处于夹杂着人身攻击的谩骂言论中，他们都把哲学看成可有可无的内容，甚至会带来某些不愉快和无益的内容，这完全是无知的表现。

在人类本性之中，最伟大的无条件的兴趣，就是去把握绝对理念和丰富的实质，而就虔诚派和抽象理智派的宗教意识而言，宗教性，把绝对理念摆在一边，只甘于空洞的满足，于是哲学也只被视为一种偶然的、主观的需要，是可有可无的。而这种无条件的兴趣，在这两种宗教意识里，特别在抽象理论派的宗教意识里，实际上并不需要用哲学来满足。而且人们一度认为，哲学反而会干扰那种狭义的宗教的满足。这样一来，哲学完全由主体的自由需要来决定，只不过是神学的奴仆，只有遇到怀疑和讥讽的时候，他们才会想到用哲学来为自身的神学理论做论证。其实，哲学只不过是内心的必然性，它推动着人的精神为理性的冲力来找有价值的享受，它不是主观的刺激引起的内容，相反它是寻找客观真理的内容。因此，哲学是最神圣、最光荣，也是最纯粹的学问，它能够给人以福祉。[①] 这门科学的工作也就更自由地单独放在寻求实质和真理的兴趣上面。基于此，亚里士多德提出，理论是能给人以最高福祉者，是有价值的事物中的最好者。这是因为它是人们按照自身的意愿和能力而无须向他人寻求就可以得到的。把握世界的原理，是人生无上的快乐。可是像虔诚派和启蒙派那样把哲学看成个人主观的需要，没有哲学也无关大碍的态度，实在是一种实用主义的作风，这种作风不利于哲学研究。要研究哲学，只有通过长期艰苦的工作，不断发展充分的内容实质，并必须忍受孤寂，长期埋头沉浸于完成其中的任务，方可有所建树。

这本百科全书式的纲要，是我按照前文所提到的哲学使命而呕心沥血的成果。本书的第二版很快售罄，我欣慰地看到，除了浅薄的风气与虚荣的叫嚣，还有许

---

① 详见《形而上学》（第十二卷）。

许多多的哲学研究者埋头苦干，甘于孤寂，长时间从事艰苦的哲学研究，在我看来这更具价值，而且这也是我出版此书所希望看到的。

——写于柏林，1830 年 9 月 19 日

柏林大学开讲词
黑格尔1818年10月22日在柏林大学对听众的致辞

诸位先生：

今天，奉国王陛下的诏命，我第一次来到柏林大学履行哲学教师的职务。请允许我先说几句话，有机会能够在此时此刻承担这个有广泛的学术活动效用的职位，我感到异常荣幸和欣愉。

就目前来说，似乎已经出现了这样的情况，即哲学已有了引人注意和关注的兴趣，而这门基本上一直沉默不语的科学，也许可以重新发出自身的呼声。其原因在于，最近一段时间以来，一方面由于时代的艰苦，许多人对于日常生活的琐事予以过多的重视；另一方面，现实中令人最感兴趣的事情，却需要人们努力奋斗才能实现，当务之急为复兴并拯救国家民族在生活和政治上的整个局势。这些任务占据了人们的所有思维空间、各阶层人民的所有力量，以及外在的手段，以至于我们精神上的内心生活不能获得宁静。与此同时，世界的精神，在现实中如此忙碌，并过于驰骛于外界，而不遑回到内心、返回到自身以徜徉自怡于自己原有的家园中。如今，现实潮流的重负已渐减轻，整个日耳曼民族已经把他们的民族，以及一切有生命、有意义的生活的根源，拯救过来了。这样一来，在国家内，除现实生活的治理外，思想的自由世界也会变得独立繁荣的时期已经到来。一般来说，精神的力量在时间上已经有了如此广泛的效力，以至于现在时尚可以保留之物可以说只是理念和符合理念的东西，并且能有效用之物必然得到识见和思想的证明。更确切地说,我们现在所生存的这个国家,通过精神力量上的优越性,在现实和政治领域变得更为重要,就力量和独立性来说,我们国家与那些在外在手段上优于我们的国家处于平等地位。由此可见,科学和教育所开的花、所结的果,其本身是国家生活中最重要的环节之一;在这所大学,哲学是大学的中心,对于一切精神教育而言,它是一切科学和真理的中心,同时哲学必须找到属于它的位置,其地位必须得到尊重,进而得到培植。

然而,一般的精神生活不仅是构成国家存在的一个基本环节,而且进一步说,人民与贵族阶级联合起来,争取独立和自由,为消灭外来无情的暴政统治进行的伟大斗争,其较高的开端是在精神之内。具体来说,精神上的道德力量,发挥了它的潜能,举起了它的旗帜,于是我们的爱国热情和正义感在现实中均得以施展其威力和作用。需要注意的是,我们必须重视这种无价的热情,我们这一代人在这种感觉中生活、行动和工作的力量是不可估量的,而且一切正义的、道德的、宗教的情绪全部集中在这种热情之中。——在这种深刻广泛的活动中,精神在自身中提高了它的尊严,因而生活的浮泛无根、兴趣的浅薄无聊被彻底摧毁。而浅薄、肤浅表面的识见和意见,均显露无遗,因而也就烟消云散了。与此同时,这种在精神上和情绪上都更为深刻的认真、严肃的态度,已经普遍进入心灵,因而也可以充当哲学的真正的基础。然而,哲学所要反对的,一方面是精神沉浸在日常急迫的兴趣中,另一方面是意见的空疏浅薄。原因在于,精神一旦被这些空疏浅薄的意见占据,在自身中没有为寻求理性留下任何空间,因而没有活动的余地,也就不会去寻求自己的理性。当人们感到有必要寻求实体性的内容并为之付出努力的时候,转而认为只有具实体性的内容才有效力的时候,这种空疏浅薄的意见必会消逝无踪。然而,在这种实体性的内容里,我们看到了时代,我们再次看到了这样一种核心的形成,而这种核心向政治、伦理、宗教、科学各方面广泛的开展,都已付托给我们的时代了。

我们的使命和任务,就在于促进哲学的发展,实质性的基础现在已经恢复了活力，得到了肯定。这种实质性内容的生命力化，现在正显示出其直接的作用，并表现在政治现实方面，同时进一步表现在更伟大的伦理和宗教的严肃性方面，表现在一切的生活关系方面，且在一般的坚实性与彻底性方面得到满足。在这样的情况下，这种最坚实的严肃性本身，就在于认识真理的严肃性。这种需要——由于这要求使得人的精神本性区别于精神的单纯感觉和享受的生活——也正是这个原因，它是精神最深刻的需要，它本身就是一种普遍的需要。一方面可以说是时代的严肃性引起了这种深刻的需要，另一方面也可以说，这种要求就是日耳曼精神的一种固有财产。就日耳曼人在哲学文化方面的杰出成就而论，哲学研究的状况，以及哲学这个名词的意义即可表示出来。在别的民族里哲学的名称虽然还保存着，但是它的意义已经改变了，而且哲学的实质也已经退化了，已经消失了，以致几乎连对于它的记忆和线索一点儿都没有存留下来。哲学这门科学已经转移到我们日耳曼人这里了，同时得到了庇护，并且还要继续生活在日耳曼人这里。保存这神圣的光明的任务已经付托给我们了。故而，我们的使命就在于爱护它、培育它、滋养它，并小心护持，不要使人类所具有的最高的光明，对人的本质的自觉熄灭了、沦落了。

但就在德国获得新生前的一段时间，哲学已空疏浅薄到了这样的程度，以至于哲学自己以为并确信它曾经发现并证明自己没有对于真理的知识；认为上帝、世界和精神的本质，乃是一个不可把握、不可认知的内容。精神必须与宗教保持一致，同样地，宗教与信仰、感觉和直觉也必须保持一致，而没有理性知识的可能。认知并不涉及绝对和上帝的本性，并不涉及自然界和精神界的真理和绝对本质，但一方面它仅能认识那消极的内容，换言之，真理不可知，而只有那不真实的内容，暂时的、变幻不停的内容才能够获得被获知、被理解的权利。——另一方面属于认知范围的，仅是那些外在的、历史的、偶然的情况，据说只有在这里面才会得到他们所臆想的或假想的知识，而且这种知识也只能当作一种历史性的知识，须从它的外在方面收集广博的材料，对其予以批判性的研究。然而，从它的内容中，我们却看不到真诚严肃的内容。我们可以说，他们的态度有些像彼拉多（罗马总督，审讯耶稣基督的官长）的态度，当他听到耶稣提到真理这个名词的时候，他反问道：何谓真理？他的意思是说，他已经看透了真理是什么内容，他已经不愿再理会这个名词了，并且知道天地间并不存在关于真理的知识，故而放弃关于真理的知识；自古就被当作最可轻视的、最无价值的事情，却被我们的时代推崇为精神上最高的胜利。

这个时代走到了对于理性的绝望，即理性的绝望已经到来，最初尚带一丝痛苦和伤感的情绪。然而，无须很久，宗教上和伦理上的轻浮任性，继之而来的知识上的庸俗浅薄——这就是所谓的启蒙——便坦然自得地自认其无能，并自矜其原本将较高的兴趣彻底遗忘。最后，所谓的批判哲学，曾经把这种对永恒和神圣对象的无知当成了不错的良知，因为它确信并曾经证明了我们对永恒、神圣、真理一无所知。在这个意义上，这种所谓的知识，甚至也自诩为哲学。与此同时，最受知识肤浅、性格浮薄的人欢迎的、最容易被接受的，莫过于这样的学说了。因为理由这个学说，正是这种无知、浅薄、空疏都被视为最优秀的内容，作为一切理智的努力目的和结果的学说。

不去认识真理，只去认识那表面的、暂时的、偶然的内容，——仅仅去认识虚浮的内容，这种虚浮习气在哲学里已经广泛地蔓延开来，在我们的时代里更为流行，甚至还加以大吹大擂。我们完全可以说，自从哲学在德国开始出现、崭露头角，这门科学似乎从来没有如此恶劣过，竟会让人产生这样的看法。这样一种蔑视理性的知识、这样的自夸自诩，竟然会得以如此广泛流行。——这种看法，仍然属于过去的观点，但与那真诚的感情和新的实体性的精神极为矛盾。对于这种真诚的精神的黎明，我致敬，我欢呼。对于这种精神我所能做的，仅在于此。我欢迎这种更坚实的精神的曙光，这是由于我曾经主张哲学必须具有真实的内容，我就计划将这一内容在诸君面前宣布出来。

然而，我要特别呼吁青年的精神，因为青春是生命中最美好的一段时光，尚没有受到迫切需要的狭隘目的体系的束缚，此外还具有从事无关自己利益的科学工作的自由。——同样地，青年人也还没有受过虚妄性的否定精神，以及一种仅仅是纯粹的批判劳作的无内容哲学的沾染。一个有健全情绪的青年才有勇气去追求真理。而真理的王国，正是哲学所最熟习的领域，也是哲学所缔造的。通过对哲学的研究，我们可以成为真理的参与者。生活中真实的、伟大的、神圣的事物，之所以真实、伟大、神圣，均是因为思想和理念。哲学的目的，就在于掌握理念的真实形式和普遍性。自然界在它的约束下，注定只有通过必然性才能获得理性。然而，精神的世界就是自由的世界。只要是一切维系人类生活的、有价值的、行得通的内容，都具有精神的性质。而这一精神世界，只有通过对真理和正义的认识，通过对理念的掌握，才能取得实存。

我祝愿并且希望，在未来的共同道路上，我可以赢得并值得诸君的信任。但首先我最希望的，是诸君能够对科学有信心、对理性有信心、对自己有信心，信任自己并相信自己。追求真理的勇气、相信精神的力量，乃是研究哲学的首要条件。人都应尊重自己，自尊自爱，并应当自视能配得上最高尚的内容。精神的伟大和力量是不可以被低估和忽视的。那隐蔽着的宇宙本质自身，并没有任何力量去抗拒求知的勇气。面对勇毅的求知者，宇宙只能揭开它的秘密，将它的丰富性和深度性展示出来，从而让人们获得知识。

导 言

§1

哲学不具备其他科学所具有的优越性，即能够直接从表象观念中确定哲学的对象，并预先假定开端与进展本身就存在着一种现成的认知方法。哲学的对象起初与宗教的对象之间大致存在共同之处。首先，二者皆以真理为对象，而且都是从真理的最高意义出发，这是因为上帝即是真理，且唯独上帝才是真理。其次，二者皆研究有限事物的世界，研究自然界和人的精神，研究自然与人类精神之间的关系，以及二者与上帝之间的关系，也即是二者的真理。因此，哲学能够加深对其对象的认识，而且必能熟知其对象。事实上，哲学必须预设这样一种认识——因为哲学本来就一直饶有兴趣地研究这些对象，且厘清时间的先后顺序，使人的意识对于对象的表象观念早于对它们的概念的形成。换言之，唯有通过表象，借助表象，才能促使人具有的思维的精神转向对于事物的思维的认知与领悟。

但当我们观察某一事物的时候，很快就会发现，对于思维的内容，我们必须证明其中的必然性，而对思维的内容的存在本身与其对象的规定加以证明，才能满足思维着的考察的要求。我们以往所固有的认识，也便呈现不够充分的态势，但我们原先所提出的或认为有效的假定和论断，也就不成立了。另外，想要寻找哲学的开端，其困难程度可想而知。这是因为哲学的开端作为直接之物，需要提出一种预设作为前提，换言之，哲学的开端本身就是一种假定。

§2

总的来说，首先，哲学可以被确定为思维的考虑对象。倘若我们认为"人与动物的区别在于人的思维"这一论点是正确的（诚然，这一论点确实是正确的），那么，人之所以是人，都因且仅因他有思维。其次，哲学是思维的一种特殊方式——它是一种将思维视为认识与理解把握对象的方式。其中也包括，哲学思维与人类的一般思维互有区别。事实上，它使人类的一切活动具有人性，无论哲学思维在多大程度上与一般思维相同，本身只是一种思维。也就是说，二者之间既存在区别，又相互联系，原因在于，通过思维建立起来的人类的意识内容，最初并不以思想显现的形式出现，而是借助情绪、直观、表象观念等形式出现——这些都是要与思维区分开的形式。

【说明】"人与动物的区别在于人的思维"，本身是一个古老的命题，起着无足轻重的作用。虽然这话显得没有分量，但在某些特殊的情况下，似乎也有必要将这样一种古老的信念铭记于心。现今时代就有着一种成见，因此记住它也是有道理的。这一成见把情绪与思维相互区分开来，以至于让人认为二者是彼此对立的，甚至是敌对的。与此同时，它认为情绪，特别是宗教情绪，可以被思维玷污，被思维引入错误的方向，甚至可以被思维根除。如此看来，在本质上，宗教与宗教情绪并不植根于思维，或者可以说，二者在思维中微不足道。在做过这样的区分后，人们自然就忘记了，只有人才能够拥有宗教信仰，而动物没有宗教信仰，也没有法律与道德。

坚持将宗教和思维进行区分的人，常常倾向于将思维视作一种思想，也即是反思，反思的内容即思想的本身。力图把思维称为思想的人，正是因为忽视了应当了解与观察哲学在思维方面明确指出的区别，才导致了哲学中出现了些许粗陋的误解和指责的声音。由于宗教、法律与道德只为人所有，而且只因为人是思维的本质，因此，在宗教、法律与道德所有这些领域里，无论是作为情绪与信仰还是表象观念，思维都发挥着至关重要的作用。思维的能动性与它的产物，都存在并包含在其中。另外，被思维规定与渗透的情绪和表象，与通过思维产生的情绪和表象，是截然不同的。因此，对这些意识的方式加以反思，从中产生的思想，就包含在反思、推理之中，也即是包含在哲学之中。

忽视一般的思想与哲学上的反思之间的区别，还常常会引起人们的误解，即将这些反思视为一种达到永恒或达到真理的重要前提条件，甚至可以说是唯一的途径。这样一来，例如，对于证明上帝定在的形而上学理论（现在看来是过时的观点），通过上帝存在的信仰或信心，可以证明上帝定在的信仰与信念在本质上就是一种事实。这样的说法就像在说，在我们获得关于食物的化学、植物学或动物学的知识之前，我们不能进食，我们必须经过解剖学与生理学的研究，才能渐渐消化食物。倘若是这样，这些科学在思想的范围里就像哲学在它们各自的领域里一样，肯定会显现出极大的实用价值。事实上，一方面，这些科学的实用性，会增加到绝对的、共相的、不可缺少的程度；反之，在另一方面，也可以认为，这些科学并不是不可或缺的，而是根本不会存在的。

§3

我们意识中的内容，无论其中包含哪种内容，都构成了感情、直观、形象、表象观念、目的、职责等，以及思想与概念的规定性。这样一来，情绪、直观、形象等，就这些内容所表现出的形式而言，无论它是被情绪的、被看的、被想象的、被意志的，也无论它只是单纯被感觉着的，还是掺杂有思想在内的、具有直观性的和有感觉的等，抑或完全单纯地被思维着的思想，它的内容都能够保持一致。在这些形式中的任何一种或几种的混合中，内容都是关于意识的对象。但当内容成为意识的对象的时候，这些不同形式的规定性也包含在内容里，且都呈现在意识中。因此，理由这每种形式都可以变成一种特定的对象，而且二者本质上是相同的内容，只是看起来是全然不同的内容。

【说明】就情绪、直观、欲望以及意志的规定性等而言，只要存在于我们的意识中，一般都能将其称为表象观念，这样一来，我们可以说，哲学用思想、范畴，或者更确切地说，用概念来代替表象观念。一般来说，这类的表象观念，可以被视为思想与概念的隐喻。另外，即使人们拥有表象观念，却未必能理解这些表象对于思维的意义，也不一定能够理解其中包含的思想与概念。反过来说，拥有思想与概念，与知道与这些思想相对应的表象观念、直观与情绪之间是存在区别的。

所谓哲学的晦涩难懂的特性，在一定程度上与这种区别存在关联。其中的困难在于，一方面，对于我们来说，哲学本身是一种不熟悉、抽象的思维，也就是我们无法持有纯粹的思想并在纯粹的思想中不断地运动。在我们普通的意识状态中，思想被包裹着，并与感性和精神的共同物质结合在一起，而在后思维、反思与共振中，我们将感情、直观、表象观念与思想混合在一起，存在于纯是感觉材料的命题中。例如，"这片树叶是绿的"这一命题，其中就包含着各种类别，存在以及特定的范畴。另一方面，我们把思想本身作为对象，不加修饰。对于许多人来说，哲学十分晦涩难懂，是因为求知者缺少耐心，想要把意识中的思想和概念通过一种抽象的方式表现出来。人们不知道应当用何种已经构思好的概念来进行思考。与此同时，对于概念而言，除了概念本身，没有内容可以思考。但这个表达的意义是对一种已经熟知的、熟悉的表象观念的渴望；它对意识来说，好像随着表象观念的方式，它的基础就不复存在了，否则它就会有坚定的、原生的立足点。

当意识发现自身被传送到概念的纯粹思维区域的时候，它并不知道自身在世界何处。因此，最容易理解的是作家、传教士、演说家等人所说的话，他们向读者或听众讲述的都是他们已经熟记于心的、司空见惯的、不言而喻的内容。

§4

一方面,就一般人的普通意识而言,哲学首先要证明,甚至去唤醒一般人认识哲学的那种特有的认知模式的需要。但至于宗教的对象,就一般的真理来说,哲学,必须从哲学本身出发,证明其自身有足够的能力认识哲学。另一方面,就哲学的看法与宗教的观念之间的差异而言,哲学必须证明其各种规定与宗教观念的区别。

§5

为了初步了解上述所表明的差异与其相关的见解,即我们的意识的真正内容,在经过翻译之后,会以思想与概念的形式被保留下来,从而帮助我们掌握更为准确的看法与见解。事实上,只是在经过这种特殊的初步的了解后,我们可能也会想起一个旧有的信念,即以了解对象与事件的真实性为目的,同时以了解感情、直观、意见、表象观念等为理由,我们必须不断地寻找真实的内容。在这一过程中,至少对于情绪、表象等不断研究与思考,从而将其转化为思想。

【说明】只要我们依然将研究思维作为哲学的一种特殊形式,而且每个人都具有一定的与生俱来的思维能力,那么,由于这种抽象的特性,哲学省略了上述第三节中所指出的差异,就会出现另一种错误观念。而这种观念,与之前所提到的对哲学的晦涩难懂的看法截然相反。一方面,哲学这门科学,常常不被那些不曾了解过哲学世界的人群轻视。在这些人看来,自身对哲学的理解是与生俱来的,因此自身可以对哲学高谈阔论,显示出极其内行的样子。但是人们并不能够完全了解关于哲学领域所有的知识。但在另一方面,人们可以不假思索地,特别当他们为宗教的情绪所鼓动的时候,在一般的教育中,特别是从宗教感情出发,不断对哲学进行讨论与批判。诚然,人们必须首先专门对其他科学进行全方面的研究,才能了解这些科学,从而更好地作出判断。与此同时,只有凭借这种专门的知识,才有权作出判断。举例来说，众所周知，为了制作好一双鞋子，人们必须将学习与实践相结合，掌握鞋匠的技术，尽管每个人的脚都能够作为制作鞋子的标尺，各自也具有学习制鞋的天赋，但倘若人们未经学习，就无法具备一定的制鞋能力，也就不能制造鞋子。但对哲学本身来说，人们似乎觉得这种研究、学习以及掌握技术并不是必须需要进行的事项。——在近代，这种看法得到了直接知识学说的证实，即通过观察与直观去获得知识，得到理论上的支持。

§6

一方面，上述所有提到的内容，其中的重点似乎是那些涉及哲学知识的形式隶属于纯粹的思考与概念。另一方面，同等重要的是，我们应当意识到哲学的内容不是别的，而是最初本身即存在的精神领域中产生与创造出自身的内容，构成了意识所形成的外部与内部的世界。因此，哲学的内容就是现实。

关于这些内容的本原的意识，我们称为经验。然而，对于世界的经验化或者理智性的观察而言，我们已经对外部与内部定在的广阔领域进行区分，确定好哪些现象是飘忽即逝且毫无意义的，以及哪些本身现象能够真正被称为现实。哲学与别的认识方式，对于这个同一内容的意识，在形式上存在区别，因此哲学必然和现实与经验存在一致性。我们甚至可以认为，哲学与经验的这种一致性可以被视为一种哲学真理的外部的试金石。而且，哲学的最高目的就在于，通过对这种一致的认识，能够实现自我意识的理性与存在于事物中的理性的和解，从而达到与理性、与现实的和解。

在我的《法哲学》的序言中，有这样的一句话：凡是合乎理性的内容都是现实的，凡是现实的内容都是合乎理性的。

这两则简单的命题，曾经让许多人感到十分的惊讶或错愕。甚至是那些不想否认哲学存在的人，尤其是以没有宗教的修养为耻辱的人，对这两则简单的命题也存在异议。在这方面，我们没有必要引用宗教作为例证，因为哲学上关于神圣的世界的教义,明确地凸显了这两则命题的意义。但就哲学意义而言,稍微接受过教育的人应该知道上帝是真实的,是最真实的,是唯一真正的现实存在。一方面,就逻辑的观点而言,一般来说,定在的一部分是现象,只部分是现实的存在。例如,在日常生活中,任何一种想法、错误、邪恶以及一切不好的存在,无论是多么的虚幻与短暂,都被人们统称为现实。然而,即使对一种普通的情绪来说,一种偶然的实存也不值得被强调为一种实存;偶然是一种存在,其价值并不重大,可以被视为一种可有可无的内容。但在另一方面,对于思维来说,我提到"现实"这个名词,希望读者能够理解我的用意,而且我之前在一部体系的《逻辑学》里,对现实的性质进行过详尽的讨论,不仅把现实与偶然的事物区别开来,而且对于"现实"与"定在","实存"以及其他具有决定性意义的范畴,也进行过准确的区分。[①]感性的现实并不是表象观念,即认为理念、理想不过是虚构的内容,认为哲学是人脑中幻想出来的一种虚构的体系,这种观念失之偏颇。但是认为理念与理想太过高尚纯洁又不具有现实性,或者太过于软弱无力,无法获得现实存在的意义。然而,将理念与现实区分开来的做法,尤其受到惯于运用理智者的欢迎,他们将理智的抽象作用所显现出的梦想当作真实可靠的存在,以自身喜欢规定的"应当"感到虚荣,尤其喜欢在政治领域中去规定事物"应当"发生。仿佛这个世界一直在等待他们的安排,从而明确这个世界应当如何存在着,但实际上并不是。倘若这个世界已经达到了"应当如此"的程度,那么他们的深谋远虑应当体现在何处呢?倘若人们用"应当"来反映琐碎的、外在的、与短暂的变幻事物、社会状况、典章制度等,而这些事物在一定的时间内、在特殊的范围中,也发挥着举足轻重的作用,那么这种方法很可能是准确的。在这种情况下,人们不难发现,许多内容不符合共相的决定。谁会毫无智慧地发现在其周围存在的事物其实还没有达到应当如此的地步呢?但是,这种谨慎的想法是错误的,因为认为有这样的对象应当是在哲学科学的问题得以反映。这只与理念有关,且不是那么无能为力,

---

[①] 详见黑格尔《逻辑学》—第二编《本质论》—第三部分—现实。

因为它只是应当如此，而不是真的存在。因此，哲学研究的对象就是现实性，而前面所说的变幻事物、社会状况、典章制度等，只不过是现实性在表面上的外在性的表现而已。

§7

由此可见，后思在开端的意义上来说，首先包含了哲学的原则。而当这种反思在近代，也即是在路德的宗教改革之后，再次绽放出其独立性之花，一开始就没有像希腊哲学的开端那样，仅仅保持自身的抽象性，与现实脱离联系。哲学这一名词，被用以指代所有学科的知识，这些知识是对于有限实存的直观或经验加以共相或者找到固定的衡量的尺度，在无限多偶然事物假设的无序纷繁世界中摸索规律，这些知识被认定为哲学的知识。因此，现代哲学思想的内容，从它自身对外部与内部的观察和感知方面，分为两种经验对象，分别是外在的自然以及内在的心灵，给人以一定的直观和知觉。

【说明】这一经验的原则，包含着一种无比重要的规定，就是为了证明一种内容的真实性，人们就必须因此而存在。或者更确切地说，我们必须发现这种事物与自身的确定性相一致且相结合，也就是"我思故我在"，不管是凭借外在感官还是其深层精神，抑或是其基本的自我意识。在这里，要求对象与我思之间有着内在的统一，也就是对象于我而言并没有异己性。——这一原则，也就是如今许多哲学家的信仰、直接知识、外在以及自身内在的启示。这些科学虽然被称为哲学，或者从所采取的出发点来看，称为经验科学，但是这些科学所瞄准的主要目标，在于获得规律、普遍命题，或者一种理论；简言之，这是关于当前现有的思想。因此，牛顿物理学便被视为自然哲学。又如雨果·格劳秀斯（Hugo Grotius），通过收集历史上各国之间的历史行为，对其加以比较，并理由普通推理共相原则予以支持。这样一来，他提出一些普遍的原则，构成一种被称为外部宪法的哲学。在英国，直至现在，哲学这一名词通常都是指这一类学问。牛顿至今仍享有最伟大哲学家的名誉。甚至是科学仪器制造家，也惯用哲学上的名词，将凡不能用电磁概括的电学仪器，譬如温度计、气压计之类的，皆叫作哲学的仪器。诚然，木头、铁等组成成分，不应当称为哲学的仪器。[①]——实际上，只有思维才应当被称为哲学的仪器或工具。又如近代的政治经济学、在德国被称为理性的国家经济学或理智的国家经济学，在英国却常常被称为哲学。[②]

§8

这种经验知识，起初在其领域范围内，看起来似乎非常令人满意。但它对于一些理念的对象是无法把握的，在自由、精神、上帝方面不能满足理性的要求。这些对象不应当属于经验，它们与感性的经验无关，然而凡是在意识之内，都是可以被视作经验。这些理念都是积极意义上的无限，都是自身规定自身的内容，其内容是无限的。

【说明】人们曾误认为亚里士多德说过一句话，并用其表明自己的哲学立场："没有在思想中的内容，不是曾经在感官中的。"倘若思辨哲学不承认这句话的意义，那只是一种误解。但反过来，我们也可以说："没有在感官中的内容，不是曾

[①] 汤姆生（Thomson）发行的刊物，题为《哲学年报或研究化学，矿物学，力学，自然历史，农艺学的杂志》。单单从这一刊物的题名，我们便不难推测出，这里所提到的哲学指的是哪些内容。最近在一份英文报纸上，我发现了一本新出版的书的告示如下："保护头发的艺术，根据哲学的原则，整洁地印成八开本，定价八先令。"此处所谓根据哲学的原则以保护头发，其实大概是指根据化学或生理学的原则。

[②] 在英国政治家的口中，就普通政治经济学原理而言，"哲学原理"这一表述经常出现，甚至在公开演讲中也是如此。在1825年2月2日英国国会的集会上，布鲁厄姆在一篇回应英王致辞的演说中表示："有政治家风度并且有哲学原理的自由贸易——因为这些原理毫无疑问是哲学的——在采用自由贸易政策的基础上，今日英国女王陛下为此对议会的召开表示欣慰。"哲学观念的这种用法，不仅适用于议会中的反对派人士，在同月由首相浦公爵主持的英国船主公会年度宴会上，同党的有外交大臣甘宁及陆军军官查尔斯·朗格勋爵。外交大臣甘宁在他回应主席的祝词中说："一个新的时期已拉开帷幕，部长们在治理国家的过程中，可以应用深刻的哲学的正确通则。"英国哲学与德国哲学尽管有所区别，但在别处，哲学这个概念，常常仅被视作一种绰号和取笑人的代名词，甚至被认为是可憎的名词。然而，我们会发现，在英国政府要员那里，哲学仍然受到了人们的尊敬，这一点颇令人欣慰。

经在思想中。"对这句话，我们可以有两种诠释方式：就广义而言，感性物实际上也是奠基在能思的绝对精神之中，精神是世界的原因。就狭义而言（详见§2），法律、道德、宗教的情绪——皆是经验，本质上都是思维。

§9

一方面，主观的理性指的是就其自身的思辨理性，且具有更高的追求，理由不同的形式，比经验知识所提供的要求其进一步满足；这种形式就是广义上的必要性（详见§1）。然而，以这种科学的方式，在一般经验科学的范围内，其中包含的共相或类等，本身就是空洞的、不确定的因素，与本身的特殊性没有内在的联系。但二者之间的关系，皆是偶然的外在。就像特殊的内容之间彼此相对的关系是外在的和偶然的。另一方面，一切科学方法总是基于直接的事实，给予的材料，或权宜的假设。在这两种情况下，必然性的形式都没有得到满足。后者，就其对满足这一需要的必要性而言，是真正的哲学思维，即思辨的思维。关于对象本质的知识，只能通过绝对知识为理由推演出来，真正的理性只能是纯粹思维，即以自身为对象的绝对知识。故而，理性绝不满足于经验科学提供的结果，必须要上升到更高的纯粹理性，而且其中的共相就是概念。

【说明】思辨科学与其他科学的关系是这样的：它没有把后者的经验性内容放在一边置之不理，而是承认并使用它们，它同样承认这些科学的共相、规律、属相等，并把它们用于充实自身的内容，但它也把哲学上的其他内容引入这些范畴，并表明其行之有效的特性。这方面的差异仅指类别上的变化。逻辑学包含了以前的逻辑学与形而上学，保留了同样的思想、规律与对象，但同时又用进一步的范畴发展与改造了它们。

除此之外，人们必须对于思辨意义的概念与通常所谓的概念加以区分。认为概念永不能把握无限的说法之所以被人们重述了千百遍，直至成为一种深入人心的偏见，就是由于人们只知道狭义的概念，而不理解思辨意义上的概念。

§ 10

前文所提到的哲学认知模式，这种思维本身有一定的合理性，无论是从其必要性还是从其认知绝对对象，即上帝、精神、自由的能力来看，以及对其认识方式的必然性的态度，必须加以考察和论证。但这种洞察力本身就是哲学的认知，只属于哲学范畴。因此，倘若只是对其加以初步的解释，未免有失哲学的特色，恐怕只能得到一种预设、主观的保证与推理。换言之，这只是一种偶然的断言罢了，而与之相反的断言，则可以用同样的道理来论证。

【说明】康德的批判哲学的主要观点是，在认识上帝、事物的本质等之前，必须首先对知识能力本身进行一番考察，看人们是否有能力这样做。他还指出，在人们完成工作之前，必须先熟悉工具，倘若对工具的认识不够充分，之前所有的努力都会白白浪费。——康德的这种想法似乎很有道理，以至于获得了很大程度的钦佩与赞同，并把认知从对象的问题与对对象的探讨还原到它自身，还原到认识的形式。但倘若不想用言语欺骗自身，就不难看出，对于其他特殊的工具，可以用其他方式来考察与检验，但对认知的考察不能不通过认知来进行；在对所谓的工具考察过程中，考察无非是一种认知方式。另外，在进行认识之前就希望了解认识的内容，是愚蠢至极的想法。比如，在没有学会游泳之前，切勿冒险下水游泳。

莱茵哈特[①]意识到了哲学的开端的困难程度，他提出了一种补救措施，并提出了初步的假说和摸索式的哲学思考方法。他以为这样可以循序渐进，直到新的问题出现，我们以这样的方式到达原始的真理，但其实我们不知道如何做。更仔细地看，这条道路相当于通常的办法，即从分析经验的基础开始，或者是以经验

---

① 莱茵哈特（Karl Leonhard Reinhold，1758—1823），以出版的《关于康德哲学的书信》(1786)一书著称。这书使得他在费希特、谢林、黑格尔之前，被聘为耶拿大学教授（1788—1794）。此后他便一直在基尔大学任教，逐渐脱离了康德哲学。

的基础或初步的假设的分析为出发点。毋庸置疑的是，他的局限性在于，就假设的与提出问题的解释的预设与临时假设的步骤而言，他的方法仅仅是假设性的试探性的方法，属于表象思维，并未改变哲学方法的性质，与经验科学没有任何本质区别。

§ 11

更进一步来看，哲学的要求可以这样进行定义：哲学是纯粹思维，精神是感觉和直观，纯粹思维就是纯粹精神。感觉、直观、想象、意识都是实存的有限的意识存在物，纯粹思想才是其真正的内容。在其对立面或仅仅在它的定在与对象与这些形式的差异中，精神也为其最高的内在性，思维提供满足，并为其对象提供思维。因此，精神，在这个词的最深层意义上，便可回到自身。对于存在的原则，思维自身陷入矛盾。在这种情况下，思维会被矛盾纠缠，也就是说，在思想的固定非同一性中迷失自身，从而不能达到并实现自身，之所以会如此，是因为纯粹理性回归的程度太不够，会受到其对立面的束缚。这种所谓的抽象理智的思维，相对于更深刻的纯粹思维来说，具有某种抽象性。所谓抽象，就是不知道所谓的矛盾，仍然位于其自身之中，并试图消灭其对立面，只不过是在思维的过程中达到其自身的环节。

【说明】我们应当认识到思维的本质本身就是辩证法，认识到思维作为知性，试图回归自身的时候，就会陷入矛盾，这种洞察力构成了逻辑学的一种主要的根本见解。但是面对矛盾，哲学家往往会退缩，试图以其他手段，如情感、信仰、想象等来达到真理。而思维在此过程中无须陷入柏拉图早已提到的理性恨，亦无须像断言直接知识为真理意识唯一形式那样对自身采取敌对态度。

§ 12

哲学从上述所说的那种要求中产生，需要以经验科学等表象内容的发展作为外在前提，即直接的与深思熟虑的意识作为研究的出发点。在这种鼓励下，思维进展的次序基本上是这样的：思维超越了自然的、感性的、慎重的表象内容，进入了自身的材料而推论的意识，从而对经验开始的状态建立起一种遥远的、消极的关系，并以此作为开端。因此，精神的最高境界，就是以自身为理由和对象的纯粹思维，只有在这些现象的共相本质理念中，思维才得到自身的满足，而这种理念是绝对的上帝，或多或少是一种抽象的存在。恰恰相反，纯粹思维的哲学，不能停留在抽象丰富的实在内容，就其逻辑前提来说，纯粹理性是先于经验科学而存在的，从而使得思维从抽象的普遍性与仅仅是可能的满足之中超拔出来。一方面，所谓抽象的普遍性，指的是经验科学所说的类、规律的内容，且具有必然性，是一种仅仅着眼于思维的主观形式，它没有真正的内容或客观性。而另一方面，我们注重现实性，即现实性是可能和存在着的统一，是高于单纯的可能性的。

【说明】意识中的直接性与间接性的关系，将在下文中明确详尽地讨论。在此需要明确指出的是，直接性与间接性这两个环节，表面上看起来是不同的，但实际上二者缺一不可，而且它们有着不可分割的联系。——因此，对上帝的认识，如同对一切超验事物的认识一样，本质上包含了一种高于感性情绪或直观的提升。与此同时，此种超感官的知识包含了对这第一阶段的感觉的消极态度，但也包含了一定的间接性。这是由于间接的过程，是对第二阶段的开端与进展，所以一切内容，不管是概念还是观念，不管是自然的还是精神的实存，要想达到第二阶段，都需要有间接的过程，从一个与它恰恰相反的事物出发。但有了这一点，对上帝的认识相对于经验性的一面来说，关于上帝的知识也就不再独立于经验意识。事实上，关于上帝的知识的独立性，基本上是通过否定与提升感官经验和超脱感官经验而得到的。倘若对知识的间接性是有条件的，并被片面地提升了，那么人们可以说，哲学最初的出现归功于经验。从时间上说，哲学要以经验为前提，但是从逻辑上说，纯粹思维是以自身为间接性的。思维在本质上是对当前的直接经验的否定，就像人把吃饭归功于食物一样，因为没有食物，人就不能吃饭。当然，就这种关系而论，饮食对于食物，被认为是不知足的。绝对理念看似要以经验科学为间接性，实际上仅仅为自身为理由。在这个意义上，思维也是不知足的。然而，思维的自身直接性是先验的，反映在自身中，从而自身达到经过间接的直接性，这就是思维的先天成分，亦即思维的普遍性。思维一般存在其自身内，扬弃了一切有限的思维和对象。因此，思维是具体的普遍性，而不是抽象的普遍性，因为在其自身之中就蕴藏着特殊的实存内容，正如宗教，无论高度发达的还是尚不成形的宗教，无论是否接受过科学的训练，都不能对特殊性采取漠视的态度，还是以不偏不倚的信仰与心态面对。因此，它必须在自身思维之中推演出特殊的内容，同时这种思维是一种发展，这种发展是逻辑先在的，它才能拥有同样强烈的内在本性的满足和福祉。

倘若思维停留在理念的普遍性上，就像古代哲学思想中必然会做的那样，例如埃利亚学派所谓的存在，以及赫拉克利特所谓的变易等，被视为一种形式主义，即使在一种发展比较完善的哲学中，也可能找到一些抽象的命题或公式，例如"在绝对中一切是一""主客同一"等。而至于特定的事物，只有相同的变易被重复。就思维的第一种抽象的普遍性而言，存在着一种正确而有据的意义，即哲学的发展是由于经验。这是由于，一方面，经验科学并不停留在个别的感知显现的特殊性上，而是思维通过寻找共相、属相与规律，将材料加以整理，从而进行哲学思考。因此，也准备了特殊性的内容，经过经验科学，以便能够被纳入哲学的范畴。另一方面，这些经验科学，也因此包含了对"思维"本身进行这些具体确定的急迫要求。需要把这一内容纳入哲学范畴，通过思维的加工，成为仍旧依附的直接性与给定的存在扬弃，同时是思维从自身中的发展。由此可见，哲学的发展应归功于经验科学，哲学给它们的内容提供了思维的自由，也即是思维的先天因素，最基本的形式与必要性的证明，而不是对发现与经验的事实内容实质进行认证，即事实内容实质成为思维的原始与完全独立的能动性的代表与再现。

§ 13

从历史观点来分析,在外部历史的特殊形态中,哲学的出现与发展被呈现为这门科学的历史。这种形式使理念的发展阶段具有巧合的继承性,因此可以从逻辑方面去说明哲学的起源和发展。与此同时,根本原则的分歧,以及各哲学体系对其根本原则的发挥,也显得十分混乱。例如,仅仅是原则的多样性在哲学中的发挥,彼此之间丝毫没有关联。但几千年来,哲学工程的建筑师表现出一种活生生的精神,其思维的本质就在于使它自身思维着的本性得到意识,并且这已经因此成为对象,同时已经高于它本身,且在它本身存在达到更高的一个阶段。哲学史表明,在所产生的各种不同的哲学体系中,一方面我们可以说,只是一种处于不同形成阶段的哲学;另一方面我们可以说,是一种体系所依据的特定原则,只是一种相同整体的不同的分支罢了。最后的哲学在时间上是所有先前一切哲学体系的结果,因此必须包含各体系所有的原则。所以,倘若它是一个名副其实的哲学体系,它就是内涵最丰富、范围最概括的与最具体的哲学体系。

【说明】鉴于存在这么多不同的哲学体系,我们实有把普遍与特殊的真正规定加以区别的必要。倘若只就形式层面,根据其实际目的去分析共相的形式,将其与特殊进行对比,那么普遍自身也就被视为某种特殊的内容。这种并列的办法,即使在日常生活的事物的运用中,也显然不适宜和略显笨拙。举例来说,在日常生活里,有人要水果的时候,不会排除樱桃、梨、葡萄等,因为其立场是这些只是樱桃、梨、葡萄,而不是水果。但是,一提到哲学,许多人便为自身的不屑一顾的态度辩护,由于哲学包括许多不同的体系,故每一体系只是一种哲学,而不是哲学本身,根据此种说法,就好像樱桃不是水果一样。还有一种情况是,以普遍为原则的哲学体系是有真理性的,以特殊为原则的哲学则是片面的。而根本否认哲学的学说,就毫不相干。在这个意义上,这些只是哲学的不同观点,就像光明与黑暗只能被称为两种不同的光一样。

§ 14

在哲学史上，哲学所体现出的思维发展同样体现在哲学本身，但摆脱了那种历史的外在性或偶然性，哲学本身是理想的纯粹理性本身的整体和统一。纯粹是思维的环节，自由与真正的思想本身是具体的，因此，它是理念。纯粹理性是自身规定自身的思维，在其所有的普遍性中是理念或绝对。它的科学本质上是体系的，它所展开的所有环节都必须是具有统一性的。这是由于作为具体的真理，必定在自身中展开其自身。真理是普遍，是整体和统一。但是，真理也是具体的，并在统一中聚集与保持，即作为同一性，只有通过区分与确定它们的差异，它们的必要性与整体的自由才能存在。换句话说，一切有必然性和本质性的内容在其中必然有其位置。而真理本身就其整体来说，就是对于自身的否定，从而区别于各个环节。

【说明】没有体系的哲学不能表达任何科学的内容。与此同时，由于这种哲学本身更多表达的是一种主观的特殊心情，它的内容必定是带偶然性的。而哲学的内容，只有作为整体的环节，才能够证明其存在的合理性，除此之外就是毫无理由的预设或主观的确定性。许多哲学著作，只限于以这种方式表达情感与意见。这里所说的体系指的是客观体系，是理性就其自身的演动模式，它是由一切客观的自身规定的理性的内容，所以真正的哲学必然有客观的体系。

§ 15

哲学的每个部分都是一种哲学的整体，是一个自我运动的圆圈。然而，哲学的理念在其中有一种特定的规定性或环节。因此，每个单一的圆圈因为其本身是同一性的整体，所以就要打破它的特殊因素所带来的障碍，从而建立起一个较大的圆圈。所以，整体呈现为一种有许多圆圈所构成的大圆圈。这其中的每一个圆圈都是一种必要的环节，这些特有的元素体系，也就构成了整个理念，理念也同样在每个个体中显现出来。

§ 16

本书作为一部百科全书，不是以其特殊性的详尽发展来介绍科学的，而是要限于这几门特殊的科学的开端及基本概念加以阐述。

【说明】究竟需要多少特殊部分，才可构成一种真正的特定的科学，目前尚不确定。但可以确定的是，彼此都是一种孤立的环节，同时必须是一个有机的整体。这样一来，整个哲学才能真正地构成一个科学，但同时它也可认为是由好几个特殊科学所组成的整体。哲学全书与其他一般的百科全书不同，一般百科全书只是许多科学的集合体，而这些科学大都只是由偶然的和经验的方式得来，为方便起见，将它们排列在一起，里面有的科学虽冠以科学之名，其实只是一些零星知识的集合而已。这些科学汇聚在一起，只能算是一种外在的统一体、一种外在的次序，而并不是一种体系。同样地，特别是由于这些材料也具有偶然的特点，这种排列也必然是一种实验，而且各部门很难排列得匀称适当。而哲学全书则不然。

其一，哲学全书排除了零碎的知识的聚集，例如文字学一开始就属于此类。其二，哲学全书排斥将单纯的任意性为其基础，例如纹章学那样，而是彼此联系的有机整体。这类的科学确实是经过实证的。其三，存在其他的学科被称为实证的科学，但这些科学存在理性的理由和开端。这一理性的部分属于哲学，其实证方面，则属于该学科所特有的范围。这类科学的实证部分又可分为以下几种。

（一）有的学科，其开端本身是理性的，但在它把普遍原则应用到经验的特殊性与现实的事物的时候，便陷于偶然而失掉了理性准则。在这个可变性与随机性的领域中，我们无法形成正确的概念，而只能对变化的偶然事实依据加以诠释罢了。例如法学，或直接税和间接税的征收制度，首先必须有许多最终的精确决定的条款，而这些条款的决定，是在概念本身确定的存在以外的。因此，允许有一种确定的广度，有自由伸缩的余地，有的时候可以论述一种理由以一种方式设想出一个决定，又可以论述另一种理由另作一个决定，并且不可能有任何确定的准则。同样地，例如自然这个理念，在进行个别研究的过程中，也能转化为偶然的巧合。如自然历史、地理学以及医学等，皆陷于对实存的确定中，应当进入由外部的偶然事实和主观的特殊兴趣，而不是由理性决定。历史也属于此类，因为虽然理念构成历史的本质，但理念的显现处于偶然与主观任意的领域范围之中。

（二）这样的科学也可以说是实证的，因为它们不承认它们所运用的范畴的决定性是有限的，也不能揭示出这些有限的范畴和它们的整个领域向更高的领域过渡，而只是用有限的范畴研究无限的精神，这被认为是有效的。此种实证科学的局限性在于其形式的有限性，正如前一种实证科学的局限性在于物质的有限性，即它的研究对象是有限的感性和知性的内容。

（三）与此同时，还存在另外一种实证科学，其局限性在于，其结论所依据的基础不够充分。这类的实证知识，一部分是推理，一部分是情绪、信仰、他人的权威，一般来说，哲学也是如此，所有的假设和独断都是基于外界的感觉和内心的直观的权威，寻求建立在人类学、意识、内在直观或外在经验的基础上，是一种实证科学。除此之外，还有一种科学，即仅仅这门科学的叙述形式是经验性的，而感性的直观以内在材料加以排列整理，使其符合概念的内在次序。类似于这样的经验科学，把汇聚在一起的多重纷杂现象进行对立，另外，条件的外部的、偶然的情况被扬弃，从而使得普遍原则得以显现。——这样一来，感性的实验物理学、历史学等将在反映概念的外部形象中代表自然界和人类事件与行为的理性科学。

§17

至于哲学的开端，必须在共相中树立起一个开端或假设，就像其他科学一样，存在着一种主观的先决条件，即有一种特定的对象，例如空间、数字等，而哲学似乎也须先假定思维事先是存在着的，作为思维的对象。不过哲学是由于思维的自由行为，而建立起自身于这样的立场上，即哲学是自在自为的，从而产生并赋予自身对象。与此同时，哲学的开端作为一种直接的显现，必须在哲学体系中得以发挥，但是哲学会在最后返回自身，扬弃开端的假设。这样一来，哲学就显示出这是一种回到自身的循环，因而哲学便没有与其他的科学一样意义的开端。所以，哲学上的开端，仅仅只就研究哲学的主体来说，与科学本身没有关系。换言之，科学的概念，从开端起，主体和对象就是不曾分离的。绝对知识是无前提的绝对性，以及它的思维和存在的绝对同一。在这里，开端的假设，最终是要扬弃它的直接性。因为片面的直接性和间接性都不是真理，真理是两者的统一，是一个运动，它要求从直接给予的内容出发进展，这一进展同时深入自身，从而证明其直接的内容是有着充分的理由，直接性被扬弃了。这就是哲学的唯一目的、行动与目标，以达到其开端，从而实现哲学这一科学的最终目标。

§ 18

正如哲学无法给予一种初步的概括观念，因为只有整个科学才是理念的表现。因此，对于科学内各部门的划分，也只有从理念出发才能得以把握。一方面，科学各部门的初步划分，正如最初对于理念的获取一样，它是一种预想的内容。但在另一方面，理念被证实是与自身同一的思维，同时具有能动性，而且为了证明自身的存在，而不断与自身对立，并且在这个对立中只与自身对抗。所以，哲学这门科学可以分为三部分。

（1）逻辑学，研究理念本身的科学。

（2）自然哲学，研究理念的科学在其异在的科学。

（3）精神哲学，研究由其异在返回到自身的理念的科学。

在§15中指出，哲学科学之间的差异，只是一种对理念自身的各项规定，而且这一理念也只是表现在各个不同的环节里。在自然中，人们意识到对于一切的事物来说，理念都是自在自为的，是不断发展着的，并且凭借外在化的形式，在精神中产生出来。另外，理念会在其中显现出来，这也是一种过渡的环节。因此，同样地，那些独立的科学认识到其中的内容是一种存在着的对象，并直接认识到这些内容在不断向它的更高圆圈或者范围进行过渡。这样一来，划分的表象观念就显得不那么正确，因为它们将特定的部分或科学并排放在一起，这样会产生误解，好像它们是静止着的，而且各个部门的科学是属于不同类别的，其中存在着实质性的区别。

逻辑学概念的初步规定

§19

逻辑学是关于纯粹理念的科学，也就是关于思想的抽象要素形成的科学。

【说明】导言部分主要是关于逻辑学以及其他概念的初步规定，而这些规定脱离于对全局的统观，在对全局进行概述后才得以建立。

我们完全可以说逻辑是关于思维、思维的规定和规律的科学。然而，思想本身仅仅是一般规定性或要素，从而使得理念成为逻辑的理念。在此过程之中，理念并不是形式的思维，而是思维的意识空间特有规定和规律发展中的全体。意识空间的这些规定和规律，指的是思维意识空间自身赋予的，而不是已经存在着的、现成的事物。

一方面，逻辑学在某种程度上可以被视为最难的科学，因为逻辑学与直观的事物无关，甚至不像几何学那样与抽象的感性表象有关，而它与纯粹的抽象物有关。更为确切地说，逻辑学还需要一种特殊的力量和实践，才能够回溯到纯粹的思想，且一直坚持这种纯粹的思想，并不断在其中活动。但另一方面，逻辑学也可以被认为是最简单的科学，这是由于逻辑学的内容不过是关于自身的思维及其常见的规定，与此同时，这些规定也是最简单和最基本的众人皆知的内容，这其中包括有与无、质与量、自在之有与自为之有、一与多等。然而，正是由于众人皆知，反而使逻辑研究变得更为复杂。原因在于，一方面，我们很容易误以为不需要去学习熟悉的内容；另一方面，逻辑学采用的研究方式往往与常人熟悉的方式不同，甚至是恰恰相反。逻辑学的有用程度，取决于其与主体之间的关系，从而达到其他的目的。逻辑学的功用在于让思维得到训练，因为逻辑学是对思考进行思考之科学，在训练思维的同时作为思想进入头脑。然而，由于逻辑是真理的绝对形式，也是纯粹的真理本身，所以逻辑完全不同于某种有用的东西。而就逻辑学自身而言，如果最高尚、最自由、最独立的东西也是最有用的东西，那么逻辑学也未尝不是有用的东西。这样一来，逻辑学的有用性将通过一种截然不同的方式表现出来，其用处就不仅仅在于思维形式的训练。

【附释1】第一个问题是：逻辑学的对象是什么？对这一问题最简单、最容易理解的答案是，真理就是逻辑学的对象。真理是一个高深的词汇，其本质也十分高深。如果一个人的精神和思想是健康的，那么对真理的追求必然会让他的心加速跳动。然而，紧接着问题就来了，我们是否能够认识到真理？在我们这些有限的人类与自为存在的真理之间，似乎存在着不足，于是就出现了有限与无限之间的桥梁问题。上帝是真理，但我们如何认识上帝呢？谦逊和虚心的美德似乎与这种知天求真的意图相抵触。然而，人们也会问，人们是否能够了解真理，以便为自身留恋于平庸的、卑微的生活找到理由。这样的谦卑毫无可取之处。"我这样的可怜虫，怎么才能认识真理呢？"这样的说法已经成为历史，取而代之的是诞妄和虚骄，人们自以为直接获得了真理。年轻人被说服，认为自身已经掌握了真正的真理，关于宗教和道德方面的真理。同样地，有人说，所有的成年人都在诞妄和虚骄中沉沦，变得木讷、麻木甚至僵化。在青年身上，曙光已然初现。然而，老一辈的人却陷于沼泽和泥潭之中。他们认为这种特殊的科学是值得探讨的，然而，它仅仅是生活中达到外在目的的一种手段而已。那么，在这个意义上，使人远离对真理的认识与研究的不是谦卑，而是自认为已经拥有了真理。老一辈的人把希望寄托在年轻人身上，因为只有年轻人才能让世界和科学得以延续。然而，只有当年轻人没有止步不前，没有恃才傲物，而是担负起精神上艰辛、严肃的工作，年轻人才值得被寄予希望。

与此同时，还有另一种形式的谦虚是反对真理的，这是一种面对真理的狂妄。判处耶稣死刑的彼拉多在面对耶稣时所说的话就体现了这一点。彼拉多问道："什么是真理？"一切事物都已经结束，任何内容都没有意义。正如所罗门所说的："凡事都是虚空。"于是就只剩下主观的虚幻了。

除此之外，还存在着一种畏缩，也阻碍了实现真理的道路。许多精神上懒惰的人会说：持这种态度的人并没有认真对待哲学。这就意味着，我们也需要认真地去学习关于逻辑的知识，然而，学习历史只能使我们保持现状。许多人认为，当思想超越了普通思维圈子的时候，思维就会走向深渊，就好比人们将自身托付给思维的大海，在海上被思维的波浪抛来抛去，最后又重新回到了尘世的沙滩上，其实人根本没有离开过尘世。我们可以在俗世中看到，这样的观点产生了什么后果。人们可以学习到许多知识和技能，这样就能够成为经验丰富的办公人员，也能够为了达到特定目的而进行专门的培训，但为更高尚的事业训练自身的心智并为之奋斗是另一回事。我们可以期待，在我们这个时代，在许多年轻人的心中，产生了一种对更美好、高尚事物的追求与渴望，他们不想满足于外在知识的草芥。

【附释2】思维是逻辑的对象，人们普遍认同这一点。然而，至于思维，人们可能对其评价不高，也可能评价很高。因此，一方面，人们说：这仅仅是一种思想，从而意味着这种思想仅仅是主观的、任意的、偶然的，而不是事物本身，更不是真实的和现实的内容。另一方面，人们也可以对思想有很高的评价，并以这样的方式来评价思想，即只有通过思想才能达到最高的存在，也就是上帝的本质，而上帝的一切都不能用感官来感知。有人会说，上帝是一种精神，希望人们用精神和真理来崇拜上帝。然而，我们得承认，可以感受到的或者感性的内容，并不是精神的，可是精神最为内在的核心是思想，只有通过精神才能认识精神。诚然，精神，例如在宗教中，可以凭借感觉的方式行事。这就意味着，感觉本身或感觉的方式是截然不同的，而感觉的内容也有所不同。一般而言，感觉本身指的是一切感性事物的形式，因为人类与动物之间有许多共同点，所以凭借这种感觉的形式或许就可以把握许多具体的内容。然而，这种内容不属于这种形式所能企及的高度，感觉的形式是实现精神内容的最简单形式。这就意味着，精神的内容即上帝本身，只在其思想中，抑或是作为思维才能获得真理。那么，在这个意义上，思想不仅是单纯的思想，而是作为最高的存在方式，严格来说，是可以囊括永恒和存在于自身的唯一和最高级的方式。

就思想而言，人们对思想的科学评价也可以有高低之分。有种说法认为，每个人都可以在尚未了解逻辑的情况下进行思考，就像没钻研过生理学就能消化食物一样。即使一个人研究过逻辑，他的思考方式仍会与以前一样，或许更有条理，然而并不会有太大的变化。如果逻辑学除了让我们熟悉单纯的形式化思维活动，没有其他作用，那么逻辑当然不会给人们带来独特的成果。而早期的逻辑确实只有这样的地位。与此同时，如果将思维仅仅当作单纯的主观活动，那么对于人类来说，这是一件荣幸且有趣的事情。人与动物的区别在于，人能够真正了解自身以及自身的活动。更确切地说，逻辑学作为思想的科学也有很高的地位，因为只有思想才能体验到最高的、真实的内容。因此，如果逻辑科学在其活动和生产中考虑思维（而思维不是没有内容的活动，因为它产生思想这种事物，以及具体的思想），那么逻辑学所研究的内容就是超越感官的世界，研究逻辑学就是在这个世界中进行遨游。数学研究数字和空间的抽象对象，然而这些仍然是一种感性的内容，尽管抽象的感性并不存在。思想甚至进一步舍弃了这最后的感性，变得自由自在，扬弃了外在和内在的感性，消除了所有特殊的利益和倾向。只要逻辑有这个基础，我们就可以对此做出评价，比人们习惯的那样对于逻辑的评价更高。

【附释3】在比单纯的形式思维科学更深的意义上掌握逻辑的需要，是由宗教、国家、法律和道德各方面的利益所促使的。过去人们都认为思想无足轻重，不会带来祸患，所以他们进行思考的时候颇为大胆。他们思考上帝、自然和国家，并确信只有通过思考，而不是通过感官或偶然的想象，才能知道真理是何物。然而，由于以这种方式思考，生活中最高级的一些关系会受到严重的损害。通过思考，积极的内容被剥夺了力量；国家的宪章成为思想的牺牲品；宗教受到思想的攻击；被普遍视为典章的固有的宗教观念受到破坏而失去了权威；许多人固有的信仰被推翻了。例如，希腊的哲学家们反对旧宗教，并摧毁了旧宗教的思想。因此，哲学家们因推翻宗教和国家而被放逐和杀害，这二者在本质上是相通的。更确切地说，思想在现实中成为一种力量，并产生了巨大的影响力。这样一来，人们才逐渐意识到这种思想的力量，从而开始更仔细地考察思维的权能，据说发现思维做出了太多的假定，无法完成其所承担的工作。思维没有认识到上帝、自然和精神的本质，总而言之没有认识到真理，而是推翻了国家和宗教。因此，人们要求以思维的结果来证明其合乎理性，从而对思想的性质及其合理性的研究，在很大程度上成为近代以来哲学的研究兴趣。

§ 20

如果我们从思维的表面意义出发，那么其一，思维就以其普通的主观意义来看，是感性、观察、想象、欲望、意愿等其他精神活动或能力中的一种。然而，思维活动的产物即思想的确定性或形式，指的是一般的、普遍的、抽象的共相。这样一来，作为活动的思维就带有普遍的能动性，这是由于思维活动的产物作为行动具有普遍性。作为主体呈现的思想是思考之事，而作为思想者的现有主体的简单表达就是"我"。

【说明】在本节和下面几节所提出的一些规定，不能被视为我对思想的看法或主张。然而，由于在这种初步的讨论中不能进行严密的推理或证明，只能被视作事实的陈述。这样一来，在每个人的意识中，当人有思想并考察其思想的时候，就能够依据经验，发现普遍性和一些一般的特征。更确切地说，以下规定也同样存在于思想的意识和其表象的事实之中。诚然，为了观察思想的意识以及真理，就需要人们预先拥有一定的注意力和抽象力，并加以训练。

在这种初步的论述中，感性、观念和思想之间的差异不断显现出来。认识到这种差异对于理解自然和认知模式具有至关重要的作用。因此，在这里提到这种差异也有助于阐释。——对于感性的事物，首先要从其外在的起源出发，即感官或感觉工具被用来解释并加以规定。然而，仅仅对感官进行命名，并不能规定感官所感到的内容。感性和思想的区别在于，前者的主要特点是个别性，由于个性化（抽象地说，是原子），彼此之间是有联系的。这样一来，感性的事物是彼此相外的个别内容，其更接近的抽象形式是彼此并列和彼此相续的。表象的内容是这样的感性材料，但这些内容被归属在具有普遍性、自指性、简单性的规定中。然而，除了感性的内容，表象也将从自我意识的思维中产生的材料作为内容，例如法律的、道德的、宗教的，甚至是思考本身的概念，而且不容易看出这些表象与这些内容思想之间的区别。一方面，思想的内容既是表象，又具有普遍性，而普遍性属于包括自身在内的内容，也是所有的表象所具有的内容。但在另一方面，一般来说，表象的特殊性都体现在其内容的个别性中。可是，这样的内容也同样是奇特的。权利、法律和诸如此类的确定，并不存在于空间之外彼此毫无联系的感性事物中。在时间上，这些规定一个接一个地出现，然而它们的内容本身并没有受到时间的影响，也没有受时间的限制而消逝、变化。

然而，这些潜在的精神上的规定，也同样包含于那些内在的、抽象的一般表象里的广阔范围中，具有个别性。在这种个别性的情况下，这些潜在的精神上的规定，例如权利、责任、上帝，都是互不干涉、互无联系的。在这个意义上，表象要么表面停留在权利上，要么就是权利本身。这就意味着，对于上帝就是上帝这一基本的事实，以一种全新的方式给出一系列的规定，例如，上帝是世界的造物主，是无所不知的，是万能的等。换言之，把一些孤立的、简单的规定或谓词结合在一起，不管在其中赋予什么样的联系，这些谓词之间仍然彼此分离，仍然是相互外在的。在这一层面上，表象与知性具有共同点，二者唯一的区别在于，知性能够建立普遍与特殊的关系，以及原因与结果的关系等。这样一来，表象的孤立化的规定和规定性因素之间建立起了必然性的联系。由于表象能够把这些孤立化的表象规定同时置于不确定的空间中，并将其紧密地排列在一起。与此同时，表象和思想之间的区别，更具重要性。这是由于，一般而言，哲学除将观念转化为思想外，还能够将单纯的、抽象的思想转化为概念。

我们在前文已经指出，感官的事物都具有个别性和相互外在性，在这个意义上再补充一句，个别性以及相互外在性也是思想的一部分，同样具有普遍性。逻辑学普遍公认的是，思想是思想的自身又是思想的他者，思想中也包括其对方，没有任何内容可以逃脱其本身。更确切地说，既然语言是思想的产物，那么凡是语言所表达出的一般事物，无不具有普遍性。凡是我能用语言描述的概念，都是我个人的理解，带有特殊性。而那些无以名状的情绪、感觉，不是最优秀、最真实的内容，而是最微不足道、最不真实的内容。这就意味着，当我提到"此时""此地"的时候，这些都具有普遍性，因为这一概念既能用在"这一内容"上，也能用在"那一内容"上。它们同时是具体的，因为这一概念往往指的是这一时或者这一地。同样地，当我提到"我"的时候，我指的是排除所有其他人的"我"。但这里我所提到的"我"，指的是每个人，我，将所有其他人排除在自身之外。康德曾经以笨拙的方式表达这个意思，他说道："我"伴随着我所有的表象，包括感觉、欲望、行动等。[①] 在这里，康德就是仅仅表达了一种抽象的普遍的"我"，共性也不过是普遍性的外在形式。所有其他人都与我共同造就了"我"，把"我"与感觉、表象并列起来。然而，"我"本身是抽象的，指的是与自身的纯粹关系，在这种关系中，存在着对表象、感觉、每一种状态以及通过自然、才能、经验等的每一种特殊性的抽象。在这个意义上，"我"是完全抽象的普遍性存在，是一个抽象的自由主体。这就是把"我"作为主体来思考的原因，即我同时存在于我所有的感觉、观念、状态等中。这样一来，思想无处不在，是一个贯穿所有这些规定的范畴。

---

① 详见康德《纯粹理性批判》第131卷。

【附释】当我们谈到思维的时候，它首先是作为一种主观活动出现的能力，我们当中有许多人具有这样的能力，如记忆、想象、意志等。如果思维仅仅是一种主观活动，并因此成为逻辑学的对象，那么逻辑学就会像其他科学一样，具有一定的明确对象。这样一来，就可以把思维作为一门特殊科学的对象，而不是将意志、想象力也作为一门特殊科学的主题，因为这样可能会显得很武断。更确切地说，赋予思维这一特质，可能是由于思维被公认有一定的权威性，而且思想也被认为是人的真正本质，这就是人与动物的区别所在。仅仅把思维作为一种主观活动加以认识，并非没有意义。那么，对于思想的进一步规定就是规则和规律，人们通过经验明白了这些规定。从这个角度考察思维的规律，思维就成了逻辑的一般内容。

亚里士多德是这门科学的创始人，也有能力把属于思维的内容"交还"思维本身。我们的思考是完全具体的，然而，在形形色色的内容中，必须区分哪些内容属于思考，哪些内容属于抽象的活动形式。一种无声的精神纽带即思考的活动，将所有这些内容联系起来，亚里士多德强调和定义的正是这种纽带，这种形式本身。这就意味着，亚里士多德提出的这种逻辑，至今仍是逻辑学的一部分，且获得了进一步的发展。中世纪的学者们对其进行了演绎，然而他们没有对材料进行补充，而仅仅是将其进一步发展。近代逻辑学方面的活动主要包括：一方面，省去了亚里士多德和学者们制定的许多逻辑规则；另一方面，增加了许多关于心理学的内容。这门科学的目的在于在其过程之中了解有限的思维，如果这门科学所采取的方法符合其预设的对象，那么它就是合乎理性的。对这种形式逻辑的专注无疑有其用处，正如人们所说的，逻辑可以使人的思路变得更加清晰，人们学会了收集信息，学会了集中注意力，能够进行抽象的思考。然而在日常的意识中，人们不得不与那些错综复杂的感性观念打交道。但在抽象的过程之中，思想的关注点只有一个，并由此养成了专注于内在的习惯。熟悉有限思维的形式，可以用作经验科学的教育手段，而经验科学是按照这些形式进行的。在这个意义上，逻辑被称为工具性逻辑。诚然，人们可以更自由地行事，不应当因其功用而研究逻辑，而应当为了逻辑而研究逻辑，就像不应当仅仅为了功利而追求卓越。如今，这样做一方面是很合乎理性的规定。但在另一方面，卓越也是最有用的，这是由于它是代表自身的实体，因此卓越成为促进和实现特定目标的载体。人们不必把特定的目的视为重中之重，但卓越也确实起到了促进作用。例如，宗教本身就有其绝对的价值，与此同时，其他的目的也获得了宗教的支持和保障。主耶稣说："你们要先求祂的国和祂的义，这些内容都要加给你们了。"① 特定的目的在获致其本身之后水到渠成就能达到。

§21

其二，在这一点上，思维被当作与对象有关的活动，指的是对某物的反思，一般作为其活动的这种产物以及普遍概念，包含着该事物的价值，也就是其本质、内在、真理。

【说明】在§5中，曾经提到了旧有的信念，即所有对象、性质、事物的真实性、内在性、本质的真实性是至关重要的。然而，这些重要的内涵，不是在意识中立即被发现的，也不是随对象的最初外貌或灵光闪现所呈现的，而是必须首先进行反思，才能获得对象的真实特性，也只有通过反思才能达到这种知识。

【附释】甚至孩子们，也或多或少获得了一些反思的能力。例如，孩子们首先将形容词与名词结合起来。这里孩子们必须注意观察并区分其中的差别，也必须牢记一条规则，并根据这个规则来安排特定的事物。这就意味着这条规则只不过是一个总则，而孩子们要根据这个总则来制定具体的内容。孩子们也会使特殊内容遵循这个普遍规则。我们在生活中也有目的，在此过程之中，我们思考如何才能达到这些目的。与此同时，目的具有普遍性，指的是指导原则，而我们拥有手段和工具，并根据目的来规定其活动。反思也以类似的方式在道德关系中发挥着

---

① 详见《马太福音》第6章，第33节。

关键的作用。

　　这里的反思，意味着记住合乎理性的内容，以及我们的责任，且根据这些普遍性，将其作为既定的规则，我们必须在目前情况下组织我们特定的、具体的行为。一般的规定应当是可识别的，并包含在我们的特殊行为中。在对自然现象的研究过程之中，我们也发现了同样的情况。例如，我们会注意到雷声和闪电，这种现象为我们所熟知，我们也经常能感知到它们。但人并不满足于单纯的认识，不满足于单纯的感性外在，而是想找出其背后的本质，但其本质并不是一望而知的，所以促使人们想要弄清楚真理，想要理解真理。与此同时，人们想把握原因，因为其与外在的现象不同，而内在的现象与单纯的外在也有所不同。因此，人们要从外在的现象出发，将其一分为二，变成内在和外在、力量和表达、原因和结果。在这个意义上，内在和力量，具有普遍性和持久性，非这一闪电、那一闪电，非这一植物、那一植物，而是在一切特殊的现象中保持着普遍性。感性的内容是单一的、易逝的，我们通过反思能够学会认识其中永恒的内容。大自然向我们展示了无限多的个体形式和表象，我们有必要在这种多样性中实现统一。因此，我们加以比较研究，并寻求认识每一事物的普遍性。个体生灭无常，而类的存在，能够长期地留存下来，并成为在一切事物中反复出现的内容，只有反思，人们才能获得认识。这当然也包括自然律，例如天体运动的规律。我们今天看到天体在这个位置，明天又会在别处，这种无序让人感到不安，因此人们会不愿意相信这一无秩序性。这是由于人们的内心深处，依然相信着秩序，相信着一种简单、恒定、具有普遍性的规定。在这种信念下，人们便开始对这种现象进行思索，并认识到它们的规律，把天体运动的普遍方式明确下来，以便从这个规律中确定和认识每一个地方的变化。这与支配人类活动的各种力量是一样的，因为人类的活动是无限的。在这里，人类也同样对带有普遍性的支配原则充满信心。从所有这些例子中可以看出，反思总是在寻求固定的、永久的、自身规定的和对特定事物支配的普遍原则。一般来说，这种普遍原则并不能用感官来把握，它同样被认为是事物的本质和真理。因此，例如义务和权利指的是行动的本质，其真实性在于符合这些具有普遍性的规定。

当我们这样确定普遍性的时候，我们发现普遍性形成了其对方的对立面，而这个对立面单纯是直接的、外在的、个别的事物，与间接的、内在的、一般的事物相互对立。这就意味着，这种普遍性并不作为普遍而存在于外在，普遍这一范畴是不能被感知的，天体运动的规律也并不是写在天上的。因此，一般来说，普遍是人所不见不闻，而只是相对精神而存在的。宗教把我们引向一种普遍性，其本身就包括将所有其他事物引向一个绝对的概念，所有其他事物都是由它产生的，而这个绝对性也不是感官的对象，而仅仅是精神和思想的对象。

§ 22

其三，通过反思，起初在感觉、直观、表象中的内容有所改变。因此，只有通过反思，对象的真实本质才会逐渐被人们意识到。

【附释】 从思索中产生的东西，就是思维的产物。例如，一方面，梭伦自身想出了专门为雅典人创立的法律。但在另一方面，我们把梭伦所创立的具有普遍性的法律，看作与单纯的主观的对立物，认为只不过是立法者一时兴起，并试图从这些法律中认识事物的本质、真实和客观性。想要进一步了解事物的真实性，并寻求真理，单凭注意力或观察力是远远不够的，而需要我们充分发挥主观能动性，通过反思的方式看到主观的内容背后的客观本质。初看起来，这样做自然是说不通的，与寻求知识的目的相悖，其实不然。一直以来，人们都深信只有通过反思的方式对眼前的事物进行再加工，才可以透过现象看本质，从而达到实质性的目的。然而，直到近代哲学，人们才提出了疑问，并确定了思维的产物以及事物本身之间的区别。

有人说，事物的本质与我们对事物自身的认识完全不同。这种将思想与事物自身截然分开的观点，尤其受到康德的批判哲学的推崇，康德的批判哲学反对整个早期哲学时代的信念，它将事物和思想的一致视为既定的内容。而近代的哲学关注点正是这种对立。然而，人的自然信念是，这种对立并不真实。在日常生活中，我们不需要进一步进行特别的思考，就可意识到我们仅仅借助反思便可获得真理。这是由于我们坚信思想与事物是一致的，而这种信念是最重要的。这是我们这个时代的病态，我们的认知仅仅是主观的，且这种主观的认识就是终极的目标，这让我们感到绝望和疑惑。然而，寻求真理才是终极目标，这应当成为所有人信念的基础。可是如果个人的信念不符合这个标准，那么这种信念就自然说不通。另外，根据近来的看法，信念本身无论其内容如何，仅仅就主观的形式而言，已经是合理的，因为评判主观信念以及其真理并无标准。我们之前提到过，"人心的使命即在于认识真理"，这是人类古老的信念。这就进一步说明了，对象外在和内在的性质，凡是合乎理性就是现实的，凡是现实的都是合乎理性的。哲学的任务在于，把那些关于思维的、自古以来人类所坚信的思维的性质，更加明确地揭示出来。这样一来，哲学并没有建立新的概念，在这里，我们通过反思所提出的说法，属于人们根深蒂固的信念。

§23

其四，在反思的过程之中，事物的真实性质得以揭示出来。而所揭示出事物的真实本性，同样也是我的活动，我的精神产物。而"我"作为能思的主体，作为一种简单的具有普遍性的精神产物，指的是自己存在着的我，抑或我的自由的产物。

【说明】人们经常可以听到为自身思考这个说法，好像这其中包含着重大的意义。事实上，没有人能够为他人思考，就像没有人能替他人吃饭和喝水一样。因此，这种表达方式是一种赘述，因为它是一般的活动，具有抽象性，并与自身产生联系。与此同时，思维的主观性中没有确定的自在存在。然而，就思维的内容来说，其同时只存在于事物和各种规定中。因此，如果在哲学研究方面有关于谦逊和傲慢的讨论，且如果谦逊和傲慢在质量和行动上没有特别之处，那么哲学研究至少要对傲慢做出解释。只有当思维沉浸在事物的实质中，思维在内容上才是真实的，并且在形式上不是主体的特定存在或行为。与此同时，就形式来说，思维作为一种抽象的自我意识，作为摆脱了一切特性、状态等的所有特殊性而表现出来，并且仅仅是让普遍性在其中活动，在这一过程中，思维与所有的个体相同一。在这种情况下，我们认为，哲学也就祛除掉骄傲了。——亚里士多德要求要配得上此种行为，意识相应也赋予了思想此种适配性，恰恰是因为将特定的意见和揣测抛弃，而让事物的实质占上风。

§24

根据这些定义，思想可以称为客观思想，通常首先在普通逻辑中被考察，被视为有意识思维的形式。因此，逻辑学与形而上学殊途同归了。形而上学是研究思想对事物理解的科学，而思想能够表达出事物的本质性。

【说明】概念、判断、推理等形式与因果关系等其他形式的关系，只能在逻辑本身中才能进行研究。但目前也可以看出，当思想试图形成一个事物的概念时，这个概念（以及它最直接的形式、判断和结论）不能由与外界相异的和外在的规定和关系组成。如前文所述，反思能够深入事物的共相，而共相则是概念自身发展和演动的一个环节。世界上有知性、理性等词，它们与"客观思想"一词所包含的含义相同。然而，这种表达方式之所以令人不悦，就是因为思想通常只被用作属于精神、意识的内容，而客观也同样在最初只用于非精神的内容。

【附释1】当人们说思想作为客观的思想是世界的内在本质时，似乎认为自然事物是有意识的。我们不愿意把事物的内在活动视为思维，一方面，是因为我们认为，人能够与自然界区分开来是因为人有思维。因此，我们将不得不把自然界说成没有意识的思想体系，说成谢林所谓的石化的理智。为了避免误解，与其使用思想这一表述，不如用思想规定或思想范畴进行表述。根据前文已经说过的内容，逻辑学应在一般思维的确定范畴中寻找逻辑的原则。

在这个思想范畴的体系中，普通意义上的主观和客观的对立已经消失殆尽了。当古代哲学家宣称理性支配着世界的时候，或者当我们说世界上存在着理性的时候，这就更密切地表达了思想及其规定性的含义，通过这一说法，我们获悉理性是世界的灵魂，处于世界之中，成为它内在的、本身的、最内在的本质以及普遍性。一个更直观的例子是，当我们称一种特定的动物是一种动物。动物之为动物本身是没法显示在外的，我们只能称某种动物。动物并不存在，它只是个体动物的普遍性质，每一种现存的动物都是一个更具体的、被确定的、特殊的动物。然而，动物必从属于其类，动物的普遍性已经存在于具体的动物之中。与此同时，猫或者狗，属于特殊的动物，并构成其特殊的本质。如果我们拿走狗的动物本性，就无法说出它是什么动物。世界万物一般都具有永恒的内在本质和外在的存在。万物生与死、生与灭，其本质，其共性，也即是类，而类是不可以单纯被理解为世界万物的共同之处的。

思想构成了外在事物的实质，也是精神的一般实质。在人类所有的直观中，都有思维的存在。同样地，思考是一切观念、记忆以及所有精神活动中的一般物质，包括一切意志、欲望等中的普遍内容，所有这些都仅仅是思维的进一步规范。以这种方式去理解思维，思维就会显示出一种不同的意义，而不是我们仅仅认为的：我们在获得其他能力的同时，也掌握了思维能力，如观察、想象、意志，以及类似的能力。如果我们把思维看作所有自然事物和所有精神事物的真实共性，那么思维就会超越这一切，成为一切的基础。对于这种客观意义上的思维概念，我们首先可以把主观意义上的思维结合起来。我们首先会说，人是有思想的，同时我们说，人是有直观、有意志的。人是有思想的，也具有普遍性，然而只有当人意识到人本身的普遍性的时候，人才是有自我意识的。

动物本身也具有普遍性，然而动物却无法理解普遍性，只能理解个别性。一般来说，当动物看到了一个个体，例如它的食物、一个人等，这一切对它来说仅仅是个别的事物。同样地，感觉总是只与个别的事物有关（如这种疼痛，这种感受到的美味，等等）。自然界自身没有Nous或曰理性的意识，唯有人才具有双重能力，他能够自在自为地认识到普遍性，同时又能自觉认识到自身的普遍性以及他物的普遍性。这首先表现在人认识自身是我。当我说我的时候，我是指我自身，作为这个单一的、绝对确定的人。然而，事实上我并没有因此说自身有什么特别之处。其他每一个人也都是我，在称自身为我的时候，人的双重性就发挥作用了。毫无疑问的是，我指的是我自身，这一个体，但同时我在表达这是一个普遍的内容，指的是一种纯粹的"自为之有"。在其中，所有的特殊的内容都是被否定或扬弃了的。这种自为的我，指的是最后的、简单和纯粹的意识的内容。我们可以说：我和思维是一样的，或者更具体地说：自我就是能思者，我在思考，是因为思考。

在我的意识中，我所拥有的是为我自身所存在的。我具有空性指的是一切和任何事物的容器，一切都为我而存在，把一切都储存在自我之中，才能彰显出意义。每个人都是一个完整的思想世界，被埋在自我之中。这样一来，"我"具有普遍性，一切特殊事物都被抽象化，然而，同时一切事物都保存在我之中。因此，"我"不是单纯的抽象的普遍性，而是本身包含一切的普遍性。

我们起初对"我"这个字漫不经心，而只有通过哲学的思考，才会把"我"作为思考的一个对象来考察。在"我"中，我们才会有相当纯粹的现在思想。动物不能说出一个"我"字，然而，人类因为懂得思考，才会说出"我"字。这是由于如果没有了自我，也就没有了思维。如今，在"我"中，包括许多种内在和外在的内容，根据这些内容的性质，我们的行为是感性的、想象的、有意志的，等等。然而，一切活动中都有"我"，或者说一切活动中都有思维。因此，人总是在思考，即使他仅仅是在直观。如果他看某样内容，他总是把它当作一般的内容来看，把这件内容固定住，或者把它单列出来，从而把他的注意力从其他事物上移开，把它当作抽象的、普遍的内容，即使仅仅是形式上普遍的东西。

在我们的观念中，出现了这样的双重情况：要么内容是想象出来的，然而形式却未经过思考；要么恰恰相反，形式属于思想，然而内容不属于思想。例如，当我提到愤怒、玫瑰、希望等词语的时候，所有这些都是我的感觉所知道的，然而我以一般的方式、以思想的形式来表达这个内容，我已经撇开了许多关于它的特殊性，只给出了作为一般的内容，但内容仍然是感性的。相反，如果我想象上帝，想象就其内容是纯粹的思想，然而，想象的形式仍然是感性的，是我能够直接感知到的。因此，在表象里，内容不仅仅像在直观里那样是感性的，虽然内容感性而形式属于思维，或者反之。在第一种情况下，材料是外界给予的，而形式属于思想；在第二种情况下，思想是内容的来源，然而通过形式，内容成为被给予的，因此，它从外在成为思想的一部分。

【附释2】逻辑学的研究对象，指的是纯粹的思想或纯粹的思维规定。在思想的一般意义上，总是会出现一些不仅仅是纯粹的思想，因为人们认为，思想的内容是经验性的东西。在逻辑学中，思想是以这样一种方式来构思的，即除了属于思想本身以及由思想产生的内容之外，思想中没有其他内容。

这样一来，逻辑学中所提到的思想，指的是纯粹的思想，完全是一种自由的精神。因为自由正是于他物中即在本身中，自身依赖它本身，成为它本身的规定性事物。因此，仅由自然冲动驱使的自然人是不在本身中，是不自由的。无论他多么固执己见，他的意志和意见的内容都不属于他，他的自由仅仅是一种形式上的自由。我在思维中必须抛弃我的主观特殊性，将自身沉浸在事物中，让思考发挥它的作用。如果掺杂了主观的内容，就剥夺了思想的自由，无法获得合理的结果。

如果按照目前所提到的，我们把逻辑学看作纯粹的思维规定的体系，那么其他的哲学科学，自然哲学和精神哲学，似乎就是一种应用的逻辑学，因为这是它们的活力灵魂。那么，其他科学的兴趣就仅仅是在自然和精神的数字中认识到逻辑形式，这些数字仅仅是纯粹思想形式的一种特殊的表达方式。以结论为例，这里说的不是在旧的、形式逻辑的意义上，而是指真正的推论。可以确定的是，特殊是把一般和个别结合起来的中端。这种推理形式是所有事物的一般形式，即所有的事物都是普遍与个别结合在一起的特殊。然而，自然界的无能为力就意味着逻辑形式不能获得纯粹的体现。这样的结论的无力表现，例如，磁铁的中点即无差异点，连接它的两极，从而将它们的差异中立，即合为一体。在物理学中，人们也认识到共相，认识到本质。物理学与自然哲学的区别在于自然哲学把自然事物中的概念的真正形式带到我们的意识中。因此，逻辑学是所有科学的全能精神，逻辑学的思维规定是纯粹的精神力量。这些思维的规定是最内在的，即逻辑范畴是事物的内在核心，然而，也是我们始终挂在嘴边的内容，所以似乎是十分熟悉的内容。然而，这种熟悉的内容通常是最不为人知的。因此，例如，存在纯粹是一种思想的规定，然而，我们从未想到要把实际的存在作为我们思考的对象。人们通常认为，绝对的事物一定在遥远的彼岸，然而，它恰恰一直伴随在我们的身边并用作思考的当下，即使我们没有明确地意识到这一点。特别是在语言方面，这种思维的规定性因素已经奠定，所以给儿童进行语法指导有益于让他们不自觉地意识到思维的差异。

人们通常说，形式逻辑仅仅关注其形式，而内容是从其他地方获取的。一切的形式，都是纯粹思想不同形式的表达。然而，逻辑思维不仅反对所有其他内容，而且所有其他内容也只反对逻辑思维。逻辑思维是一切存在于自身的基础。需要基于更深远的角度，来引导人们从思维的本身来确定这种纯粹的规定。自在自为地看待这些逻辑思维的进一步意义是，我们从思想本身得出这些规定性的内容，并从中看出它们是不是真的。我们不是从外在获取它们，然后通过与它们在意识中的形态，对其加以比较，从而定义它们或显示其价值和有效性。我们将从观察和经验出发，例如，我们使用"力"这一范畴。如果这样的定义与我们普通意识中发现的对象相一致，我们就称之为合乎理性的定义。这样一来，一个概念就不是为其本身而定义的，而是根据一个前提定义，而我们将这个前提视为完全合乎理性的标准。然而，在逻辑学范围内，我们不能使用这样的外在标准，而是要让那本身自如的思维规定形成概念。

对一般的意识来说，关于思维规定的真假问题一定很罕见。因为思维的规定似乎只有在应用于给定的对象时才能获得真理。因此，在没有这种应用的情况下，去寻求其中的真理就没有意义。然而，这个问题恰恰是最重要的，可以帮助人们获得真理。诚然，人们必须知道什么是真理。通常，我们称真理为对象与我们的概念的一致性。作为先决条件，我们要有一个这样的对象：我们对它的想象应当与该对象相符。另外，在哲学意义上，用抽象的话来说，真理就是思想的内容与其自身的一致。因此，这与上面提到的真理的含义完全不同。与此同时，真理的深层哲学含义，已经部分地反映在普通的语言中。例如，人们将真正的朋友理解为行为符合友谊的概念的人；同样地，这也适用于真正的艺术作品。那么，真与善别无二致，不真实就意味着不好，与自身并不相符。一个不好的政府，就是一个不真的政府，也就是政府的行为，并没有达到概念所规定的内容。在这个意义上，不合理的状态就是不真实的状态，而不合理的和不真实的，一般都是因为规定或概念与对象的存在之间发生了矛盾。

对于这样一个不合理的对象，我们可以形成一个合乎理性的表象，然而，这个观念的内容是一个本质上不真实的内容。这种正确性质，同时是不真实性质，可以出现在我们的大脑里。只有上帝才是概念和现实的真正对应。然而，所有有限的事物本身都有一种不真实性，它们有概念和存在。但是，只有概念和存在是不够的。那么，一切有限事物之所以会消失，是因为其无法完全和概念相符合，从而显示出概念和存在的不足。作为个别的动物在其类中拥有其概念，而类将自身从其个别性里解脱出来。

在这里解释的意义上，对真理的思考，与自身的一致，构成了逻辑学的实际兴趣。在普通的意识中，根本不会出现关于思想的规定性的真理问题。逻辑学的任务也可以表述为考察思维规定及其把握真理的能力和限度。在其中，思维规定被认为是在多大程度上能够把握住真实。因此，逻辑学面临这样一个问题，哪些是无限的形式，哪些是有限的形式。在普通意识之中，我们对于有限的思维规定过分相信，所以造成诸多错误，以至于在真理面前软弱无能。因此，用有限的思维形式去把握无限的内容，必然会导致错误。

【附释3】真理可以通过各种方式被人们认识，而每一种被认识的方式，只能被看作形式。因此，所谓经验的方式，就是用经验来认识真理，即人们可以通过经验认识到真实，然而，这种经验仅仅是一种形式，无非是思想的某种形式的现象。在经验中，这取决于人们接近现实的感觉。一个伟大的意识能够创造出伟大的经验，唯有通过精神，我们才能透过繁杂的现象看到背后的重要内容。这个理念是真实存在的，而不是缥缈无限的内容。伟大的精神，如歌德的精神，能够洞察自然和历史，能够创造伟大的经验，能够洞察理性原则，并且把它发挥出来。此外，还有反思的方法，这里的反思指的是抽象的知性，人们也可以在反思中认识到真理，并通过思想关系确定真理。然而，在这两种方式中，真理本身还没有以其实际的形式出现。可最完美的认识真理的方式是在纯粹的思想形式中产生的。

在这里，人的思维方式也就是最为自由的，因为这是自在自为的。思维的形式是绝对的，而真理处于纯粹思维的演动过程之中，因为它在其中并为其自身而存在，这就是一般哲学通有的信念。对这一信念的证明首先有一个意义，那就是表明那些其他的认知形式是有限的形式。

崇高的、古代的怀疑论，通过在所有这些形式中显示它们本身包含着矛盾，从而完成这一任务。然而，通过诉诸理性的形式，这种怀疑主义首先把有限的内容混合在理性的形式之中，以便通过理性来掌握无限的内容。一切的有限思想的形式，都会在逻辑发展的过程之中逐一出现，而且是以这样一种方式出现，即按照必然性出现。这里在导论中，它们首先要以一种非科学的方式被当作给予的材料。在逻辑学研究本身中，既要指出这些形式的否定方面，也要指出这些形式的肯定方面。

通过将不同认识的形式进行对比，我们可以看到第一种经验的形式，从经验的方式来看，它似乎是最适宜的、是最美的，甚至是最高的方式。在这种形式下，道德被称为纯粹的内容，然后是宗教的情绪、公正的信任、爱、忠诚和自然的信仰。其他两种形式，首先是要反思认识的形式，其次是哲学的认知，走出了这个直接的自然统一体。

既然两种形式之间有这样的共同点，那么若是想通过思考掌握真理的方式，似乎有一种虚骄的态度，以为我们能够通过思维自身的力量来认识真理。然而，这种骄傲，被视为一切罪恶的根源，被视为原始的犯罪，因为这种骄傲指的是思维和原始状态的分离。因此，似乎必须扬弃思考和知识，以达到回归与和解。就离开自然的统一性而言，这种将精神划分为自身的奇妙的分裂，自古以来就是各民族意识的研究对象。这种内在的分裂在自然界中不会发生，自然界的事物也不会作恶。

首先，在人的堕落的摩西神话中，我们看到了关于这种分裂的起源和后果的古老概念。这个神话的内容构成了信仰的一个基本教义的理论基础，即对人的自然罪性和需要帮助来加以研究的教义。把关于人的堕落的神话放在逻辑学的首位似乎是恰到好处的，因为逻辑学研究的重点是认知，而这个神话也恰好围绕着知识、知识的起源和意义展开。一方面，哲学不能回避宗教，也不能给自身一个定位，好像只要宗教容忍它，它就必须满足于此。另一方面，必须拒绝这种观点，好像这种神话和宗教表现是被否定的内容，因为它们在各民族中受到了数千年的尊崇。

如果我们现在仔细审视关于人的堕落的神话，便会发现，正如前面所指出的，其中表达了知识与精神生活的一般关系。精神生活在其最初阶段，是完全朴素和自然的状态。然而，精神的本质具有自我否定性，它绝不可能停留在最初阶段，这就是精神与自然不同的地方，与此同时，精神生活也与动物生活不同。这是由于它不会永远只停留在它自在之有的阶段，而是力求达到自为之有。而这种一分为二的地位，很快就会被扬弃，精神要通过自身回归到统一。那么这种统一是一种精神上的统一，这种回归的原则在于思维本身。这也正体现了，受伤的是手，医伤的也是手。

在神话中，亚当和夏娃指的是最初的人类，最为典型的人类，他们处于一个花园中，里面有一棵生命之树和一棵知善恶之树。据说，上帝曾经禁止摘食知善恶之树上的果子，起初并没有提到生命之树。这意味着人不应当去寻求知识，而应当保持无知的状态。在其他具有深层意识的民族中，我们也发现了这样的观念：人类的最初状态是天真无邪的、和谐统一的。这就是真理，我们发现所有人类所处的分裂状态是不可避免的，另外，这种天真状态，并不是至善状态，因为精神不是朴素、直接的，而是曲折的。精神不仅是一种直接的内容，而且它在本质上包含了曲折的环节。孩童般的纯真确实有吸引人的地方，也很感人，然而仅仅是因为它让我们看到了精神的成就。我们在儿童身上看到的天然统一，应当是精神劳动和教化的结果。耶稣曾说"你们若不回转，变成小孩子的样式"等语，然而，这并不意味着我们应当继续保持孩子的样式。

其次，在摩西神话中，我们还发现摈弃统一性的诱因来自外在，即人类之所以吃禁果，是因为蛇的诱惑。然而事实上，人类进入对立面，获得了意识的觉醒，原因在于人本身，这也就是每个人身上都会重复发生的故事。从蛇的引诱来看，神性也有善恶之别，人也有神性，所以也就有了这种善恶分别于是他也就出现了自我意识。觉醒的意识的第一个反应是，人注意到自身是赤裸的，这正是一个完全朴素和彻底的特征。因为羞耻在于人与他的自然和感性的存在相分离。因此，人从有知识开始，他就摆脱了最初的朴素状态，产生了羞耻之心。而这种羞耻源于思想。动物之所以没有羞耻，是因为它没有思维能力。然而，穿衣服的精神和道德的起源就应当在人类的羞耻感中寻找。但是，单纯的衣着蔽体的需要仅居于次要的地位。

值得一提的是，上帝对人的所谓谴责与诅咒。其中所强调的天谴观念，主要是指人与自然的对抗。男人要付出汗水劳动，女人要忍受痛苦生育。就劳动而言，它既是分裂的结果，也是对分裂的克服。人类力图征服这种分裂，通过对于自然物的征服来实现自身的发展。动物直接找到它所需要的内容来满足它的需要，而人视满足其基本需求的物品为其自身生产和形成之物。在这种与外界的联系中，人也这样与自身建立起联系。

在摩西神话中，亚当和夏娃被驱逐出天堂，这并不是神话结束的标志。上帝说："那人已经与我们相似，能知道善恶；现在恐怕他伸手又摘生命树的果子吃，就永远活着。"①——知识在这里被描述为神圣的内容，而不是像以前那样被描述为不存在的内容。这就是对哲学只属于精神的有限性这一论点的反驳，哲学就是认知，而只有通过认知，人作为上帝形象的原始的使命才得以实现。此外，神话还告诉我们，上帝之所以驱逐始祖，将其驱赶出伊甸园，是因为不想让他再去吞食禁果。这就意味着，人的生命是有限的，而人的认识却是无限的。

教会有一种众所周知的教义，即人的本性是恶的，并称本性之恶为原罪。但是我们需要排除一种肤浅的看法，即把原罪看成人的偶然行为。实际上，宗教信条还是精神本质都表达出人性本恶，但我们不能误以为人性为恶。与此同时，人作为自然的人，精神是自由的，而人的行为是不自由的。精神是通过自身而成为自身所应当的那样，对我们来说，仅仅是人应当加以改造的出发点。因为人不仅是作为一种精神存在，而且是自然存在，这两方面是互相矛盾的。在近代启蒙时期，出现了性善论的观点。但按照这种说法，人应当忠于他的本性。

人能够超出自身的自然存在，因此人与外在的自然界区别开来，人是有自我意识的。然而，这种属于精神概念的自然分离的立场，并不是人要停留的立场。这是由于整个思想和意志的有限性，都属于这种分离的观点。但是在这种有限的阶段里，人以自身为目的，从自身身上获取满足自身特殊的欲望。通过把这些目的推到最高点，通过在其特殊性中只认识自身而排除普遍性，离开了共同体之外，

---

① 详见《创世纪》第3章，第22节。

便陷入了罪恶之中，而这种罪恶性是人的主观性的一种表现。初看起来，我们似乎有双重的罪恶，然而，实际上二者是一样的。就人的精神而言，人不是一个自然人；就人的行为和遵循欲望的目的而言，他是自愿的。因此，人的自然邪恶与动物的自然的存在不同。那么自然性就有更紧密的规定性，即自然人是个体，因为一般来说，自然性在于孤立的束缚。人想要自己的自然性时，就是在要单一性。针对这种属于自然单一性的本能和倾向的行为，律法或一般规定也随之出现。这种法律可能是一种外在力量，也可能具有神圣的权威形式。只要人还停留在自然行为上，就会被法律束缚。在他的倾向和感情中，人有仁慈的、社会的倾向，同情心、爱等，这些倾向都出自个别的朴素本能，都是针对直接性而言，它们的内容本身是一般的，但具有主观性的形式，自私自利和偶然任性总会在这里发挥作用。

§ 25

根据上文所提到的内容，客观的思想一词表达出了真理，真理将成为哲学的绝对对象，而不仅仅是哲学所追求的目标。然而，它立即表明了一种对立，即当今时代哲学立场的兴趣和真理及其知识的问题围绕着它的确定和有效性。如果思想的规定性被固定的对立面困扰，也就是说，如果它们在本质上仅仅是有限的，那么它们就不足以满足真理，而真理本身就是绝对的，那么真理就不能进入思想中。更确切地说，反思只带来有限的确定，并在这样的情况下移动，被称为理解。第一，思维规定仅仅是主观的，与客观有永久的对立；第二，作为一般的有限内容，它们仍然是相互对立的，与绝对事物的关系更是如此。在此，考察对客观性的思考立场，作为进一步的导言，以阐述逻辑学的意义和立场。

【说明】在我的《精神现象学》一书中，我采取的写作思路是从精神的最初的、最简单的表象开始，即从直接的意识开始，并将同一事物的辩证法发展到哲学科学的高度，这一进展表明了它的必要性。然而，为了达到这个目的，不可能停留在单纯意识的形式上，因为哲学知识的立场本身同时是最实质和最具体的。因此，哲学也预示着意识的具体形式，如道德、伦理、艺术、宗教。所以，内容的发展，哲学科学特殊部分的对象的发展，同时落入意识的发展，这种发展起初似乎只限于形式，但也含有内容发展的过程，这些内容构成哲学各个错综复杂的对象，但哲学的体系就是要表达出这种错综复杂的过程。我们可以说，就内容与作为本体的意识有关而言，表象正因此变得更加错综复杂，属于具体部分的内容已经部分地在导言中提到了。在本书中，要考虑到的是，我们只能以历史和形式推理的方式行事。不过，本书主要是为了提高人们的洞察力，即人们在概念中所遇到的关于认知的本质、信仰等问题，以及人们认为相当具体的问题，实际上都可以追溯到简单的思维范畴。然而，这些思维范畴只有在逻辑中才能获得真正的阐释。

A. 思想对客观性的第一态度

形而上学

§ 26

思想对于客观性的第一态度是不偏不倚的、朴素的态度，即认为依靠反思就可以把握真理，但是还没有意识到思想自身包含着矛盾。唯理论认为，通过反思，我们可以认识和把握真理，也就是把真理的客观性置位于意识之前，通过思想可以直接把握对象的本质。在这种信念中，思维直奔对象，将感觉和直观的内容从自身获得思想的内容，并在这样的真理中获得满足。所有最初的哲学，所有的科学，甚至一切日常生活和意识活动，都凭借这一信念而生活着。

§ 27

这种态度的思维，由于对它的对立面无意识，既可以在其内容上成为真正的思辨哲学存在，又可以停滞在有限的思想规定之中，也就是停滞在尚未解除的对立之中。在导言中，这里的研究兴趣，在于对这种思想态度的限度进行思考。这样一来，我们首先要进行关于思想态度的限度的哲学研究。对我们来说，这是最明确和最接近的例证，指的是以前的形而上学，包括康德哲学先前的形而上学。这种形而上学，仅仅是相对于哲学史而言，指的不过是以前的内容。就其本身而言，形而上学始终是存在的，指的是对理性的对象的单纯的理智的看法。因此，对其方式和主要内容进行仔细的考察，也是一个具有现实性的问题。

§ 28

这门科学将思想的规定视为事物的基本规定。通过这种前提，即坚持思想可以认识一切存在，只要是思维所涉及的，本身就是已知的，其出发点比后来的批判哲学更深奥晦涩一些。其一，这些规定性的内容在其抽象中被视为有效的，能够成为表现真理的谓词。这种形而上学的第一个缺点，就是用有限的范畴来把握无限的真理，即谓词被附加到它的变化上，并且既没有根据其特有的内容和价值来考察知性的确定，也没有通过附加谓词来确定绝对的形式。

【说明】比较绝对的谓词包括：定在，如命题"上帝有定在"；有限性或无限性，如命题"世界是有限的还是无限的问题"；简单、复杂，如命题"灵魂是简单的"；另外还有"事物是单一的，指的是一个整体"等命题。没有研究这种谓词本身是否是真实的，也没有研究真理存在的判断的形式能否把握真理。

【附释】实际上，旧的形而上学的前提，与一般的信仰别无二致，思维掌握了事物的本质，认为事物真正的本质，仅仅如思想那样，指的是无偏见的信念。人的思想和自然界是不断变化的，而且是完全明显的反思。这样一来，事物才能立即呈现，并不仅仅反映出事物自身。——这里提到的古代形而上学的观点，恰恰与康德的批判哲学截然相反。人们完全可以说，理由这个结果，人类只能依靠秕糠和废粮而生存。

现在仔细考察旧形而上学的方法，就可以发现，旧形而上学并没有超越单纯的可理解的思维。人们试图用抽象、孤立的范畴去把握思维的内在联系，并接受它们作为真正存在的谓词。然而，人们没有了解有限的知性思维和无限的理性思维的区别。在谈到思维的时候，凡是直接、个别地获得的思维规定都是有限的，而真理是无限的，因此用有限的思维规定无法把握无限的真理。但真理本身是无限的，它不能用有限性的范畴来表达，也不能带入意识。如果坚持近时代的表象观念来表达，那么无限的思维的表达可能被认为是令人惊异的，仿佛思维总是有限的。但事实上，思维本身就是无限的。有限之物，在形式上是有终点的，但它在与它的另一个连接的地方结束，因此受到一定的限制。所以有限性存在于与他者的关系中，他者是它的否定，并将自身呈现为它的极限。然而，"思维"与它自身有关，与它自身相关，并以它自身为对象。通过以一个思想作为对象，我和我自身在一起。因此，"我"，即思维，是无限的，因为在思维中，它与一个自身的对象有关。一般来说，对象是一个他者，指的是对我的否定。当思维认为我以某种思想作为思考的对象，我就存在于我本身之内。因此，"思维"在其纯粹性中，本身是无限的，我与对象的关系，本质上就是思维与自身的关系，而这个对象就是我本身。但一般而言，这个对象被视为是我的对立面，指的是对我的否定。当思维本身作为思维对象的时候，这个对象与一般的对象不同，而是被扬弃、纯想象的。无限的或思辨的思维，一方面同样是有规定的，另一方面即在规定和限制的过程之中就扬弃了规定和限制的缺点。换言之，有限性和无限性，并不是旧形而上学家看来的完全是外在的分裂，被理解为抽象的向外和永远的向外，而应当像前面所表明的那样，以简单的方式来理解。

旧形而上学的思维是有限的思维，因此这种思维规定也是如此，其思维总是在有限的规定内活动，而不能把有限加以否定。因此，例如，有人问：上帝是否有定在。"定在"在这里被视为一个纯粹的、肯定的、最终的和优秀的内容。然而，我们会逐渐意识到，定在绝不是一个纯粹的肯定事物，它对理念来说太弱，不足以与上帝相提并论。又如，有人进一步问到世界的有限性或无限性。在这里，有限性和无限性形成了鲜明的对比，然而不难看出，当二者形成对比的时候，无限性毕竟是存在的整体，它仅仅是作为一方现象出来，被有限性限制。但被限制的无限，本质上是一个有限之物。在同样的意义上，有人问，灵魂是简单的还是复杂的。所以简单性也被认为是一种最终的规定，能够把握住真理，但简单性是像定在这样一个贫乏的、抽象的、片面的规定中。在这之后，我们会看到，简单性本身是不真实的，没有能力把握真理。如果只把灵魂看作简单的，那么它就会被这种抽象化的规定视为片面的和有限的。

在这个意义上，旧形而上学提出了一个研究论题，即研究所提到的那种谓词是否可以附加到其对象上。然而，这些谓词都是有限制的知性概念，它们只表达一个限制，而不是真理。这里应当注意的是，该方法的特点是如何将谓词附加到要认识的对象上，例如上帝。一方面，这是关于对象的外在反思，因为规定或谓词在我的表象观念中已经形成，而变化仅仅是外在地附着在对象上。但在另一方面，关于对象的真知必须是存在的，它是从自身中去规定自身，并从外在去附加上谓词。如果以谓词的方式来表达真理，精神就会有这种预言的不竭性的感觉。从这个角度来看，东方的哲学家将神定义成为多名或者无尽名的，很有道理。心灵在任何这些有限的规定中都得不到满足，因此，东方的哲学包含着对这种谓词的不间断的探索。在有限事物的情况下，它们必须由有限的谓词变化来规定，在这里，知性与它的能动性在一起，其本身就是有限的，具有一定的有限性。而这个有限性本身也只认识到有限性的性质。例如，如果我把一个行为称为盗窃，其基本内容就由此确定了，对法官来说，认识到这一点就足够了。同样地，有限的事物表现为因与果、力与表现，通过理由这些关键的变化被把握，它们被理由它们的有限性而被识别。但理性的对象不能由这种有限的谓词和概念去把握无限的真理，而试图这样做是旧形而上学的缺点。

§ 29

首先，这样的谓词本身就是一种有限的内容，已经显示出它们不足以满足表象观念的充分性，比如上帝、自然、精神等，而且不能反映出其全部的意义。其次，它们因是主语的谓词而相互联系，但因其内容不同而不同，所以它们从变化的外在被提出来相互做对比，彼此间缺乏有机联系。

【说明】对于第一种情况，东方的哲学家试图以众多名字的说法来补救。实际上，东方哲学家很早就认识到这一点，比如说道可道，完全道。但与此同时，东方的哲学家也认为，这些名字将是无限的存在。

§ 30

其二，形而上学的对象确实是同一性的，这本身就属于理性，属于共相的思维本身，包括灵魂、世界、上帝等。但形而上学把它们从表象观念中拿出来，将其作为现成的给定的前提，在对它们知性规定的应用中，只有在表象观念中，才能知道这些谓词是否合适和充分。

§ 31

初看起来，灵魂、世界和上帝的表象，似乎给予思维一个坚实的基础，也就是本质论，即特殊的主观特性存在于这些表象之中，但是实际上并非如此。一切没有经过考察的表象，都掺杂着特殊的主观性，只有经过思维批判之后，才会具有固定的规定。这在每个命题中都有体现，因为其中只有通过谓词，即在哲学中通过思想的范畴，才能说明主体，从而认识到最初的表象观念。

【说明】在"上帝是永恒的"这个命题中,如果从上帝的表象之中,我们无法知道何谓上帝。只有加上一个谓词,我们才能知道何谓上帝。因此,在逻辑学中,内容完全由思想的形式决定,使这些范畴成为命题的谓词不仅是多余的,因为其主体将是上帝或更模糊的绝对者,而且它还会有回顾思想本身的性质以外的一个尺度的缺点。总之,命题的形式,或者更具体地说,判断的形式是笨拙的,以表达具体和真实是具体和思辨的,判断的形式是片面的,在这一程度上,并不是真理。

【附释】这种形而上学不是一种自由的和客观的思维,因为它没有让对象自身以自身的标准表达自身,而是把认识对象看成现成的,故而也就无法表达出自由和客观的思想。就自由的思维而言,古希腊哲学是富有自由思想的哲学,但是中世纪经院哲学则是处处以教义约束自身,所以它是不自由的。而近代哲学虽然自由了一些,通过我们所接受的教育进入了最难超越的表象观念,但它仍然被很多虚假的信念束缚,仍然不是自由的。对于古代希腊的哲学家而言,我们必须将其视为完全基于感性的直观中思考的人,除了上面的天和周围的地,没有进一步的前提,因为神话中的表象观念被抛诸脑后。在这个客观环境中,思想是自由的,并能够返回到自身中,并不受所有物质的影响,纯粹是与自身建立联系。这种纯粹的存在是自由思维的一部分,指的是翱翔于海阔天空的自由思想,毫无束缚。唯有让思想自身回到自身之中,然后让思想自身演动自身,思想才能把真理自身展现出来,而不是我们外在地去确定与规定真理。

§32

其三,这种旧形而上学必然是独断论,也就必然陷入两种矛盾说法。因为旧形而上学是用有限的范畴去把握真理,把真理降格为有限之物,而事实上真理本身是无限的,于是二者就产生了冲突。这样一来,矛盾就出现了。

【附释】独断论的对立面是怀疑论。而古代的怀疑论者认为,只要内容是你断定的，就是独断论。按照这一标准，在广义上，连思辨哲学也是独断论。然而，狭义的独断论，指的是仅仅坚持片面的知性规定，而排斥其对立面。一方面，独断论坚持着严格的非此即彼的方式。因此，在唯理论者看来，世界要么是有限的，要么是无限的，二者只有一个为真。如果世界不是有限的，那么就是无限的。这就是把有限和无限对立起来，无限只能是外在于有限的无限，反之亦然。但在另一方面，真正的、思辨的内容正是如此，它本身没有这种片面的确定，也没有因此而被穷尽，但作为同一性的内容，它本身包含着独断论，认为其处于分离之中，作为固定的和真实的内容。

在哲学中，经常会将片面性和整体性这两个对立范畴进行比较。而片面性，指的是一种特殊的、固定的内容，对一种论断固执己见。然而，实际上，这种观点没有考虑到，一切片面的内容并不是一个固定的、独立存在的事物，而是作为被扬弃的事物包含在整体中。知性形而上学的独断论在于孤立地持有思想的片面规定性，而思辨哲学的唯心主义则有同一性原则，并证明是笼罩着抽象的知性规定性的片面性。因此，唯心主义会说：灵魂既不仅仅是有限的，也不仅仅是无限的，但它在本质上既是有限的，也是无限的，由此既不是有限的，也不是无限的。换言之，这种孤立化的规定是无效的，仅仅被认为是废弃了的。即使在我们普通的意识中也已经出现了唯心主义的观点。因此，我们说感性的事物是可以改变的，即它们的存在与非存在相同。对于知性的规定，旧形而上学固执地受片面的思维规定限制。这些作为思想的规定，适用于绝对规定的事物。我们把它们看作被一个无限的深渊所分割开来的事物。因此，那些对立的规定永远无法拥抱彼此、相互调解。理性的抗争在于克服知性所固守的内容。

§33

这种形式有序的形而上学的第一部分是本质论，即关于本质的抽象确定的学说。对于这些，在它们的多重性和有限的有效性中，缺乏根本的原则。因此，这些规定必须被经验地和偶然地列举出来，而它们更紧密的内容只能基于表象观念，基于人们认为一个词仅仅是这样的保证，也许还基于词源学。这可能仅仅是分析的合乎理性和符合语言习惯的经验完整性的问题，而不是这些规定本身的真实性和必要性的问题。

【说明】关于存在、定在或有限性、简单性、复杂性等概念，本身是否是真理，这个问题必须要回答。如果认为只能谈论一个命题的真实性，只能问变化，一个概念是否要附在一个具有真实性（所谓的）的主词之上，它一定是显而易见的存在。非真实性取决于在表象观念的主体和要对它进行预言的概念之间出现的矛盾性。然而，概念是具体的，概念的真理性在于概念本身，在于它演动的各个环节是不是融贯的，而不在于用主谓命题来判断，谓词是否符合主词。如果真理的性质只是没有矛盾，那么首先要考虑的是每个概念本身是否不包含这样的内在矛盾。

§ 34

形而上学的第二部分是理性心理学或灵魂学，它试图证明灵魂的形而上学的本性，将精神当成了一个现成的内容来研究。

这里研究的形而上学，指的是在复杂性、时间性、质的变化、量的增减的定律支配的范围内去寻求灵魂的不灭。

【附释】灵魂学之所以被称为理性心理学，是因为它与经验的心理学有所区别，指的是用抽象的思维规定来说明灵魂的内在本性。这门学科，关键在于研究灵魂的内在本质，它本身是怎样的，它对思想会产生怎样的影响。——如今，在哲学中很少有人谈论灵魂，而主要是谈论精神。精神与灵魂截然不同，灵魂是肉体与精神之间的中介，指的是二者之间的纽带。精神是比灵魂更为高级的概念，灵魂仅仅是精神在人身上的体现。换言之，精神融入身体则成为灵魂，而灵魂则赋予身体以生命。

旧形而上学把灵魂理解为一种物（Ding）是不恰当的，因为"物"本身就是一个很含糊的概念，人们可能会把它理解为某种感官能够表象、直接存在的内容，从我们感性想象的内容这个概念来说，人们也将灵魂说成感性想象内容。因此，我们问灵魂存在于何处，就好像灵魂有个空间可以寄存一样，灵魂是在空间中的，实际上灵魂又被规定为超时空，指的是感性想象。同样地，当人们问及灵魂是简单的还是复杂的时候，它也属于灵魂是事物的概念。这个问题对于灵魂的不灭特别有意义，因为它被认为是以灵魂的单纯性为条件的。然而，抽象的简单性实际上是一种确定，它与灵魂的本质几乎没有任何关联，就像构成性的确定一样，其实都不能真正表达灵魂的本质。

就理性心理学与经验心理学的关系而言，前者比后者更高深，因为其任务在于通过思维认识精神，通过先验规定来对灵魂进行规定，并证明人们所想的内容，而经验心理学则从感知出发，只列举和描述它所提供的事实依据。然而，如果一个人对精神进行思考，就不能忽视精神的特点。精神是一种活动，在这个意义上，学者们已经说过上帝是绝对的活动。然而，既然精神是活跃的，它就在此表达自身。因此，精神不应当被视为无过程的存在，就像在旧形而上学中所认为的那样，它把精神的无过程的内在性与它的外在性割裂开来。精神在本质上应被视为其具体现实性和能动性，它的表达被认为是由它的内在力量所决定的。

§ 35

形而上学的第三部分是宇宙论，包括世界，其随机性、必然性、永恒性、时空的限度，世界在变化中的形式的规律，以及人类的自由和邪恶的起源。

【说明】这里的绝对对立面主要包括以下范畴：偶然性和必然性；外在和内在的必然性；致动因与目的因，或一般的因果关系和目的；本质或实体和现象；形式和物质；自由和必然；幸福和痛苦；善和恶。

【附释】宇宙学将自然和精神作为其对象，将它们应用在其外在的错综复杂的关系中，以及其现象中，因此一般来说，定在指的是有限的缩影。但它并没有把这个对象看作一个具体的整体，而仅仅是论述抽象的规定。举例来说，这里讨论的是世界到底是必然性还是偶然性的，世界是永恒的还是被创造的等问题。宇宙论这门学科无法回答这些问题，它的兴趣仅仅是揭示出普遍的宇宙规律，如自然界没有飞跃。飞跃在这里意味着和质的差异及质的变化一样，它们作为非间接性的内容出现，而量的渐进则作为间接性的内容呈现。

关于存在于世界中的精神，在宇宙学中主要处理的是人类自由和邪恶的起源问题，现在这些都是最深层次的问题。然而，为了以充分的方式回答这些问题，首先需要知道的是，抽象的知性规定不应当被认为是最终的规定。在这个意义上，一个对立面的两个规定中的每一方，都有其自身的存在，并在其孤立的情况下被视为一个实质性的和真正的内容。然而，这就是旧形而上学的立场，就像一般的宇宙学讨论一样，由于这个原因，这些讨论无法实现其理解世界的现象的目的。因此，例如，自由和必然性之间的差异被考虑在内，这些规定被应用于自然和精神，其方式是后者的结果被视为受制于必然性，而后者被视为自由。如今，这种差异对所有人来说都是必不可少的，并且建立在精神本身的最内在部分。然而，自由和必然性，作为抽象的相互对立，只属于有限性，只适用于其基础。一个本身不会有必然性的自由，以及一个没有自由的单纯的必然性，这些都是抽象的，因此是不真实的确定。自由在本质上是具体的，在自身中永恒地确定，也是必要的。当我们谈到必然性的时候，最初习惯于理解它仅仅是来自外在的规定，例如，在有限的力学中，一个物体只有在被另一个物体推动时才会运动，而且是沿着这个推动给它的方向。然而，这仅仅是外在的必然性，而不是真正内在的必然性，因为内在的必然性是自由。

同样地，这和善与恶的对立是一样的，在近代社会之中，善恶的对立更为明显。如果我们把恶视为本身的实体，它不是善，这是很合乎理性的，也是要承认的对立，因为它的假象性和相对性决不能说成恶和善在绝对中是一体的，就像许多人所认为的，某物只有通过我们主观的观点才会成为恶。但说不过去的是，恶被视为一个固定的肯定，而它是否定的，它本身没有存在，但想作为自身而存在，实际上仅仅是否定性自身的绝对假象。

§36

形而上学的第四部分，指的是自然神学或理性神学，研究上帝的概念，上帝存在的可能性，上帝定在的证据以及上帝的本质特性。

【说明】其一，从知性去看待上帝，主要是探讨哪些谓词符合或不符合我们想象中的上帝的问题。现实和否定的对立在这里视为是绝对的。因此，为知性所坚持的上帝概念，把上帝看成一个现成的物，将其视为一个无限物，最为空洞的存在，最后只剩下不确定的存在的空洞抽象，纯粹的现实或实在性，现代启蒙的无生命的产物。

其二，一般来说，用有限的认识来证明上帝的存在，这显示出一种本末倒置的立场，即为上帝存在寻找客观理由，这样上帝的存在又成为被间接证明的事物。这种以"知性"为规则的证明，被从有限到无限的过渡困难困扰。因此，这也就使得上帝无法超越有限世界，从而陷入泛神论或二元论的束缚之中。一种情况是，把自身确定为它的直接实体，即泛神论；另一种情况是，仍然作为一个与主体相对的对象，从而以这种方式成为一个有限的二元论。

其三，上帝的特性，本来应当是多样性和确定性的存在。实际上被淹没在纯粹现实的抽象概念中，指的是不确定的存在。然而，只要有限的世界仍然是一个真正的存在，而上帝仍然是与它有关的表象观念，那么它的各种关系的表象观念也呈现它本身，确定为特性。一方面，作为关系到有限的状态本身的有限的种类（如上帝是正直、仁慈、威力、智慧的）。另一方面，它们同时应当是无限的存在。从这个角度来看，这种矛盾只允许通过数量的增加来进行模糊的解决。因此，这种做法企图来冲淡上帝的有限性，实际上却使得上帝的描述更为不确定。

【附释】旧形而上学的这一部分，在于理性认识上帝的限度，试图以理性的方式认识上帝，这成为神学哲学最高的课题。宗教首先包含上帝的表象观念，这些表象观念被编入信条，变化作为宗教教义从青年时期就被传达给我们，只要个人相信这些教义，那么这些教义对他来说就是真理，他就拥有作为基督徒所需要的内容。但真正的神学就是宗教哲学。如果神学仅仅是对宗教教义的外在列举和汇编，那么它还不是科学。神学也不会通过现今流行的对其主题的单纯历史性处理。例如，通过叙述这样那样的教父所提到的话，而获得科学的特征。要让神学成为科学，就必须用思维把握宗教，只有通过进步到理解思维才会发生，这就是哲学的工作。因此，真正的神学在本质上也是宗教哲学，这在中世纪也是如此。

至于古代形而上学的理性神学，它不是一门理性的科学，而是一门关于上帝的科学，它的思维在抽象的思维定式中运动。通过在这里处理上帝的概念，指的是上帝的表象观念形成了知识的尺度和标准。然而，思维必须在其内在自由活动。必须指出的是，自由思维的结果与基督教的内容一致，因为基督教的教义就是理性的启示。然而，这样的观点并没有随着这种理性神学的出现而出现，通过思维来确定上帝的表象观念。上帝的概念只产生了一般意义上的积极性或现实性的抽象，而排除了否定。上帝也因此被定义为最真实的存在。但不难看出，这种最真实的存在，由于将否定之否定排除在外，恰恰与它被认为是和知性所认为的相反。与其说它是最丰富和最充实的存在，不如说为了它的抽象概念，它是最贫穷和最空虚的。一个人的灵魂正当地要求一个具体的内容，但这样的内容只存在于它本身包含规定性即否定中。如果上帝的概念仅仅被设想为抽象的或最真实的存在，那么上帝对我们来说就成了一个单纯的超越，就不可能再有关于它的知识的问题，因为在没有规定性的地方，也不可能有知识。换言之，纯粹的光明就是纯粹的黑暗。

这种理性神学的第二个问题是关于上帝定在的证明。主要的一点是，从知性出发，指的是一个规定对另一个规定的依赖。在有关知性的证明中，需要有一个前提，一个固定的前提，从这个前提中可以获得另一个规定，那么，这里就显示了一个规定对一个前提的依赖性。如今，如果上帝的定在以这种方式被证明为变化，这就意味着上帝的存在依赖其他别的规定才能成立，因为上帝是一切事物的理由，它本身是自明的。在这里，我们看到情况有些不对劲。因为上帝应当是一切的绝对基础，所以不应该依赖其他事物。在这方面，最近有人说，上帝定在是不需要证明的，但必须直接体认。然而，理性将证明理解为与知性完全不同的内容，常识也是如此。理性表明，确实也是以上帝以外的内容为出发点，但在它的进展中，它并没有把这个他者作为一个直接的和存在的内容剔除，而是通过把它显示为一个间接性的和确立的内容，它同时导致上帝被认为是包含在自身身上的间接性，真正的直接的、原始的自在之有。如果有人说："反观自然，它会把你引向上帝，你会发现一个绝对的最终目的。"这并不意味着上帝起着间接性的作用，而仅仅是我们要到达上帝的身边，似乎是无限的上帝要依托于有限的事物才能被证明出来，但其实恰恰相反，是有限的事物仍然要依靠无限的上帝才能成立。而那初次呈现自身作为基础，却被降低为结果。那么，这也是理性证明的过程。

故而，如果我们在经过迄今为止的讨论之后，再次考察这种形而上学的一般方法，就会发现，它指的是以抽象的、有限的知性范畴去把握理性的对象，然后把抽象的同一性看成最高的原则。但这个知性的有限性，这一纯粹的存在，本身仅仅是一个有限物，因为特殊性被排除在外，同时被特殊性限制和否定。这种形而上学，没有达到具体的同一性，而是固守于不断的抽象中。但其优点在于，只有思想才是存在的本质。这种形而上学的物质是由早期的哲学家，特别是经院哲学家提供的。在思辨哲学中，知性的确是一个环节，但经院哲学家们并没有在此环节上止步不前。柏拉图不是这样的形而上学者，亚里士多德更不是，尽管人们通常认为他们也是这种形而上学者。

B. 思想对客观性的第二态度

（a）经验主义

§ 37

为了纠正形而上学的种种缺点，也因为看到了唯理论的不足之处，人们有两种急迫的需要：一方面是需要一个具体的内容来反对知性的抽象理论，因为它本身不能从它的普遍性走向特殊性和规定性，要求克服形而上学的抽象和空洞；另一方面，需要一个坚定的立场来反对能够在抽象的知性范围内，理由有限的思想规定的方法来证明一切的可能性，指的是试图克服形而上学的任意独断。基于这两点的考量，哲学家不断走向经验主义。经验主义与形而上学最大的不同是：经验主义以经验去把握真理，而经验是有具体内容的，不是像唯理论那样的空洞；而形而上学仅仅是代替单纯从思想本身去寻求真理。

【附释】经验主义归功于前文所述的需要，即对具体内容和坚定立场的需要，而抽象的知性物理学无法满足这种需要。就内容的具体化而言，一般是指意识的对象被认识为在自身中被确定，并作为有区别的确定的统一体变化，指的是差别之中的统一。然而，正如我们所看到的，理由知性原则，知性形而上学绝非如此。仅仅是可理解的思维局限于抽象的共相的形式，不能发展到这个共相的具体化。例如，古代形而上学通过思维来确定灵魂的本质或基本规定，然后就认定灵魂是单纯的，是不包含差别的。归于灵魂的这种单纯性，具有抽象的单纯性的含义，它排除了作为复杂性的差异，被视为身体的基本规定因素，指的是一般的物质。然而，抽象的简单性，根本无法掌握灵魂的丰富性，以及精神的丰富性。由于抽象的形而上学的思维被证明是不够的，因此有必要诉诸经验心理学，形而上学的理性物理学也是如此。例如，如果在这里说，空间是无限的，自然界中不存在跳跃等，这对自然界的充实和生命来说是差强人意的。

§ 38

在某种意义上，经验主义和形而上学本质上有着共同点。一方面，经验主义与形而上学本身有这个共同的来源。形而上学也有表象观念，即把最初从经验中获得的内容作为它对前提条件以及更具体内容的定义的保证。另一方面，个人感知与经验相区别，经验主义将属于感知、感觉和直观的内容提升为形式共相、表象观念、命题和规律等。然而，这仅仅是在这样的意义上发生的：这些共相的确定，例如力，除了从感知中获得的意义和有效性，对它们自身没有进一步的意义和有效性，而且没有像在现象中那样被证明的联系是有道理的。经验主义的核心在于，其所有论证不允许超出知觉之外。对经验性认知的主观方面的坚持，指的是意识在知觉中具有它自身的直接存在和确定性。

【说明】在经验主义中，有这样一个重大的原则，即真实的内容必须在现实中存在，并在那里存在为感知。这一原则与"应当"是对立的，反思通过这一原则自吹自擂，轻蔑地反对"现实"，而"现实"则被认为只在"主观知性"中拥有它的位置和定在。像经验主义一样，哲学（详见 §7）也只承认存在的内容，仅仅探讨"是什么"，而不是探讨"应当什么样"。在主观方面，也要承认自由的重要原则，这在于经验主义，即人应当自身看到他应当允许在知识中存在的有效的内容，应当知道自身存在于其中。

然而，经验主义的一贯做法，就其内容限于有限性而言，完全否定了一切超感官的事物，或者至少否定了对它的认识和规定性，而只承认思维的抽象性及形式的普遍性和同一性。科学经验主义的基本观点始终是，它使用了物质、力量、一、多、普遍性、无限性等形而上学的范畴，并沿着这种范畴的线索继续探索，从而不得不进行假设和应用推理的形式。而在这一切中，它并不知道它正因此包含和实践了形而上学本身，并以完全无批判和无意识的方式使用这些范畴及其联系。

【附释】经验主义发出了这样的呼声：不要在空洞的抽象中漂泊，反对空谈，注重现实，把握当下，这一点是毫无疑问的。这里面有一个本质上正当的观点。此时此地，这个世界应当代替空虚的彼岸，代替抽象的知性的空虚和缥缈的幻影。因此，在旧的理性的形而上学，也就是它自身的体系没有形成之前，就获得了所遗漏的牢靠性，即无限的规定性，用经验去排斥玄虚的空想，这是很合乎理性的。知性仅仅拿一个有限的范畴去把握无限的真理，这是不可能的。所以他的根基就是不牢固的，本身是站不住脚的，是摇摇欲坠的，建立在它们之上的大厦也会坍塌。找到一个无限的原则，首先是理性的动力，但在思维中找到它还不是时候。因此，这种本能抓住了如今，此时此刻，无限的形式本身就有，即使不在这个形式的真正实存中。外在的内容本身就是真实的，因为真实的内容是真实的存在。那么，理性所寻求的无限的规定性就在这个世界上，虽然是在感性的单一形式中，但不是在它的真理中。

与此同时，经验主义试图以知觉来把握事物本身，这就是经验主义的错误所在。因为知觉作为知觉，本身就是一个单一的和暂时的内容，总是在变化着的，是没有确定性的，而知识必须具有确定性，在被感知的单一事物中寻找共相和持久的内容，这就是从单纯的感知到经验的进展。

为了形成经验，也就是拥有普遍性，经验主义试图运用某种分析的方法。在知觉中，人们有多种具体的内容，其规定性的内容要像剥了皮的洋葱一样，一层层分析。那么，这种剖析的意义在于，人们将已经生长在一起的确定物相结合，将它们剖开，从经验本身出发，除了剖开的主观能动性，没有加入其他任何主观因素在其中。然而，分析是从感知的直接性到思想的进展，因为被分析的对象所包含的规定性因素在其自身中结合在一起，通过被分离的变化，获得一般的形式。

经验主义通过分析对象，如果认为它让它们保持原样，那就错了，因为它实际上把具体的内容变成了抽象的内容。这样一来，经验主义这种方法是存在问题的，也就是把活生生的内容变成抽象的内容，但是只有具体的事物，才是有生命的事物。为了理解，这种分解必须发生，而精神本身就是分解本身。然而，这仅仅是一个方面，主要的方面包括停留在仅仅是分解而不能联合的阶段，也就是仅仅看到互相之间的差异，看不到内在的同一性。诗人歌德的话足以表明这一点：

> 在化学上称之为"自然操作"，
>
> 自我解嘲，却无法解惑。
>
> 他能把部分掌握在手里，
>
> 可惜，只缺少精神的联系。

（详见《浮士德·第一部·书斋》）①

分析从具体事物出发，在这一材料上远远领先于旧形而上学的抽象思维。它确立了差异，这是至关重要的，但这些差异本身仅仅是抽象的确定，即思想。如今，这些思想被视为对象本身的内容，而这又是旧形而上学的前提，即认为在思维中存在着事物的真实性。

如果我们现在把经验主义的立场与旧形而上学的立场在内容方面进行比较，后者，正如我们前面所看到的，它的内容是理性的共相对象、上帝、灵魂和一般的世界，这个内容是从表象观念中取得的，而哲学的任务在于把它追溯到思想的形式。与此类似，学术界的哲学也是如此，对它来说，基督教会的教条构成了前提的内容，而思维对其进行更紧密的确定和体系化则是它的任务。经验主义的前提内容是一种完全不同的内容它包括自然界的感性内容和有限心灵的内容。在这里，人们面前的是有限的物质，而在古老的形而上学中是无限的。

然而，这个无限的内容随后被知性的有限形式取代。对于经验主义，我们有相同的有限性的形式，与此同时，内容也是有限的。在这个意义上，这两种哲学

---

① 《浮士德·第一部·书斋》，第1938—1939行、第1940—1941行。

方式的方法是相同的，因为在这两种方式中，前提都被假定为固定的内容。对于经验主义来说，外在是真实的，即使承认有超验的内容，对它的认知也不应当是可能的内容，而应当只坚持属于感知的内容。这一原则在实施过程之中产生了后来被称为唯物主义的内容。这种唯物主义把物质看作真正的客观的内容。但物质本身已经是一个抽象的内容，不能被感知到。这样一来，人们可以说没有物质，因为它的存在，总是一个确定的、具体的内容。然而，物质的抽象应当是所有感性存在的基础、一般的感性存在、本身的绝对隔离，因此是脱离本身的存在。如今，由于这种感性对于经验主义来说是而且仍然是一种既定的内容，这就是一种不自由的学说，因为自由恰恰在于我没有绝对的他者来反对我，而是依赖于一种属于我自身的内容。与此同时，从这个角度来看，理性和不合乎理性仅仅是主观的，也就是说，我们必须忍受给定的内容，无权询问它本身是否合乎理性以及合乎理性的程度。

§ 39

关于经验主义的原则，有过一种合乎理性的说法，即在所谓的经验中，要区别于单纯的个人行为的感知，有两个要素：一个是孤立的、无限多的物质，另一个是内在于普遍性和必然性的规定形式。经验主义当然显示了许多类似的感知，但普遍性仍然是与大量的内容截然不同的。

同样地，经验主义赋予人们对连续变化或比较相似的感知，但经验并不赋予必然性的联系。如果感知仍然被认为是真理的基础，那么普遍性和必然性就是毫无道理的内容，指的是一种意外，仅仅是一种习惯，其内容可以是有所不同的。

【说明】这种理论产生的一个重要后果是，在这种经验性的方式中，法律和道德的规定，以及宗教的内容，被视为偶然的内容，它们的客观性和内在的真理被扬弃了。

休谟的怀疑论，也就是休谟所提到的习惯性联想，上述反思主要来自于此，可以很好地与希腊的怀疑论相区别。休谟的怀疑论是建立在经验、感觉、直观的真理基础上的，并否认来自于此的共相确定和规律，原因是它们没有通过感性认识而获得的理由。旧的怀疑论远远没有把感觉、直观作为真理的原则，它反而首先反对感性的内容，并加以怀疑。（对于近代怀疑论与旧的怀疑论的比较，见谢林与黑格尔所编的《哲学批判杂志》，1802年，第Ⅰ卷，第1册。）①

（b）批判哲学

§40

批判哲学与经验主义的共同点是，它接受经验为知识的唯一基础，然而，它不允许将经验应用于真理，而只允许应用于基于现象的知识。

批判哲学的基本出发点，指的是在分析经验时发现的成分、感性材料和相同的普遍联系之间的差异。一方面，通过把这一点与前面提到的反思联系起来，即在知觉中只包含特殊性和只包含发生的事情；另一方面，坚持了这样的观点，在所谓的经验中，普遍性和必然性被发现是同样重要的规定因素。因为这个成分并不源于经验本身，它属于思维的自发性或先验性。思想的规定性或知性的范畴构成了经验性知识的客观性，它们一般包含联系作用。因此，先验的综合形式，即原始的对立面关系，是通过这些范畴或概念的联系作用形成的。

【说明】休谟的怀疑论并不否认在知识中发现普遍性和必然性的规定因素。在康德的哲学中，它也并不怀疑知识没有普遍性，根据科学中的普通语言，人们可以说，这仅仅是为这个事实换了另一种解释罢了。

§41

现今，批判哲学首先研究的是形而上学中使用知性概念的价值，而且这在其

---

① 黑格尔，《怀疑论与哲学的关系，对其各种修改的阐述以及最新与旧的比较》。

他科学和普通的观念中也是如此。然而，这种批判并没有深入研究这些思想规定性的内容和彼此之间的特定关系，而是论述主观性和客观性的对立来考虑它们。这个对立，在这里指的是经验中成分的差异。这里的客观性是指普遍性和必然性的要素，即思想本身的规定性，或者所谓的先天的普遍性。但批判哲学以这样一种方式扩展了对立，归属于主观性，主观指的是经验的总体即整个经验，即这两个成分相结合。于是除那个经验外的物自体，都是主观的。思维的特殊形式虽然具有普遍性，但是它仍然局限于主观的活动之中，而它的先验范畴，也仅仅是建立在心理和历史基础上。

【附释1】毫无疑问，通过对旧形而上学的规定进行考察，已经迈出了至关重要的一步。无偏见的思维毫不犹豫地接受了那些直截了当、自作主张的规定。没有考虑到这些范畴本身的价值和有效性。此外，我们在前文中已经提到过，自由的思维是一个没有前提条件的思维。旧形而上学的思维不是一个自由的思维，因为它允许它的规定被看作一种先在的或先天的前提，而反思本身并没有考察过。另外，批判哲学为自身确定的任务是，考察思维的形式在多大程度上能够帮助获得真理。现在应当在认知变化之前更仔细地研究认知的能力。这是无可厚非的，因为思维的形式本身必须成为认知的对象变化。然而，这样会引起一种误解，即想在认知之前进行认知，例如在学会游泳之前不想下水。思维的形式不应当在没有考察的情况下使用，但这种考察本身已经是一种认识。因此，思想形式的能动性和它的批判性必须在认知中存在。思想本身必须被视为变化，它们是对象，也是对象本身的能动性，它们自身审视自身，必须在自身身上确定它们的极限并显示出其不足。那么，这就是思维的能动性，它将很快作为矛盾发展而被特别考虑，这里需要指出的是，它不应被视为从外在带到思想的规定中，而应被视为它们本身所固有的。

这样一来，在康德的哲学中，需要研究思维应当在多大程度上研究它自身所具有的认知能力。如今，我们已经超越了康德哲学，而且每个人都想在康德哲学的基础上发展哲学，从而走得更远。然而，发展哲学是具有双重的方向，要么向后退，要么向前进。我们的许多在哲学上的努力，从批判哲学的角度来看，会退回到旧的形而上学方法，不加批判地去思考，这样做是不可取的。

【说明2】康德哲学的最主要的缺点在于，不是从思维形式本身考察思维形式，其所关心的问题在于，从它们是主观的还是对象性客观的角度考虑。在日常生活语言中，客观被理解为存在于我们之外并通过外在感知到达我们的内容。康德现在否认思想的规定性，如因与果，在这里提到的意义上属于客观性，即它们是在感知中给出的，并认为它们属于我们的思维本身或思维的自发性，在这个意义上是主观的。如今，范畴就其内在于思维自身或者说思维能动性来说，它是主观的。更确切地说，把共相和必要的内容称为是客观的。这样一来，人们批判康德颠倒了主观和客观的含义，扰乱语言的用法，但是实际上批判康德的人，并没有真正理解康德。一方面，对普通的意识现象来说，感性的可感知的内容（如这只动物、这颗星星等）被视为存在于自身，是独立的；而另一方面，思想被它视为依赖他物，是没有独立存在的。如今，事实上，感官可感知的内容实际上是非独立的和次要的，而思想则是真正独立和原始的自为存在。

在这个意义上，康德把符合思维规律的内容叫作客观的内容，他是完全合乎理性的。另外，感性的可感知的内容是主观的，因为其本身没有固定性，就像思想具有持续时间和内在持久性的特点一样，是转瞬即逝和暂时的。这里提到的康德对客观的和主观的区别的确定，如今，许多受过高等教育人群也能理解这一点。例如，对艺术作品的评价要求它应当是客观的，而不是主观的存在。换言之，它被认为不应当从偶然的、特殊的感觉和当时的心情出发，而应当考虑到建立在艺术本质上的观点。在同样的意义上，在科学的追求中，可以区分一个客观的和一个主观的问题变化。

进一步来看，康德所提到的思维的客观性，其本身归根结底仍然是主观的。一方面，这是由于按照康德的说法，思想虽然是共相和必然的规定，但也仅仅是我们的思想，并与事物自身之间有不可逾越的鸿沟。另一方面，思维的真正客观性是这样的，即思想不仅是我们的思想，也是事物的本质和一般的客观存在。对象性质和主观是流行的表达方式，使用起来很流畅，但在使用时很容易产生混淆。理由迄今为止的讨论，客观性有三方面的含义：第一，外在存在的意义，与仅仅是主观的、意味着的、梦想的内容不同。第二，康德所确立的共相和必然的意义，即普遍性与必然性，与属于我们感觉的偶然的、特殊的和主观的意义相区别。第三，思想所把握的事物的意义，即存在的意义，如前面最后提到的，与只被我们认为的意义相区别，因此仍与内容实质本身不同。

§ 42

其一，理论上的能力，即知识之所以为知识。作为知性概念的明确基础，康德的批判哲学给出了思维中自我的原始同一性，也就是自我意识的超越性统一。由感觉和直观给出的表象观念，其中的内容是多种多样的，同样由它们的形式，由感性在它们的两个形式，即空间和时间中的外来的规定，它们作为直观的形式，即共相本身是先天的。通过这种自发的机能，才能把杂多的感性表象综合起来，这种感觉和视觉的多样性，因为我把它与我自身联系起来，并把它结合在我自身上，就像在一个意识中一样，因此被带入同一性，进入一个原始的联系。所以，这种关系的特定模式是纯粹的知性的概念范畴。

众所周知，康德的哲学对范畴的发现已经让自身完全满意。自我，自我意识的统一体，是相当抽象和完全不规定的；那么，问题在于怎么才能得出自我的规定或者范畴。幸运的是，在普通的逻辑学中，各种判断已经被发现有经验性的陈述。判断，则是对某一对象的思维。那么，已经列举的各种判断提供了思维的各种确定。在这个意义上，费希特的哲学有一大功绩，那就是提醒我们思想的规定性必须在其必然性中获得证明，它们必须在本质上获得推导。

这种费希特的哲学至少应当对处理逻辑的方法产生了影响，即一般思维的确定，或通常的逻辑材料，概念、判断、结论的种类，不再仅仅来自观察，因而仅仅是经验性的设想，来自思维本身。如果思维要能够证明任何内容存在，如果逻辑必须要求提供证明的变化，如果它要教会人证明，那么它首先必须能够证明其最特殊的内容，看到其必然性存在。

【附释1】康德的论断是，思想的规定性在自我中产生，以自我为本源。由此，自我给出了普遍性和必然性的规定性。如果我们首先考虑我们面前的内容，内容繁多，然而，范畴具有简单性。但是，纯粹的感性是外在的，指的是外在的自身，这是它的实际基本规定。举例来说，"现在"只有在与之前和之后的关系中，才会有意义。同样，红颜色，唯有跟其他别的颜色联系起来，才是红的。但这个他者是与感性相分离的，而这仅仅是在它不是他者的范围内，也仅仅是在他者是的范围内。感性的情况恰恰相反，它在自身之外，与自身分离，与思维或自我分离。这就是原本相同的内容，与自身合一的内容，以及与自身卓越的内容。当人们提到"我"的时候，我仅仅与我自身发生抽象的联系，而一切与自我联系到的内容，都必然被自我统摄。因此，"我"是坩埚和火焰，无关紧要的多重性被消耗并还原为统一性。

这就是康德所提到的纯粹的意识，与普通的意识不同，普通的意识将多方面的事物纳入自身，而纯粹的意识则应被看作统一的能动性。在这里，所有事物的本质意识都被合理地指出。不可否认的是，人的努力是为了认识世界和控制世界，同化和征服世界。最后世界的现实必然被粉碎，就像它一样，即理想化的变化。必须注意到，并不是自我意识的主观能动性将绝对的统一性带入了多元性。这个统一性是绝对的，指的是真理本身。这也是绝对性的特点，释放出特殊性，让它们各从所好，而这本身又促使它们回到绝对的统一之中。

【附释2】康德所提到的"自我意识的先验统一"，这样的表达方式初看起来完全神秘，就好像其背后有什么神圣的内容一样，但其实，这里面的内容实质十分简单。康德所理解的超越性，通过区分先验性与超验性就可明了。一般来说，

"超验性"是指超越知性的规定,在这个意义上它首先出现在数学中。例如,在几何学中,有人说,必须把圆的外部想象成由无数条无限小的直线组成。那么,在这里,知性所认为的完全不同的概念,包括直线和曲线,要假设为相同。这样的超越性现在也是自我意识,它与自身一致,本身是无限的,区别于由有限物质规定的普通的意识。然而,康德只把自我的这种统一性描述为超验的,并以此说明它仅仅是主观的,并不像对象本身那样也属于对象本身。

【附释3】 范畴只被视为属于我们的,是主观的,这对自然的意识来说一定是完全怪异的,其中有一些地方是不妥的。然而,这一点是确定的,即范畴不包含在直接的感觉中。例如,让我们设想面前有一块糖,它是硬的、白的、甜的,等等。我们现在说,所有的这些性质都统一于一个物体、一个对象,而这种统一性不在感觉中。当我们把两个事件看作相互之间的因果关系的时候,情况也是如此,这里所感知的是在时间上相互跟随的两个独立事件。然而,一个是因,另一个是果,二者之间存在着因果关系,这并不被感知,而仅仅是为我们的思维所呈现。无论这些范畴,包括统一性、因果关系等,是如何进入思维的,都不能因此而认为它们仅仅是一种不具体的内容,而不是对象本身的规定因素。但在康德看来,这应当是存在的情况,他的哲学是主观唯心主义,大抵是因为,精神本身无法超越于自身去把握自身之外的对象,因此一切都是精神本身的活动。因为自我,即认知主体,既提供了认知的形式,也提供了认知的实质,前者是思维,后者是感觉。

根据康德的这种主观唯心主义的内容,得知对象的统一性既然源于主体,那么对象本身岂不是要失去实在性了吗?然而,仅仅说对象存在或不存在,解决不了事物是否真实的问题,因为凡是存在,都是时空内的存在,很快同样地也就不存在了。人们也可以说,理由主观唯心主义,人可以对自身有很多想象。但如果他的世界是大量的感性事物,他就没有理由为这样的世界感到骄傲。因此,在主观性和客观性的区别上,根本不存在实质性的区别,重要的是,仅仅看到主观或客观，是不能把握事物的真实内容的。对象性质在单纯的本质上也是一种犯罪，却是一种内在的虚无的实存，那么在惩罚中的定在也是如此。所谓主观和客观，指的是仅仅有主观的形式，却有客观的内容。

§43

一方面，正是通过范畴，单纯的知觉被提升为客观性，被提升为经验；但另一方面，这些概念作为仅仅是主观性的统一体，被给定的物质所制约，本身是空洞的，只有在经验中才有其应用和用途。与此同时，其另一个组成部分，即感觉和直观的规定，同样只具有主观性。

【附释】有人说，范畴本身是空的，是没有理由的，这句话是不完整的，应当说它是空虚的，又是不空虚的。因为其内容至少是在它们被确定的事实中。如今，所有范畴的内容确实不是感官上可感知的内容，不是时空的内容，但这不应当被视为缺点，而应当被视为它们的优点。这一点在普通的意识中已经获得了认可，例如，在一本书或一篇演讲中，与其说它包含了更多的思想、共相结果等，不如说它是充满内容的，正如反过来，一本书，例如一本小说，并不因为它包含了大量的孤立事件、情况等而被认为是内容丰富的。那么，在这里，普通的意识也明确承认，内容比感性的物质更多，但这更多的是思想，这里首先是范畴。应当指出的是，范畴本身是空的这一论断具有合乎理性的意义，因为我们没有必要停留在范畴及其同一性上，即逻辑理念上，而是要进入自然和精神的真实领域。然而，这种进步不应理解为逻辑理念所不具备的内容会因此从外在进入内部，而应理解为是逻辑理念自身的能动性进一步规定并向自然和精神展开。

§44

所以，范畴不能确定绝对的内容，不能认识物自体，因为它不是在感知中给出的,而知性或通过范畴的认知也因此不能认识本身的事物。

【说明】事物(Ding,其中包括精神、上帝)自身表达了对象,因为它从所有的意识的一切联系中,从所有的确定的感觉中,以及从所有明确的观念中抽象出来。我们很容易看到什么是完全抽象的、相当空洞的、只确定为超越的。与此同时,表象观念的否定、感觉的否定、确定的思维的否定,等等。同样地,我们也发现到,这个抽掉一切的物自体本身,仅仅是思维的产物,准确地说,指的是思维走向纯粹抽象的产物,指的是空洞的自我,使这个空洞的同一性成为它的对象。这个抽象的同一性,作为一个对象所获得的否定的规定,也同样被列在康德的范畴中,并且和那个空的同一性一样是相当熟悉的内容。在这之后,人们只能惊叹于经常反复阅读后发现不知道什么是事物自身,没有什么比物自体更容易掌握了。

§ 45

经验知识是有条件的,而所谓理性就是认识无条件事物的能力,而且理性会意识到经验知识都是有条件的。这里所谓的理性的对象,无条件的或无限的,无非是自我同一性,或者说只能是一个抽象的同一性,即抽象的自我或思维(详见§ 42)。理性被称为这个抽象的我或思维,这种自我同一性完全没有规定性,是无法用经验知识去把握的,因为经验知识必定设定特定的内容。通过假设这种无条件性为理性的绝对和真实为理念,经验的知识因此被宣布为非真理,而是现象。

【附释】只有通过康德,知性和理性之间的区别才被明确强调和确立,即前者以有限和条件为对象,而后者以无限和无条件为对象。虽然应当承认康德哲学的一个重大成果是,它的观点知性知识的有限性仅仅是基于经验,并称其内容为现象,但也不能停留在这个否定的结果上,不能把理性的无条件性仅仅降低为与自身的抽象同一性,排除差异。因此,理性被视为仅仅超越了知性的有限和条件,实际上它本身就被还原为有限和条件的，因为真正的无限，并不是仅仅超越有限性，而是无限性本身就包含着它所扬弃的内容。同样的情况也适用于理念，康德承认，只要把它与抽象的知性观念甚至仅仅是感性的表象观念区分开来。人们在日常生活中可能已经习惯于称其为理念，使理念重新被尊重，但对于这些观念，他也同样止于否定和单纯的应当阶段。

至于把构成经验知识内容的直接意识的对象视为单纯的现象的观点，这无论如何都必须被视为康德哲学的一个重大成果。常识，即感觉与理智相混的意识。通常人们认为，认识对象是独立存在的，即使人们看到事物的联系，也认为这个联系是外在的。由于这一联系被证明是相互关联的，并受彼此的制约，它们之间的这种相互依赖被视为对象的外在事物，不属于它们的本质。另外，我们有直接知识的对象仅仅是现象，即它们的存在的基础不在它们自身，而在于别的事物中。但这又要进一步取决于这个他物，是如何确定的。根据康德的哲学可知，我们所知道的事物对我们来说仅仅是现象，而这些事物对我们来说仍然是一个不可触及的彼岸。而根据这种主观唯心主义，我们可以知道构成我们意识内容的内容仅仅是不真实的，仅仅是由我们建立的，理所当然地冒犯了无偏见的意识。真正的关系确实是这样的，即我们有直接知识的事物不仅对我们来说是，而且在它们本身仅仅是现象，这就是在此有限的事物的合乎理性的规定，它们存在的基础不是在它们本身，而是在共相神性的理念。这种对事物的概念也同样被称为唯心主义，但与批判哲学中作为绝对唯心主义的主观唯心主义不同，这种绝对唯心主义虽然高于通常现实的意识。但内容实质很少被视为哲学的特性，它反而构成了所有宗教意识的基础，只要后者也认为所有存在的缩影，即一般的现有世界，是由上帝创造和统治的。

§ 46

仅仅承认无限是理性的对象是不够的，必须进一步去认识理性的对象。如今，所谓的认识，无非是指根据对象的明确内容来认识理性的对象。但确定的内容本身包含多方面的联系，并与许多其他对象建立了联系。而我们又只能用范畴去认识，因此要认识理性的对象，也需要借助于范畴。对于这种对无限或事物本身的确定，这个理性除范畴外将一无所有，在想要为此目的而使用这些范畴的时候，它就变成了超越性。

【说明】这里就要提到康德的理性批判的第二面了，而这第二面本身就比第一面本身更重要。批判哲学的第一部分，即上面提出的观点，即范畴的来源是自我的统一性。因此，它们的知识实际上不包含任何客观的内容，而归因于它们的客观性（详见§40和§41）本身仅仅是主观的内容。如果现在考虑到这一点，康德批判仅仅是一种主观性的唯心主义，它不涉及范畴的内容，其中内容只涉及主观性的抽象形式，而且实际上片面地停留在前者，即主观性，作为最后的绝对的肯定性的规定。然而，到了批判哲学的第二部分，在考虑理性为认识其对象而对范畴进行的所谓应用的时候，范畴的内容就会出现，至少是理由一些规定性的内容，或者至少有一个可以讨论范畴的内容的机会在其中，从而使其出现。特别有趣的是，我们可以看到康德是如何将范畴的这种应用应用于无条件的对象，即应用于形而上学的，这里将略加介绍并批判康德所有的范畴。

§47

其一，康德第一个考虑的无条件的对象，也就是灵魂（详见§34）。在我的意识中，我总是发现：（1）我自身是一个规定性的主体；（2）我自身具有单一性或抽象的简单性；（3）作为我意识到的所有多方面中，我意识着就是同一的、相同的；（4）作为一个将我自身作为思维，与我以外的所有事物区分开来。

以前的形而上学的规定，在现在看来，有其可取之处，它把这些经验性的规定放在相应的范畴里，产生了以下四个命题：（1）灵魂是实体；（2）灵魂是简单的实体；（3）灵魂在其定在的不同时间里，在数目上具有同一性；（4）灵魂与空间有关。

由先前关于经验的说法逐渐过渡到这些形而上学的说法，这就揭示了这样一个缺点，即两种规定性的内容，即经验中的规定性与逻辑上的范畴，相互混淆，从经验中的规定性得出结论到逻辑上的范畴，甚至用经验中的规定性代替逻辑上的范畴，是不合乎理性的事情。

由此可以看出，康德的批判，所表达的无非是休谟在前文（§39）的观点，即思想的规定性在感知变化中遇到普遍性和必然性，是不能在感觉之内相结合的，把实在性仅仅限制在经验之中，唯有经验才能给予我们以实在性，而经验性在其内容和形式上与思想的规定性是截然不同的。

【说明】如果经验性的内容要构成思想的认证，思想的本原就必须能够在感知中获得精确的证明。在康德批判形而上学的心理学批判中，不能说灵魂具有实体性、单纯性、与自身的同一性和独立性，它是在与物质世界的交流中被保存下来的，其理由在于，意识允许我们体验到的关于灵魂的规定性与思维在这里产生的规定性不完全一样。然而，根据上述说法，康德也允许一般的知识，甚至是一切经验，都是经过思想的知觉所构成。也就是说，起初属于感知的规定，已经被转化为思想变化的范畴。

关于康德精神的哲学研究，已经摆脱了灵魂事物，摆脱了范畴，从而摆脱了关于灵魂的简单性或复合性、物质性等问题，这始终被视为康德的批判的一个杰出功绩。——然而，即使对普通人来说，这种形式的不可接受性的真正观点，不是因为这些形式不是思想，而是这种思想本身并不包含真理。

如果思想和现象不能完全对应，人们首先可以选择将其中一个视为有缺点。在康德的唯心主义中，就其涉及理性的世界而言，经验是没有缺陷的，而思维则是有缺陷的，缺点被归咎于思想，因此这些思想是不充分的。因为思想的范畴不适合于被感知的内容，而对于局限于感知范围的意识，我们无法抵达物自体，只能把握到有限的状态，所以这种把握是外在的。它对于思维内容本身并没有提及。

【附释】一般来说，背理的论证是谬误的推理，其错误主要在于一个相同的词在两个前提中被用于不同的意义上。按照康德的说法，理性心理学中的旧形而上学的做法，应当是建立在这种背理论证背理的论证的基础上的，因为这里仅仅是灵魂的经验性规定被认为是属于灵魂本身的。与此同时，诸如简单性、不变性等谓词不应附在灵魂上，这是完全合乎理性的，然而，并不是因为康德为此给出的理由，或者因为理性会因此越过分配给它的界限，而是因为这种抽象的知性规定对灵魂来说太糟糕了，而后者仍然是与单纯的简单性、不变性等完全不同的内容。所以，例如，灵魂是所有事物的简单同一性与自身，但同时是，作为能动的，在自身中区分自身，而唯一的，即抽象的简单，就像这样，同时是死亡。康德通过对旧形而上学的论战，从灵魂和精神中删除了这些谓词，认为范畴是无法把握灵魂的，这应被视为一个伟大的成就，但他所给出的原因是错误的。

§ 48

其二，第二个无条件的对象，也就是世界（详见 § 35）。理性在试图认识世界的整体的时候，就会陷入一种两种矛盾说法的状态，即同一个对象，可以得出两个相反的命题，而且这些命题中的每一个都具有相同的必然性。由此可见，世界的内容，其规定性的内容显现在这样的矛盾中，不能归咎于自己本身，而只能归因于现象。康德认为，之所以会出现这样的情况，不是因为对象本身，而是因为认识对象的理性。

【说明】这里就凸显出，内容本身即范畴本身，由此带来了矛盾。这种思想，即由知性规定在感性中规定的矛盾是基本的和必要的，应被视为近代哲学最重要和最深刻的进展之一。尽管这个观点很深刻，但他的解决方法完全肤浅，它只包括对世界万物的温顺。世界的存在不应当有矛盾的污点，但它只属于理性，属于精神的存在。没有什么能阻止世界上对观察者的精神显示出矛盾。——这里所提到的观察者的研究对象，指的是主观精神的世界，指的是感性和知性的世界。然而，当人们把世界的存在与精神的存在相比较的时候，人们可能会怀疑，这个谦逊的观点是以何种公正的方式提出和重复的，即不是世界的存在，而是思维的存在，即理性，其本身具有矛盾。使用了这样的表述方式也无济于事，即理性只有通过应用范畴才会陷入矛盾之中。因为有人认为，这种应用是必要的，除范畴外，理性没有其他认知的规定因素。认知的确是规定性的、确定的思维；如果理性仅仅是空洞的、不确定的思维，那么它就毫无思维可言。然而，如果最后理性被归结为空洞的同一性（详见§49），那么最后它也会通过轻易地牺牲所有内容和实质，从而摆脱矛盾。

还可以注意到，由于缺乏对两种矛盾说法的更为深刻的思考，最初康德仅仅列出了四个两种矛盾说法。他通过前提，如在所谓的背理的论证中，通过范畴表来达到这些目的，据此，他采用了后来变得完全流行的方式，即不是从一个对象的概念去求出对象的性质，而只是从概念中得出对象的确定。在执行两种矛盾说法中的进一步必要性，我在《逻辑学》中也会指出康德对于理性矛盾发挥的缺点。需要注意的是，其主要内容实质在于，两种矛盾说法不仅存在于宇宙学的四个特定对象中，而且存在于一切范畴的所有对象中，存在于所有表象观念、概念和理念中。了解这一点并在这种矛盾特性中认识对象，属于哲学反思的本质；这种特性进一步被确定为逻辑的辩证特征。

【附释】从旧形而上学的角度来看，一方面，如果认识陷入了矛盾，这仅仅是一种偶然的错误，是由推理和假设中的主观错误造成的。另一方面，理由康德的观点，当思维想要认识到无限的时候，思维本身就会陷入矛盾，即两种矛盾说法。如今，正如在上述章节的附释中所提到的那样，对两种矛盾说法的指出，对于理性对象的认识，必然有矛盾，这就是纯粹理性的本性。这样一来，由此消除了知性美学的僵化独断论，指出了思维的辩证运动，这是相对于形而上学来说的一大进步。另外，也必须注意到，康德在知性思维的引导下，仅仅停留在事物本质的不可知性这一否定结果上，而没有深入两种矛盾说法的真正和积极意义的实现。

两种矛盾说法的真正和积极的意义在于，一切真实的事物都在自身内在包含着对立的规定性，都内在地包含着相反的规定于自身之中。因此，对一个对象的认识，更为确切地说，对一个对象的理解，只意味着意识到它是一个对立规定性的具体统一体。如今，旧形而上学，正如前文所叙述的那样，在考虑其形而上学知识受到排斥对象的时候，总是抽象运用一些片面的谓词外在添加，并排除与之相反的对象。另外，康德试图证明这样产生的观点如何总是与内容相反的其他观点进行对比，具有同样的理由和同样的必要性。在指出这些两种矛盾说法的时候，康德把自身限制在旧形而上学的宇宙论中，基于理性的矛盾，他提出了四个两种矛盾说法：

第一个两种矛盾说法涉及世界是否要被认为受空间和时间所限；第二个两种矛盾说法是物质是否可以被分割到无限大，或者是否由原子组成的难题；第三个两种矛盾说法指的是自由与必然的对立，即就提出的问题而言，世界上的一切是否必须被视为受因果关系变化的制约，或者是否必须在世界中假定自由的存在，即绝对的行动起点；第四个两种矛盾说法涉及一个两难问题，即世界的总体存在最高的原因，还是不存在最高原因。

如今，康德在讨论这些两种矛盾说法时遵守的方法首先是这样的，他把其中包含的相反的规定性因素作为论题和对立面进行对比，并试图证明二者，即把它们作为关于它们推理的必然结果提出来。这样他就明显地避免了建立论证于幻觉之上，偏为一面辩护的嫌疑。然而，事实上，康德为他的论题和反论提供的证明应被视为单纯的假象证明，因为要证明的变化总是已经包含在它被假定的前提条件中，而仅仅是通过假象间接性的冗长的、惯于用来证明其规定被提出来。在这个意义上，这些两种矛盾说法的建立始终是批判哲学的一个至关重要和值得称道的结果。这是由于通过这些矛盾，即使起初仅仅是主观和直接的矛盾，宣布了那些由知性在其分离变化中持有的规定性的实际统一性。因此，例如，在前面提到的第一个宇宙学两种矛盾说法中，包含了空间和时间不仅要被视为连续的，而且要被视为离散的，而在旧形而上学中，它们仅仅停留在连续性上，因此将世界视为空间和时间的无限。毋庸置疑的是，超越每一个确定的空间，同样也超越每一个确定的时间的变化。但实际上，空间和时间只有通过它们的规定性，即此时此地，才是真理，而且这种规定性在于它们的概念中。与此同时，这也适用于之前提到的其他两种矛盾说法。例如，两种矛盾说法的自由和必然性，与之相比，更仔细地考虑，知性所理解的自由和必然性实际上仅仅是真正的自由和真正的必然性的抽象的环节，而这二者在其分离中，往往是片面地去看待真理，所以无法把握真理。

§ 49

其三，理性的第三个对象是上帝（详见 § 36），上帝是要被认识的，也就是说，也是必须通过思维去规定的。如今，对知性而言，对简单的同一性而言，一切规定皆是否定，而上帝是无可限制的。因此，所有的现实只能被视为无限的，即是不确定的，而上帝本身，作为所有现实的缩影，或者作为最真实的存在，成为一个抽象的自我统一，对于确定而言，对于上帝的定义，只剩下同样纯粹抽象的规定性存在。抽象的同一性，也就是这里所提到的概念，和存在是两个环节，它们的结合与统一是理性所追求的。换言之，上帝的概念与上帝的具体存在如何统一起来，就成为理性的理想。

§ 50

使上帝和存在达到统一，有两个路径或形式，即可以从存在开始，并从那里传递到思维的抽象，或者反过来，从抽象到存在的过渡可以完成变化。

就与存在有关的开端而言，作为直接的存在，它呈现为一个无限多次确定的存在，一个实现的世界。这可以进一步确定变化是一般意义上的无限多的偶然现实的集合，这一点在自然神论和宇宙学中得以证明；或无限多的目的和目的性关系的集合，这一点在物理神学中得以证明，即通过本质论证明。这种满足的存在思维，就意味着把它从特殊性和偶然性的形式中剥离出来，并把它作为一个共相，本身是必要的，并理由共相的目的规定和活动的存在，这与第一个存在不同，作为上帝。——对康德这段话的批判的主要意义在于，这是一种否定，也是一种过渡。这是由于，既然知觉和它们的集合体，或者是所谓的世界，并没有在它们身上显示出思维净化该内容的普遍性。那么，这种普遍性在此并没有被那个经验性的世界表象观念所证明。因此，思想从经验世界上升到上帝是与休谟的立场相对立的（如在背理论证中，详见§47），这个观点宣布不允许思维知觉，即从知觉中演绎出普遍性与必然性。

【说明】因为人是具有思维的，所以无论是理性的常识还是哲学，人都有权利从经验世界出发，并超出经验世界，从而提高到上帝的观念。但是这种提高，必须基于对于世界的思维考察，而不是感性般动物的考察。对于思维来说，本质、实质才是世界的普遍力量和最终目的。因此，所谓上帝定在的证明，只能被看作对精神本身过程的描述和分析，它是一个思维着的事物，被认为是感性的。思维被提升至感性之上，超越有限及至无限，随着思维打破感官事物的枷锁，从而飞跃到超感官界，力图把握超感官的世界。所有这些都是思维本身，这种超越仅仅是思维。如果这种过渡不做变化，这就意味着不应当被认为是变化。事实上，动物并没有做出这样的转变，它们仍然保持着感性的感觉和直观，因此它们没有宗教。

关于对思维的这种提升的批判，有两点需要注意，既要注意一般的，也要注意特别的。第一点，当同一事物被带入推论形式的时候，所谓来自上帝的定在的证明，所有事物的出发点都是世界的直观，以某种方式确定为偶然性或目的和目的性关系的集合。这个出发点可以映现在思维中，就其做出的推论而言，要保留并作为一个坚实的基础，并且在相当程度上是经验性的，因为这个物质最初是变化的。因此，起点与终点的关系，也就是它所延续的关系，被想象为仅仅是肯定的，作为从一个存在的事物到另一个也存在的事物的结论。然而，如果只想在这种知性的形式中认识思维的本质，那是一个很大的错误。经验世界的思维反而在本质上意味着改变其经验性的形式，并将其转化为共相；思维同时在此基础上发挥了否定的能动性；被感知的物质，当它被普遍性规定的时候，并不停留在其最初的经验性形式。被感知的事物的内在内容会随着外在的去除和否定而被带出来（详见 §13 和 §23）。因此，关于上帝定在的形而上学证明是对精神从世界到上帝的提升的有缺点的解释和描述，因为它们没有表达，或者说没有带出包含在这种提升中的否定这一环节。因为在世界是偶然的事实中，这世界便仅仅是一个幻灭的现象的内容，并且本身是空洞的。精神提升的意义在于，世界确实存在，但这仅仅是假象，不是真正的存在，不是绝对的真理，绝对真理只在超越现象的上帝里，上帝才是真正的存在。因为这种提升是过渡和间接性，那么这种提升同样也是对过渡和间接性的扬弃，因为上帝可以通过它来达到间接性的目的，也由此而被宣示为空虚。只有世界存在的虚无性成为这一提升的纽带，精神的提高才有了依据，于是作为间接性的内容消失了，因此在这种间接性中间接性被扬弃。耶可比反对理智的证明的时候，他真正所反对和抨击的，指的是这种否定性的间接性关系。只被设想为肯定的，作为两个存在物之间的关系；他公正地责备它为无条件的变化寻找条件，即世界，以这种方式把无限的上帝呈现为基础和依赖。但这种提升，因为它在精神上，甚至纠正了这个假象；它的全部内容反而是对这个假象的纠正。但耶可比没有认识到本质思维的这一真实性质，即在间接性中取消间接性本身，因此，他对仅仅是反思性的知性的合乎理性的指责，被误认为是对一般思维的指责，从而也是对感性思维的指责。

为了解释对否定环节的忽视，例如，可以引用对斯宾诺莎主义的指责变化，说它是泛神论和无神论。诚然，斯宾诺莎的绝对实体还不是绝对精神，真正的上帝应当界说是必须把上帝确定为绝对精神变化。然而，如果斯宾诺莎的规定正如所设想的那样，他把上帝与自然、与有限的世界混合在一起，并使世界成为上帝，那么，这就预示着有限的世界具有真正的现实性和肯定的实在性。

因此，有了这个前提，上帝与世界的统一性，就把高高在上的上帝降低为仅仅是有限的、外在的实存的多重性。除了斯宾诺莎没有以这样的方式定义上帝，即上帝界是上帝和世界的统一体，而是思维和延伸，即物质世界的统一体。更为确切地说，在这个统一体中，即使是以那种最初的、相当笨拙的方式来看待，在斯宾诺莎的体系中，世界反而被确定为只属于现实的现象。这样一来，这个体系，无论如何不能称为无神论，反而应当被看作无世界论。声称上帝且只有上帝的哲学，至少不应当被当作无神论来看待。毕竟，人们仍然把宗教赋予那些把猿猴、母牛、石头和铜像等当作神来崇拜的民族。但在表象观念的意义上，扬弃他们自身的前提，即他们的这个被称为世界的有限性的集合体具有真正的现实性，这对人来说是更不利的。正如它可能表达的那样，没有世界，这样的事情很容易被认为是完全不可能的，或者至少是更不可能的，比起一个人的头脑中可能出现的没有上帝的说法。相信一个体系否认上帝比否认世界要容易得多，而且对自身也没有什么好处，因此否认上帝比否认世界更容易理解。

第二点指的是关于对这种思维的提升首先获得的内容的批判。这种内容，如果只包括对世界的实体的确定，对世界的必要本质的确定，主导并主宰世界的目的因等规定。公认的是，对于上帝的知性变化是不充分的。然而，除了前提上帝的表象观念的方式，以及理由这种前提判断结果的方式，这些确定已经具有很大的价值，指的是上帝的理念中必要的环节。为了以这种方式将内容带入其真正的规定中，神的真正的理念在思维之前，为此，当然不能从次要的内容变化中获取出发点。世界上仅仅是偶然的事物是一种完全抽象的规定。有机实体和它们的目的属于更高的圈子，属于生命。然而，除了考虑有生命的性质和现有事物与目的的其他关系可能会被无足轻重的目的论所玷污,甚至会被幼稚的目的和它们的关系的诱导所污染。所以事实上,仅仅是活的性质本身还不是可以理解神的理念的真正的规定;神不仅仅是活的,他是灵。只有精神性才是思维最值得、最真实的出发点,只要思维从一个出发点出发,就像以较低级的事物作为出发点出发。

§51

达到思维和存在统一的另一个途径,指的是从思维的抽象物出发,达到明确的规定。为了达到这一目的,只剩下存在这个概念比较适合;本质论的证明来自上帝的定在。这里出现的对立,指的是个体化的存在和普遍性的存在的相互对立。因为在第一种方式中,存在是双方共同的,而对立只涉及个体化的存在与普遍性的存在之间的区别。知性所反对的另一种方式本身,与刚才所提到的本质基本相同,即正如共相不存在于经验中一样。或者反过来说,确定的特定事物也不包含在共相中,而这里的确定内容就是存在。换言之,强调概念之中,无法推出概念的实存,即存在不能从变化一词中推导和分析出来。

【说明】康德对于本质论证明的批判之所以如此无条件地被接受和认可,是因为其为了说明思维和存在之间的区别时所举的100元钱的例子。理由这个概念,无论它们仅仅是可能的还是真实的,都等于100元钱。但对于我的财产状态来说,这就有了本质的区别,没有什么可以如此明显地存在了。我心中所想的或现象的东西,绝不会因其被思想或被表象而被认为真实。先不说把100元钱这样的内容称为概念,难免令人感觉用语粗野,但那些总是不断重复反对哲学理念的人认为思维和存在是不同的,最后总归要承认100元钱的现金和100元钱的思想绝非等同。还有什么比这个道理更粗浅的吗?这样一来,就必须要考虑到,当谈到上帝的时候,这是与100元钱和一些特殊概念、表象观念或任何名词不同的对象。事实上,一切有限的内容都是这样的,而且仅仅是这样的,它的定在与它的概念不同。然而,上帝被说成明确的存在,它只能被"设想为存在"的变化，其中的概念包括存在本身。这种概念和存在的统一性是构成神的概念的原因。

诚然，这仍然是对上帝的一种形式上的确定，因此它确实只包含了概念本身的性质。但这已经在其相当抽象的意义上包括了存在本身，因此很容易看出。因为概念，正如在其他方面所规定的那样，至少是通过中止间接性而出现与自身的直接关系；但存在无非就是这种自身联系。人们可能会说，如果精神这个最内在的部分，即概念，甚至如果我或具体的同一性，即上帝，甚至没有丰富到在自身中包含像存在这样一个贫乏的范畴，确实是最贫乏的、最抽象的范畴，那样十分奇怪。就内容而言，没有什么比存在的思想更重要了。仅仅是这可能比最初想象的存在更少，即像我面前的这张纸那样的外在的、感性的实存。

对于有限的感性存在，没有人愿意无条件地说他存在。与此同时，康德批判的关于"思维与存在的差别"的微不足道的说法，即思想和存在是不同的，最多只能干扰，但不能阻止人的精神从对上帝的思想到对他的存在的肯定的过程。这种过渡，即上帝的思想与他的存在的绝对不可分割性，也就是近年来，在存在的直接知识或信仰的观点中重建权威。对此，下文会展开更加详尽的讨论。

§ 52

这样一来，思维在其最高峰时仍然是规定性的外在事物，思维规定总是掺杂着外在的成分；这种思维的方式，总是被称为理性，它仍然仅仅是纯粹抽象的思维。这就是结果，它只提供了经验的简化和体系化的形式统一。康德的理性，只不过是真理的规则，而不是真理的工具。这种理性，只提供知识的批判，其中毫无关于无限者的理论。这种批判在其最后的分析中包含了这样的观点：思维本身仅仅是一种不确定的统一体，也是这种不确定的统一体的能动性。

【附释】诚然，康德也承认理性是认识无条件事物的能力，但是他把理性看成抽象的同一，即自身不包含矛盾，这也就意味着放弃其无条件性，那么理性就确实仅仅是空的知性。理性之所以是无条件的，是因为它不是从外在被一个与它相异的内容所规定，而是规定了它自身，并在它的内容就在其自身之中。如今，按照康德的说法，理性的能动性明确地只包括通过应用范畴使感知提供的材料体系化。换言之，康德的批判，仅仅是外在的批判，他仅仅要求把范畴综合被给予的材料，即把它带入一个外在的秩序，而它在这方面的原则仅仅是不矛盾的原则。

§ 53

其二，实践理性，即康德的实践理性，它指的是一个能够思维的意志，即依据普遍原则自身规定自身的一种意志。实践理性的任务在于，它是为了给自由提供必要的、客观的法则，唯有在实践理性之中，理性才能是自己为自己立法的。因此，他说为自己建立起命令，自己遵守的自由规律。在这里假设思维是一种客观的决定性活动，换言之，思维事实上是一种理性，其理由被置于这样一个事实：实践自由可以被经验证明，即在自我意识的外观中被证明。针对这种意识中的经验，决定论也同样从经验中提出了反对它的一切，特别是对适用于人与人之间的权利和义务的无限差异的怀疑的归纳，这也是休谟式的决定论，即被认为是对客观自由法则的怀疑。

§ 54

对于实践思维为自身制定的法则，为在自身中确定自身的标准，除知性的相同的抽象同一性之外，就没有其他内容，即在确定中没有发生矛盾；实践理性因此没有超越形式主义，仅仅依据形式逻辑的不矛盾，这个自我立法与经验世界仍然是隔阂的，而形式主义被认为是理论理性的终极存在。

然而，实践理性设置"善"这个规定，不仅是内在的，而且实践理性之所以是真正的实践的理由，是因为其不仅把共相的确定，即善，放在其本身，而且仅仅是更实际地要求善有世界的定在，有其外在的客观性。换言之，思想不仅是主观的，而且有其普遍客观性。关于这个实践的理性的要求和假设，后文会继续讨论。

【附释】康德对理论理性的否定，对理性自由自决的能力的否定，却又在实践理性之中明确地获得了保证。最重要的是，康德哲学的这一方面，受到了很多人的赞扬，而且是无可厚非的。为了肯定康德在这方面应得的功绩，首先必须证明实践哲学的形式，更具体地说，就是其认为占主导地位的道德哲学。之所以如此，是因为当时的道德哲学盛行快乐主义的观点。在快乐主义中，对人的命运问题和目的给出了答案，即人必须把自身的幸福作为自身的目标。快乐主义以快乐为人生的目的，因此他把人的功利性的需要当成了意志的规定原则。如今，既然通过将幸福定义为人在其特定的爱好、欲望、需求等方面的满足，偶然的和特定的内容被作为意志及其活动的原则，那么人的目标就不是幸福。然而，康德认为，意志的规定理由只能出自意志本身，任何把个人幸福原理作为意志的做法都是与道德违背的。用实践的理性来反对这种缺乏所有坚实支持、为所有任意性和心血来潮打开大门的快乐主义，从而宣布了对所有人具有同等约束力的共相规定的要求。

正如在前面的章节中所提到的那样，康德认为，理论理性仅仅是无限的否定能力，而且没有自身的任何积极内容，被认为只限于看到经验知识的有限性。另外，他明确承认实践理性的积极不确定性，而且是以这样一种方式，即他把以共相方式即思维德规定自身的能力赋予意志。如今，所有人的意志都拥有这种能力，知道人只有在拥有这种能力并在行动中利用这种能力时才是自由的，这一点至关重要。但在承认了这一点之后，关于意志或实践理性内容的问题还没有获得解答。如果说，人应当把善作为他的意志的内容，那么内容的问题，即这一内容的规定性问题，就会立即出现，而仅凭意志与自身相一致的原则，以及为了自身的责任而履行自身责任的要求，就没有任何进展。康德所谓的自我立法仍然是形式性的，这不可能在经验世界实现出来，仅仅是形式上抽象的义务。

§55

其三批判在于，判断力批判。按照康德的规定，反思的判断力是一种直观的知性的原则，即其中的特殊性，对于抽象的共相，即抽象的同一性来说是偶然的，不能从共相那里演绎得出。但是在反思的判断力之中，特殊却是被普遍规定的，而这里所提到的判断力批判，就是特殊性和普遍性的结合，就是艺术品和有机自然的产物。

【说明】康德的判断力批判有一个突出的特点，即康德在其中宣布了表象观念的性质，实际上就是理念的思想。直觉的知性、内在的权宜之计等的表象观念，同时是在自身中具体构想出来的共相。换言之，共相不是抽象的共相，而是具体的共相。因此，仅在这些表象观念中，康德的哲学就显示了自身的思辨。许多哲学家，例如席勒，在美丽艺术的理念中，在思想和感性的表象观念的具体统一中，找到了分离知性的抽象的出路。而其他人则在一般的直观和意识中，无论是自然的还是智力的意识。艺术品以及活生生的个体在其内容上确实是有限的；但在内容上也是全面的，康德在假定的自然或必然性与自由目的的和谐中，在设想为实现世界的最终目的中提出了理念。然而，思想的懒惰，正如它可以被称为变化，在这个最高的理念中，应当能够发现一条出路。在这个意义上，坚持概念和实在的相互分离，而没有看到二者的合乎理性，因此无法理解，如何在最后的目的之中真正实现。另外，艺术中有机的组织和美感的存在已经显示了理想的现实，即使是对感官和直观而言。因此，康德对这些对象的反思，将特别适合于把意识引入具体理念的把握和思维中。

§ 56

康德在判断力批判中提出了一种观点，即从知性到直观的、特殊性的、不同关系的观念被确定为理论和实践理性的学说的基础。但这并不意味着洞察到这是真理，实际上是真理本身。恰恰相反，普遍和特殊的统一性只有在有限的现象中来到实存时才会被接受，并在经验中被显示。这种经验，首先是在主体中，一方面是出于天才，创造审美理念的能力，即自由想象力的表象观念，它服务于一个理念，并启发思维，而这些内容并没有被表达在一个概念中，也没有被表达在其中。另一方面提供关于美的经验的趣味判断，指的是对直观或表象观念在其自由中与知性在其规律性中的和谐的感觉，即这种统一关系唯有通过美的感性经验才能获得。

§ 57

与此同时，目的是反思判断力用来规定有生命的自然产物的原则。目的是一种积极的概念，共相确定和规定在本身，既有自我决定的主观作用，也有决定他物的客观作用，因此是一个能动的概念。与此同时，外在或有限目的性的表象观念被加以排斥，在这种情况下，理由的目的和实现它的材料仅仅是外在形式。然而，在有机体中，物质中的目的是内在的规定，能动性和有机体的各个部分也同样是彼此的手段，是互为目的的。

§ 58

如果在这样一个理念中，目的和手段的知性关系，主观性和客观性的知性关系，皆被扬弃。那么，矛盾的一点在于，目的的理念被宣布为一个只作为表象观念而存在和运作的原因，即作为一个主观之物。更为确切地说，主观的唯心主义，作为一个主观之物，并且是主动的观念。因此，目的也仅仅被规定为是我们知性的一个原则，属于我们的判断。

【说明】既然康德的批判哲学的结果是获得理性，只能认识和观察现象，那么人们至少可以在两种同样主观的思维方式中选择生活的自然方式。而且康德的说法，人们有义务不仅仅理由质量、因果、构成、组成成分等范畴来识别自然的产物，而认识自然界。在科学应用中持有和发展的内在目的性原则，会导致采取完全不同的、更高的方式来观察自然。

§ 59

理由内在目的这一原则，理念在其全部不受限制的情况下，由理性规定的普遍性，即绝对的最终目的，善，将在世界中实现，并且通过第三方，即本身确定这一最终目的并实现其力量。因此，在上帝那里，绝对的真理，那些普遍性和特殊性的对立，主观性和客观性的对立都消除了，一切的立场都是不真实的，都是非真理。

§ 60

然而，作为世界最终目的的善，从一开始就被确定为我们的善，作为我们实践理性的道德法则。这样一来，刚才所提到的这种统一性，不过是世界的状态和世界的事件与我们的道德相一致。[①]与此同时，即使有这种限制，不过，最终目的，也就是善，也是一个没有规定性的抽象概念。正如实践理性中的义务观念那样，仅仅是世界与道德观念的一种和谐，在内容上被假定为不真实的对立被重新唤醒和观点，因此，和谐被确定为仅仅是一个主观，作为这样一个只被假定为存在的

---

① "然而，一个最后的目的，单纯是我们实践理性的一个概念，而不能从经验的任何材料推断出来去做出自然理论上的判定，也不能用来认识自然这个概念的唯一可能的用途，仍是为着实践理性，按着道德律。而且创造的最后目的就是世界的这样一种性质，它是和我们只能按照规律所确定的内容相符合的，也就是和我们纯粹实践理性只在实践的限度内的最后目的相符合。"——选自康德《判断力批判》第一版，第427页（§88）。

内容，即同时不具有真理，即同时不具有现实性。作为一个被相信的内容，只有主观的确定性，而不是真理，即不是与理念相对应的那个客观性，属于它。如果这个矛盾被这样一个事实所掩盖，即理念的实现被转移到时间中（因为在将来，理念也会存在的）。无论理念身处何处，像时间这样的感性条件就是解决矛盾的反面，而相应的知性用来表示表象观念，无限的进展，无非就是常年摆在那里的矛盾本身。

【说明】源于批判哲学的本质认知，并被拔高成为当时的偏见或普遍前提的结果，我们可以对之进行一般性评论。

在一切二元论的体系中，一切二元论的根本缺陷就在于把思维和存在、本质和现象割裂开来，认为二者是绝对对立的，将不相容的内容结合起来的不一致性。这两个环节，在统一体中被否定了它们本身作为真理的存在，只有在它们分离开来时才有真理和现实。在这个意义上，这种二元论的缺陷在康德哲学表现得很明显。因此，在这样的哲学研究中，康德一方面认为，知性只能认识现象；另一方面认为这种认识是具有绝对性的，这是矛盾。自然事物固然是有限的，但是自然事物之所以为自然事物，就在于，它是不能自知自己是受限制的。当对于一个有思想的人来说，一旦意识到某种缺陷的时候，他已经超越于他的限制，甚至感觉到，这是一种障碍、一种缺乏。有生命的事物对无生命的事物有痛苦的特权；一切有生命的存在物，都不免感到痛苦。换言之，生命是一个矛盾的过程，指的是一个不断否定自身，又不断保持自身的过程。这种矛盾只有在二者都在一个主体中的情况下才会出现，即它对生活的感觉的普遍性和对它否定的个体性。与此同时，障碍，即认知的缺失，同样是通过与现有的共相的理念相比较，确定为障碍、缺失，指的是一种整体和完善的内容。在生命过程之中，个别性与普遍性是辩证统一于一个主体之中，所有的个别性总要为普遍性所否定。同样地，知识的缺陷，既不是不变的，也不是单从其自身才能察觉到，唯有通过一个完整理念进行对比，才能察觉出来。因此，不看到将某物指定为有限的或有限的本身，就包含了无限的、不受限制的真实存在的证明，不受限制的知识只能存在于意识中的这一边，那才是无意识的做法。

对于康德关于认识的学说，还有一种观点，认为康德的范畴论对于科学研究的影响几乎没有。他的认识论让普通认知的范畴和方法的地位完全没有受到挑战。如果在当时的科学著作中，有时会用康德哲学的命题来进行处理，那么在浏览全部著作的过程之中就会发现，这些命题仅仅是一种多余的点缀，如果省略掉前几页，也会出现同样的经验性内容。[①]

就康德哲学与形而上学经验主义的更进一步的比较而言，这种朴素的经验主义确实坚持感性认识，但它也承认精神的现实性，具有超验性的世界，承认超感官世界的内容是由思想构成的，无论其内容是如何构成的，是否来自思想、来自想象等。理由形式，这一内容与经验知识的其他内容一样，在外在感知的权威中、在精神的权威中获得认证。但反思性的经验主义以结果为原则，反对这种最后的、最高的内容的二元论，否定思维原则的独立性和在其中发展的精神世界。唯物主义、自然主义是经验主义的一贯体系。

康德哲学将这种经验主义与思维和自由的原则进行了对比，并加入了第一种经验主义，但丝毫没有跳出其朴素的经验论的普遍原则。其二元论的一面，仍然是知性的世界和对其进行反思的知性。这个世界确实被当作一个现象的世界。但这仅仅是一个名词，仅仅是一种形式上的确定，因为来源、内容和观察的方式都是完全一样的。另外，思维的把握本身的独立性，即自由原则，它与以前的普通形而上学有共同之处，但它排除了所有内容，无法再为它提供任何内容，内容变得更加空洞。这个思维，在这里称为理性，因为被剥夺了所有的规定权，所以被

[①] 在古典学家戈特弗里德·赫尔曼（Gottfried Hermann，1772—1848）的《韵律学教本》一书中，开篇便引用了许多康德哲学的内容。实际上，书中命题8中，对于音节的定律所得到的结论是：节奏的规律必须是：（一）客观的；（二）形式的；（三）先验规定的定律。试把这几种规定和下面提到的因果关系和相互作用的原则与书中讨论音节的地方进行比较，就可看到这些形式的原则对于内容其实并没有产生丝毫的影响。

剥夺了所有的权威。

　　康德哲学的主要影响在于唤起理性的意识，或者思想的绝对内在性。虽说过于抽象，既未能使这种内在性得到充分的规定，也不能从其中推演出一些或关于知识或关于道德的原则；但它拒绝接受和允许任何具有外在性特征的内容在自身身上有效。理性独立的原则，它本身的绝对独立性，从现在起被看作哲学上的普遍原则，也成为当时普遍被接受的见解之一。

　　【附释1】批判哲学有一个很大的否定的功绩，那就是使人认为，知性的规定性属于有限的范畴，在这些范畴之下活动的知识并没有到达真理。但这种批判哲学的片面性在于，这些知性的有限性被置于这样一个事实中，即它们仅仅属于我们的主观思维，对于它来说，事物本身仍然是一个绝对的超越。一方面，知性的有限性并不在于它们的主观性，而是它们本身就是有限的，它们的有限性显示在它们本身。另一方面，理由康德的观点，我们思维的内容并非真理，因为我们在不断对它进行思考。康德批判哲学的另一个缺陷，在于它只给出了对思维的历史描述和对意识的环节的单纯心灵叙述。如今，这种叙述方式在所有事物的主要内容实质上其实是合乎理性的，但它并没有说到这样的经验性设想的必要性。康德对意识的各个阶段进行反思，结果可以总结在"凡我们所认识的内容仅仅是现象"这句话里。在这个意义上，只要所有事物的有限思维只与现象有关，这个结果就会被认同。但在现象的这个阶段，它还没有解决，仍有一个更高的领域，然而，对于康德哲学来说，这仍然是一个不可触及的彼岸。

　　【附释2】一方面，在康德的批判哲学中，起初只有形式上的规则，确立了思维从自身规定自身的原则，但思维的这种自我规定的方式和程度还没有被康德证明。另一方面，正是费希特认识到了这种不足，并通过宣布对范畴的演绎要求，同时尝试实际提供这种演绎。费希特的哲学将自我作为哲学发展的起点，而范畴则作为他的能动性的结果而产生。但在这里，"我"并没有真正作为一个自由的、自发的能动性现象出来，因为它被认为仅仅是被外界的冲动所激发；然后"我"

被认为会对这种外界的冲动做出反应，而只有通过这种反应，它才会达到关于自身的认识。冲动的性质在这里仍然是一个未被承认的外在，而我总是一个有条件的我，它有一个与自身相反的他者。因此，费希特也保持了康德哲学的结果，即只有有限的内容才可以被认识，而无限的内容则可以超越思维。

康德所提到的"事物自身"，费希特称为来自外在的冲动，这种把另一个人抽象为我的冲动，除否定的或一般的"非我"外，没有其他规定。在这个意义上，"我"被视为与非我建立起联系，只有通过"非我"，它自身规定的活动才会被激发。在这种情形下，"我"仅仅是获得外来刺激来解放自身持续的活动，但没有达到真正的解放，因为随着冲动的停止，"我"本身，其存在仅仅是它的能动性，将不再是存在。与此同时，"我"的活动所产生的内容与经验的普通内容并无二致，仅仅是增加了一点补充：自我活动所产生的内容仅仅是现象罢了。

C. 思想对客观性的第三态度

直接知识

§ 61

在批判哲学中，思维被认为是主观的，其最终的、不可逾越的规定是抽象的普遍性，也是形式上的同一性。因此，思维与真理是相对立的，因为真理本身就是一个具体的普遍性。在思维的这一最高规定中，也就是理性，范畴并没有被考虑在内。——与此相反的观点是将思维视为只具有特殊性的活动，并以这种方式宣称它同样无法掌握真理。

§ 62

理由这种说法，思维作为特殊的活动，只以范畴作为其一切的内容和产物。这些范畴，正如理智所认为和坚持的一样，指的是有限的规定，指的是有条件的、依赖性的、间接性的形式。因为思维本身就是有限的，是不能从有限过渡到无限的，即反对上帝定在的证明。这些思想变化的范畴也被称为概念。按照这种理论，理解一个对象，无非是指用一种有条件的和间接性的形式理解它，因此，只要它是真实的、无限的、无条件的存在，就将其变成一个有条件的和间接性的内容。以这种方式，不是用思想去把握真理，而是将其变成非真理，从而使真理变得不真实。

【说明】这是主张对上帝和真实的唯一直接知识的观点所提出的唯一简单论证，即上帝和真理只能通过直接知识或直观知识才能认识。在过去，对于上帝各种拟人的描述，都是有限的，都是需要被排斥的，因此上帝就成为一个极端空洞的存在。然而，思维规定还没有被普遍认为属于拟人主义。与之相反的是，思想被视为是从绝对的观念中获得有限性，理由上面指出的一切时代的偏见（详见§5），即人们只有通过思考才能达到真理。

一般来说，思想的规定因素已被宣布为拟人主义，而思维是一种有限化的活动。耶可比在论及斯宾诺莎的信的第七篇《补录》中，[①] 以最明确的方式提出了这一观点。与此同时，他从斯宾诺莎的哲学本身中提取了这一陈述，并应用于反对一般认知的斗争中。在这场对于知识的抨击中，认知只被设想为对有限的认知，作为思维的进展。那么，人们可以这样来理解，某物与他物互为条件。解释与理解，仅仅是借助一个他物，表现出间接性，以说明某物的间接的过程。因此，一切的内容仅仅是一种特殊的、依附的和有限的事物。另外，无限、真理、上帝位于这种联系的机制之外，而认知仅限于此。——重要的是，由

---

① 耶可比（1743—1819）著有《关于斯宾诺莎的学说——致摩西·门德尔松先生的信》一书，最初于1785年发表，随后于1789年再版，又加上八篇"补录"。

于康德哲学把范畴的有限性主要放在其主体性的形式规定上,在这场陈述中,范畴是理由其规定性来讨论的,范畴本身也被认为是有限的。耶可比特别想到了与自然有关的科学,即精确科学,在认识自然力量和规律方面取得的辉煌成就。诚然,在这个有限之物的基础上,无限之物是找不到的;正如拉朗德①所说的,他找遍了整个天堂,却没有找到上帝(详见§60的说明)。在这种自然科学的范围里,所可获得的普遍性,正是作为外部有限性的不确定的统一体一样,即物质;耶可比合乎理性地看到,在仅仅是发挥间接性的道路上,除此之外,别无他法。

§63

与此同时,耶可比还主张,真理是为精神服务的,这是由于人与其他动物的不同就在于人具有一定的理性,理性与一般间接知识不同。一般间接知识指的是限于有限的内容,而理性则是直接的知识,换言之,理性就是信仰。

【说明】知识、信仰、思维、反思是在这个观点中所出现的范畴,由于二者被视作已知的变化,这样一来,常常仅理由心理学的纯粹的表象观念和区别变化,而被任意使用;二者的性质和概念是什么,这一点就很重要,但没有进一步被加以研究。因此,人们会发现,知识通常与信仰相对立,而同时信仰被确定为直接的知识,并也被认为一种知识。耶可比的观点,他主张对于上帝直接的知识,排斥间接知识,从而把信仰和知识对立起来。与此同时,人们也会发现,作为一个经验性的事实,人们相信的内容存在于意识之中,因此至少确信这一点。但人们所相信的内容在意识中是确定的内容,也正因此至少确信这一点。更为确切地说,思维主要与直接的知识和信仰相对立,特别是与直观相对立。如果直观被确定为智力,那么这就只能是思维着的直观,除非我们在将上帝作为对象的时候,把理智的直观理解为表象和映象。在耶可比哲学化的语言中,这里所提

---

① 拉朗德(1732—1807),法国天文学家。

到的信仰，仅仅是一个没有确切内容的，仅仅是所谓的灵感、启示，或者是常识，都是以直接呈现在意识之中的内容为基本原则。耶可比认为，人们相信人们有一个身体，人们相信感性的事物的实存。然而，当说到对真实和永恒的信仰，说到上帝在直接的知识和反思中被揭示和给予，这些都不是感性的事物，而是一个本身共相的内容，仅仅是思维的精神的对象。另外，个体被称为自我、人格，而并不指的是一个经验性的自我，一个特殊的人格理智，特别是当涉及上帝的人格意识的时候，人们说的是纯粹的人格，即本身具有共相的人格。这种是思想，只到思维。纯粹的直观仅仅是和纯粹的思维一样。直观、信仰，首先表达的是某些表象观念，人们把这些词与普通的意识联系起来。所以二者当然与思维不同，而这种不同对每个人来说都是可以理解的。但如今，信仰和直观也要在更高的意义上进行，二者要被看作对上帝的信仰，看作对上帝变化的理智的直观。换言之，正是从那抽象出的变化，才构成了直观、信仰和思维的区别。人们不可能说，在较高的领域内部，信仰和反思，与思维别无二致，信仰和知识不是对立的，即直观、信仰和纯粹思维是同一的。有了这种空洞的表面的区分，人们就会认为获得真理是至关重要的事情，并否认相悖与过去的观点的确定性。直接知识和间接知识是统一的，因为所谓上帝，无非就是纯粹思维本身。

另外，耶可比关于信仰的表述有一个特殊的优势，那就是让人联想到基督教的宗教信仰，给人以信仰包括基督教的宗教信仰在内的错觉。在这个意义上，耶可比的信仰哲学，看起来本质上是虔诚的，指的是基督教的虔诚，在这种虔诚的基础上，让自身有了自由，采取更加自负和权威的态度，妄下断语。然而，人们不能让假象欺骗自己，不能让那些可能通过纯粹的文字内容而蒙蔽了双眼，必须精确地把握住区别。基督教的信仰本身就包括了教会的权威；但那种哲学立场的信仰，反而仅仅是对于其自身主观的启示的权威。与此同时，那种基督教信仰是一种客观的，本身就有丰富的内容，指的是一种教义和知识体系；但这种信仰的内容本身是如此不确定，以至于在它也承认这种内容的同时，它同样承认达赖喇嘛、公牛、猿猴等是上帝的信仰。此外，就像相信达赖喇嘛、公牛、猿猴等是神一样，它把自身限制在一般的上帝，即最高的存在。在这个意义上，信仰本身，在那种哲学上存在的意义上，只不过是直接知识的枯燥的抽象，指的是一种完全的形式上的确定，它不能与基督教信仰的精神充实相混淆，既不能在相信的心和内在的圣灵方面，也不能在实质性的教义方面，更不能被视为这种充实。

与此同时，所谓耶可比的信仰和直接知识，实际上，与其他方面所谓的灵感、心灵的启示、天赋予人的真理，特别是人们的健康理智、常识是完全同一的。所有这些形式，以同样的方式，表示直接知识的一种抽象物，以一个直接呈现于意识内的内容或真理作为基本原则。

§ 64

这种直接知识所主张的是，无限的、永恒的、上帝，它在人们的表象观念中，也是存在。思维和存在有着密不可分的联系。在意识中，与这个表象观念直接和不可分割地联系着它的存在的确定性。

【说明】耶可比哲学之中，经常会遇到的范畴，就是知识、信仰、思维和直观等。哲学家们最不可能想到要反驳这些直接知识的原则的方法。它可能反而会感到庆幸，因为这些哲学的普遍内容的古老学说，甚至表达了二者的全部内容，以这样一种公认的非哲学的方式，在某种程度上，也成为这时代的普遍信念。相反，人们只能惊讶地认为这些命题是与哲学相对立的，这些命题是：认为真实的内容是在精神中存在的，真理是为精神服务的（详见§63）。从形式上来看，这个命题特别有趣，即与上帝的思想存在，与思想最初具有的主观性，客观性与主观性之间是直接和密不可分的联系。诚然，直接知识的哲学在其抽象中所持有的态度过于狭隘，以至于不仅单独与上帝的思想不可分割，而且在直观中与我的身体的表象观念和外在事物的规定，同样也不可分割地联系在一起。如果哲学努力证明思维与存在的统一性，即如果哲学的任务在于，证明思维与存在的这种统一性，即证明思想或主观性本身的本质是与存在或客观性不可分割的，那么这种证明就要求，当哲学原则被证明或表明是意识中的事实，也就是与经验一致时，哲学就必然相当满意。直接知识论与哲学的说法的区别，仅在于直接知识赋予自身一个排他的立场，或者说直接知识反对哲学化。

然而，这个思维和存在的直接联系的观点，也是笛卡尔转移近代哲学关注的那句话"我思故我在"，就是作为自明的真理说出来的。也许有人将"我思故我在"视为三段论的推论，但其实它并不构成一个三段论。这是由于，当一个人说"我思故我在"或者"我思故我存在"的时候，他也并非用三段式的推论从思维里推出存在来。由于在这个命题中，人们难以找到中项，而中项是三段论的推论的组成部分，比"故"一词更为重要。然而，如果为了证明三段论的合乎理性，人们想把笛卡尔的这种观点称为直接的推论，那么这种多余的推论形式就被视为，仅仅是一种由无组成的中项的有区别的规定性的联系。然而，存在与人们的表象观念直接的联系，也就是直接知识论所表达的内容，或多或少也算作一种推论。从何佗先生于1826年发表的《关于笛卡尔哲学》的论文中[①]，我借用笛卡尔的话，以明确笛卡尔的说法，也就是"我思故我在"的命题，并不是三段式的推论。[②] 在第一段中，我给出了更详尽的表述：笛卡尔首先说，我们是能思的存在，这就是一种本原的概念，并不是从三段式的推论出来的，并继续说，当一个人说"我思故我在"或者"我思故我存在"的时候，他也并非用三段式的推论从思维里推出存在来。笛卡尔知道三段式的推论所需具备的条件，所以他继续说，要把这种命题变为三段式的推论，我们还需要补充一个前提"我思故我在"这句话，但这个

[①] 何佗（1802—1873），黑格尔的学生，1829年任柏林大学美学教授，1832年后参加编订黑格尔全集工作，于1826年发表《关于笛卡尔哲学》的论文。

[②] 详见《答第二反驳》（见《沉思录》，《方法论》第四章，以及《书信集》第一卷第118页）。

前提又需要从第一个命题中得出。

笛卡尔关于我作为思维与存在不可分割这一原则的表达，即在意识的简单直观中，包含我作为思维与存在的这种联系。而这种联系是绝对的第一原则，最确定和最明显的原则。因此，难以想象怀疑论会不承认这一原则。——这些说法是如此有说服力和确定，以至于耶可比和其他人关于这种直接联系的现代主张，只能被视为多余的重复。

§ 65

这种直接的知识，不仅认为单凭间接知识不能把握真理，而且排斥一切间接性，排除了间接性的直接知识，只有真理才是其内容，固守在非此即彼的片面性上。在对这种间接性本身的排斥中，上述观点显示出自身重新回到了形而上学的理智中，回到了非此即彼的理智中，从而事实上自身建立起外在的间接性的关系中，这种关系是基于对有限的，所谓外在的间接关系，即是基于坚持着有限的或片面的范畴的关系。这种关于直接的知识的观点，错误地认为它已经超越了自身。但实际上还没有达到这样的地步。因此，在导言中，我们需要不断地进行反思，并做出简要说明。就其直接的知识本身而言，至关重要的是直接性和间接性的逻辑性的相互对立。但这种观点尚未考虑直接知识的内容实质，即概念的性质。由于这种考虑会导致间接性，并且丰富我们的知识。故而，真正的反思，即基于逻辑立场的反思，必须在逻辑学本身中找到它所属的位置。

【说明】整个《小逻辑》的第二部分，即关于本质的学说，主要是研究关于直接性和间接性的本质统一的问题。

§ 66

在这个意义上，唯一剩下的事实是，将直接的知识要作为一种事实来看待。在这里，人们的考察和研究被引向经验领域，引向一种心理现象。在这方面，必须指出的一点是，这是一种最常见的经验，即真理，是对极为复杂的、高度的间接性的反思的结果，直接呈现在一个人的意识，而人们已经对这种知识烂熟于心。数学家就像每一个接受科学教育的人一样，对此有存在的解决方案，而这些解决方案是经过完全复杂的分析得出的；每一个受过教育的人，一个有学问的人，在他的意识中都有许多共相的、普遍的观点和原则，这些观点和原则仅仅是在反复的思考和长期的生活经验中产生的。人们在面对任何一种知识，甚至是艺术、技术技能方面所达到的熟练性，都需要熟能生巧，而直接在他的意识中，甚至在一个外在的能动性和灵活的四肢中，也拥有这样的知识、种类的能动性。在一切这些情况下，知识的直接性不仅不排除它的间接性，而且二者以这样的一种方式联系在一起，即实际上，直接知识甚至是间接性知识的产物和结果。

【说明】同样地，直接的存在与间接的存在也是密不可分的。胚胎和父母，对于其所产生的枝叶和子女等来说，指的是一个直接的、开端的实存。然而，胚胎和父母，就像他们一般存在的间接性一样，也同样是生成的，而子女等，不管他们实存的间接性，现在是直接的，因为具有存在性。由此可见，存在是直接和间接的统一。例如，我在柏林，这是一种事实，我的这种直接存在，是以我走了一段旅程而有间接性的。

§67

然而，关于对上帝、法律、道德的直接知识——这里也包括本能、天赋予人的、先天的理念、常识、自然理性等的其他规定，总之指这种自发的原始性，不管其表现的形式为何物——这都是极普通的经验。这种直接的原始性所包含的内容，都必须经过教化和发展，才能内化为人的自觉信仰，才能达到柏拉图所谓的"记忆"，抑或基督教的洗礼虽然是一种圣礼，但它本身包含了进一步接受基督教教诲的义务。因此，宗教和对于宗教伦理来说，就是必不可少的间接性。换言之，宗教和伦理，是一种信仰、直接知识，是以间接性为条件的，这被称为发展、教育和教化。

【说明】那些主张天赋观念以及反对天赋观念的人，都同样为互相排斥的对立所支配。他们都主张普遍规定与心灵在本质上的基本的直接联系，以外在方式发生的、由给定的对象和表象观念。经验主义者反对天赋观念是存在问题的，他们认为如果存在天赋观念，就应当直接意识到，每个人的意识中都共同具有矛盾原则。这是由于，矛盾原则和其他类似的原则，都被视为天赋观念。但是这种说法没能理解，尽管这里所提到的原则，天赋观念是天赋的，但是并不因此就具有我们直接意识的，或现成意识到的观念或表象形式。如果不具有一定条件，依然无法被认识。然而，针对直接知识，这种反对意见是完全恰当的，是完全中肯的，因为持直接知识论者明确主张，只有在意识之内的内容，才可以被视为具有直接知识的性质。持直接知识论者认为，特别是对于宗教信仰来说，发展基督教或宗教教育是必要的，那么，在谈论信仰的时候，忽视间接性的重要性，就会陷入偏见的观点。换言之，承认教育的必要性，却不重视间接性，就是缺乏思考的表现。

【附释】在柏拉图哲学中，学习就是理念的回忆。这意味着理念本身，不是如智者所主张的那样，是现成所予的，而是说理念存在于人的心中。然而，通过这种作为记忆的认知概念，并不排除人本身的发展，而这种发展无非是间接性。这与在笛卡尔和苏格兰哲学家那里提出的天赋观念是一样的，它同样是在一开始时就被视为只存在于人本身所与生俱来的天赋。

§ 68

以上的经验说明，真理需要从直接知识连接的对象中寻找，尽管这种联系开始的时候仅仅是一种外在的、经验性的联系。这就证明了，经验自身对于经验的考察是必不可少的、不可分割的，因为经验是持久不变的。然而，如果在经验之后，这种直接的知识被认为是自身的，因为它是关于上帝和神圣的知识，那么这种知识一般被描述为高于感性的、有限的事物，以及超越天然心念直接的欲求和嗜好。相反，离开了知识联系的对象，就没有知识。承认这一事实，就等于承认知识无法离开间接性。但是知识不能甘于仅仅在经验对象上，还需要进一步提高。只有通过直接性和间接性，才能把知识不断纯化，最终提高到对于上帝的信仰之上。离开了间接性，就无法真正达到信仰上帝的目的。

【说明】正如前文所提到的那样，从有限的存在出发的所谓上帝定在的证明，表达了这种提升。这种提升，并不是艺术性的反思的发明，而是精神自身所固有的、必然的曲折进展的间接的过程，即使二者在这些证明的普通形式中没有完整和合乎理性的表达。

§ 69

直接知识论的兴趣在于，从主观的理念直接过渡到客观的存在（详见 § 64）。与此同时，直接知识论否认在这一过渡中间接性的存在。恰恰是这个过渡，显示了间接性本身。要从理念跳到存在，就需要包含着经验的间接联系，而且要包含内在的间接性，也就是自身中包含自己的一种间接性。

§ 70

直接知识论也主张：无论是作为纯粹的主观思想的理念，还是作为纯粹的自为的存在，理念和存在单从任何一方来说，其本身都不是真理。只有自为的存在，与理念无关才是世界的感性的、有限的存在。因此，直接知识论认为，理念只有通过存在才是真理；反之，存在只有通过理念才是真理。直接知识的原则，应当排斥不确定的、空洞的直接性、抽象的存在或纯粹的统一性，而是想要理念与存在的统一性。然而，如果不看到相异规定或范畴的统一性，不仅仅是纯粹的直接的，即相当不确定的和空洞的统一性，而是恰恰在其中获得假定，规定中的一个只有通过另一个规定才有真理的间接性。换言之，每一个规定，只有通过另一个规定，发挥其间接性，才得与真理相结合。而间接性的规定本身就包含在这种直接性中，这一点在此被证明是一个事实，理由间接性自身的直接知识原则，知性可能没有什么可反对的。知性是普通的抽象的理智，它把直接性和间接性的规定统一起来。二者中的每一个都作为绝对的事物，认为二者之间有一个坚固的鸿沟；因此它为自身创造了不可逾越的困难，即要将二者结合起来。然而，正如已经表明的那样，这个困难在事实中是不存在的，就像它在思辨概念中消失了一样。

§ 71

直接知识论这种片面性导致了很多恶果，带来了一些规定和后果，其基本原则已在过去的讨论中表明出来，在此将指出基本的要点。

第一，因为被确定为真理标准的不是内容的性质，而是意识的事实，所以主观知识以及我在意识中找到某种内容，属于真理。我在我的意识中找到的内容，因此被提升到在一切人的意识中找到，并被当作意识本身的性质。

【说明】此前，在所谓的上帝定在的证明中，提出了"众心一致"的论证，西塞罗也提到了这一点。"众心一致"的论证是一个重要的权威，也就是某种内容存在于一切的意识中，那么这个内容必然是出自意识的本性，出自意识的必然，这是极其自然的事情。另外，"众心一致"的范畴，奠定了基本的意识，且没有接受过教育的人，也能意识到这一认识，即个人的意识，同时这是一个特殊的、偶然的内容。如果这个意识的性质本身并没有被考察。换言之，意识的特殊的、偶然的特性，并没有被揭示出来。然而，如果不通过反思的艰苦工作，并将意识中自在自为的普遍内容揭示出来，那么所谓的"众心一致"，指的是人们对于某一内容表示一致赞同，但远远不能作为对上帝的信仰的证明，因为经验表明，有些个人和民族没有对上帝的信仰①。这样一来，单纯地断言，我意识到一个内容，我也认为这内容是真理，并且在我的意识中，能够找到一个具有真理的确定性的内容，并非出于我个人特殊的主体，而是基于精神本身的本性。这真是世界上最为简单和最为方便的方法了。

§ 72

第二，从直接知识是真理的标准这一事实来看，一切的迷信和偶像崇拜都被宣称为真理，甚至是意志中不合法律、违反道德的内容都可以被宣称为真理。印度人从所谓的间接性知识、推理和结论中，把母牛、猿猴或婆罗门、喇嘛视为神，印度人信仰这些事物。另外，自然的欲望和倾向本身就将二者的问题寄托到意识中，违反道德的目的也能够很直接地被发现。善或恶的品性从而表达了意志的特定的存在，这在兴趣和目的中会被认识，而且是最直接的认识。

---

① 考察无神论和对上帝的信仰在经验中或多或少地普遍存在，取决于人们是否仅仅满足于对上帝的空泛观念，或者是否要求对上帝有更加明确的认识。在信仰基督教的社会里，一定不会承认中国人和印度人所推崇的偶像，也不会承认非洲人的拜物教，甚至不承认希腊人的诸神论，将其视为上帝。因此，崇拜诸类偶像的人，不信仰上帝。另外，如果认为在这种对偶像的崇拜中，本身就是对一般上帝的信仰，就像在特殊的个体这类一样，偶像崇拜也是有效的。如此一来，崇拜偶像，不仅是对于偶像的崇拜，也可算作对上帝的信仰。但至少希腊人的看法与此相反。雅典人把那些视云气为宙斯等诸神的化身且主张只有一个上帝的诗人和哲学家看作无神论者。其中的问题只在于，人的意识实际上指的是对于一个对象的理解，而不在于那个对象潜在所包含的内容。倘若我们忽略了这种区别，人的每个最卑微的、感性的感知，都可以算作宗教。原因在于，在每一个这样的感知的印象中，在每一个精神的事物中，这些原则本身就有发展和净化自身的能力，加以发挥，从而上升到宗教的原则。然而，有宗教的潜能，这里指的是有宗教的能力和可能性，与具有宗教信仰，是两回事。这样一来，在近代，许多旅行家会发现一些部落，例如，约翰·罗斯爵士（1777—1856）和巴利两位船长，他们发现了爱斯基摩人，从他们那里看不到任何宗教信仰，甚至连像非洲巫师（希罗多德所说的部落）身上可能寻到的一些宗教痕迹也没有。又如，一个英国人前几个月在罗马参加天主教五十年举行一次的大纪念会上，按照他关于近代罗马人的游记，罗马的普通民众都是些执迷的信徒，而那些能读能写的人几乎全都是无神论者。与此同时，在近代，对无神论的指责越来越少，这主要是因为宗教的内容和对宗教的要求已降至最低限度了。（见§73）

§73

第三，关于上帝的直接知识论只能说明上帝存在，却不能告诉我们上帝是什么。因为一旦你要说上帝是什么，就会导致知识存在，且离不开间接知识，因此，直接知识论，作为宗教对象的上帝被明确限定为一般的上帝，限定为不确定的神，而宗教在其内容上被降低到最低限度。

【说明】如果真的只需要达到这样的效果，即有一个上帝的信仰仍然应当被保留下来，甚至这种信仰应当产生，人们只会惊讶于这个时代的贫乏，它允许最浅陋的宗教知识被认为是一种收获，并与很久以前一样，被供奉在雅典的祭坛中，以献给未知的上帝。

§74

关于直接性的形式的一般的性质仍要简单加以说明。由于直接性的形式本身是片面的，因此使内容变得片面而有限，这就使得共相带有片面的抽象性，使得上帝成为无规定性的存在，从而无法说明上帝。然而，只有上帝被理解为作为自身、于自身并与自身具有间接性，上帝也可以叫作精神。只有这样，上帝才是具体的，才是有生命的，才是有精神的。对上帝作为精神的认识本身就包含着间接性。直接性的形式给予特殊事物以存在和与自己联系的规定，特殊事物也是与自身之外事物联系之事物。通过这种形式，有限性被确定为绝对的。由于直接性是相当抽象的，任何内容对它都无关紧要，它也就可以接受一切的内容。因此，直接性可以承认偶像崇拜和违反道德的内容，就像承认完全相反的内容一样。只有这种对它的洞察力，即直接性不是独立的，而是由他物发挥间接性，才将其减少到其有限性和非真实性。这样的识见，因为内容中带有间接性，指的是一种包含间接性的知识，从而可以被视为真理。也就是说，表面上说是事物与其他事物相依存，实际上是思维和思维内容相依存，本质上是思维与自身相统一。

直接知识论，自认为自身摆脱了知识的有限性，超出了形而上学的片面性以及启蒙思想的理智的同一性，实际上并没有超出，只不过是变换了一下形式。换言之，抽象的思维和抽象的直观，即抽象的反思形式和抽象的直观形式，本质上是一体的。

【说明】由于直接性的形式被认为是与间接性的形式相对立的，因此直接性是片面的，而且这种片面性，传达给直接性的形式的每一内容，只追溯到这种形式的内容。直接性，首先是抽象的联系本身，与此同时是抽象的同一性，抽象的普遍性。如果只在直接性的形式中去理解自在自为的普遍性，那么，这就仅仅是抽象的普遍性，而从这个角度来看，上帝获得了绝对的无规定性的存在意义。如果有人还把上帝说成精神，那这仅仅是一个空话，因为精神作为意识和自我意识，在任何情况下都包含自身与自身、自身与他人的区别，并因此也包括了间接性。

§ 75

对于思维对待真理的第三态度的评判，只能以这种观点本身所直接表明和承认的方式来进行。直接知识论，将直接知识视为真理。在此，还存在着一种直接的知识被认为是无间接性的，除非是与他者还是本身与本身，同时，还有一点被宣告为事实虚假的，即思维只有在他物做中介的有限及有条件的规定上才得以继续又可以扬弃这种间接性。换言之，思维只有通过自我否定而发展。对于这种认知的事实，既不存在于片面的直接性中，也不存在于片面的间接性中，逻辑学本身和一切哲学都是样板。

§ 76

将上述朴素的形而上学或直接知识的原则作为出发点进行比较可以看出，直接知识回到了近代的形而上学及笛卡尔哲学的那个开端。把耶可比和笛卡尔的主张进行对比，有以下三点。

（1）思维与存在，二者之间有简单的不可分割性，"我思故我在"，在意识中，我的存在、我的实在、我的实存，指的是完全同一的。与此同时，笛卡尔宣称，他所理解的思维是指一般意义上的意识（详见《哲学原理》第一章第九节）。思维与存在的不可分割性，是绝对的第一的（不是间接的或被证明的）和最确定的知识。

（2）同样地，上帝的存在和上帝的观念之间的关系是不可分割的，所以上帝的存在必然内在地包含在上帝的观念之中。换言之，上帝的观念离不开没有实存的规定，因此，上帝的存在是必然的和永恒的。①

（3）关于外界事物的直接知识，它除被称为感性的意识外，别无他物；人们有这样的意识是最起码的认知。也就是说，我们都应具有感性的意识，而感性的意识是最无关紧要的知识。然而，感性本身没有真实性，只不过是偶然的幻象。二者在本质上是这样的，只有一个实存，这与二者的概念、本质是可以分离的。

§77

然而，这两种观点是有所差别的。

---

① 斯宾诺莎的《笛卡尔哲学原理》第一章的命题十五指出："读者将会更相信有一个无上圆满的存在，假如他能注意到，他不能在任何别的事物里面去发现一个包含有必然存在的观念，有如上帝的观念一样。他将知道，上帝的理念表示一个真实而不变的本质，此本质必定存在，因为它包含有必然存在。"紧接这段话，下面还有几句话，好似含有证明和中介性之意，但不致影响根本原则的大旨。除此之外，斯宾诺莎也提出："上帝的本质，换言之，上帝的抽象观念，即包含存在。"首先，斯宾诺莎的第一个定义，也即是关于自因的定义，即谓"自因之物，其本性包含存在，其性质除认作存在外，不能设想"。（其本性将存在内含于自身，或者本质只能被理解为存在。）概念和存在的不可分，这也是斯宾诺莎体系中的根本思想和前提。但与存在不可分的概念，究竟是什么内容的概念呢？当然不是有限事物的概念，因为有限事物只有偶然的和被创造的存在。斯宾诺莎的第十一命题，说上帝必然存在，并加以证明，同样地，在第一章命题二十中，上帝的存在和他的本性是同一之物，其实这种证明都是多余的形式主义。因为如果说上帝是实体，而且是唯一的实体；但实体是自因，故上帝的存在是必然的，这也就是上帝是概念与存在不可分的存在。

（1）笛卡尔哲学从这些未经证实和假定的不可证实的前提出发，进一步发展认知，并以这种方式为新时代的科学提供了起源，推动了近代科学的发展。另外，现代的耶可比的学说，则是用抽象的信仰去代替对真理的追求，从而得出了一个重要的结果（详见§62），即在有限的间接性的基础上进行认知，只认知有限的事物，不包含真理，并要求对上帝的意识保持这种相当抽象的信念。①

（2）一方面，这种学说，不会改变笛卡尔提出的普通科学认知的方法，其进行研究的方式也采取与产生经验科学和有限科学完全相同的方式。但在另一方面，这种观点放弃了这种方法，从而也就放弃所有得知无限内容的方法，因为它并无他法。因此，它放任自己随意自以为是和打包票，道德上的自以为是和感知上的高傲，或者委身于一种无尺度的任意性和推理，这种推理最强烈地反对哲学和哲学家。因为哲学不允许单单保证，也不允许自以为是，更不允许推理的任意来回反复。

§78

对立的直接性，或者知识的独立直接性和同样独立的间接性之间是相互对立的，首先必须被扬弃，因为它仅仅是一个前提、一种武断。同样地，一切其他的假设或者成见，在进入科学大门时都要抛弃；二者可以从表象观念或思维存在中获取。这是由于在哲学中，首先要考察一切这些确定的内容，并认识其中的内容和二者的对立面，这才是变化。为了寻求真理，必须摒弃这种偏见，否则就无法进入哲学。

【说明】怀疑主义，作为一种怀疑一切知识形式的否定性的科学，将作为导言出现。在这个导言中，虽然对揭破一切虚妄假设有帮助，但总归是不合乎理性的。

---

① 恰恰相反，安瑟尔谟在《神人论》提到："在我看来，这无疑是由懒怠导致的，如果在我们已经承认了一个信仰后，而不试着去理解我们所信仰的对象。"安瑟尔谟的这句话在基督教义的具体内容上，对认识提出了与现代信仰完全不同的艰巨任务。

这不仅是一项不愉快的工作，而且是一项多余的工作，因为辩证法本身，就是肯定科学的一个基本环节，这一点很快就会指出。与此同时，怀疑主义发现，有限的形式只能在经验中去寻求，而且只能接受这些形式作为既定的材料，而不能加以进行逻辑推断。对于这种彻底的怀疑主义，需要坚持继续科学的研究，应先怀疑一切，即在一切中完全没有任何前提。而事实上，唯有在纯粹思维之中，由于思维完全是自由的，普遍怀疑的要求就获得了充分的满足。思辨哲学包含着怀疑主义的精神，但又不停滞在怀疑。

逻辑学的进一步定义和划分

§ 79

就形式而言，逻辑的思想包含三个方面：（1）抽象的或理智的方面；（2）辩证的或否定的理性方面；（3）思辨的或肯定的理性方面。

【说明】逻辑思想形式的这三个方面，本身并不构成逻辑的三个部分，而是每一个逻辑实在的环节，也就是每一个概念或每一个一般的真理的环节。二者都可以被放在第一个阶段，即理智的阶段，但二者被视为是彼此孤立的，但这样的变化并不考虑二者的真理。这里对逻辑学概念的进一步定义和分类，在现阶段也仅仅是预期和历史的陈述。

§ 80

其一，逻辑思维的第一种形式，指的是理智形式。理智的任务，在于确定每一个概念或对象的固定的规定性，以及各个规定性之间的差别。这样一来，每一种有限的抽象的概念，都被视作自身而存在的，是独立自存的。因此，理智只能看到个别性和区别性，却看不到整体和联系。

【附释】当人们谈到一般的思维或具体的观念的时候，人们往往只会想到理智的活动。如今，思维首先确实是一个理智的思维，但思想不甘于仅仅局限在理智的阶段，这个概念并不是一个纯粹的理智的规定。理智的活动主要是赋予它的内容以普遍性的形式，而且可以肯定的是，理智所假设的共相是一个抽象的共相，它以此性质与特殊性联系起来，但同时它本身又被确定为特殊性。由于理智以一种分离和抽象的方式与其对象建立起联系，因此它与直接的直观和感觉相反，直接的直观和感觉自始至终都与具体的内容有关，并保持在具体性中。

对思维的抨击，实际上都与不理解理智和感觉的对立相关，这些抨击认为思维太片面或太固执，会带来危害性和破坏性的影响。对于这种指责，就其内容而言，是合乎理性的，首先必须指出的是，二者并不影响一般的思维，更为确切地说，指的是并不影响理性的思维。但更进一步的是，无论如何，我们必须首先承认理性的思维的正确性和功劳，其正确性和功劳在于，无论在理论还是实践方面，如果没有理智，那么就没有确定性和规定性。先就认识而言，它首先是在明确的差异中感知现有的对象，例如在进行自然研究的时候，就有必要将物质、力量、类别区分开来等，把每一类孤立起来，才能获得固定的知识。思维在这里是作为理智，推演自己职责用的是同一律，指的是与自身的简单关系、同一性。正是通过这种同一性，从一个范畴到另一个范畴的演变，首先在认知中获得了条件。因此，特别是在数学中，我们总是习惯通过同一律去推演各个范畴：数量是确定的，在此基础上一切其他的都被排除在外。所以，在几何学中，人们通过强调图形的同一性来相互比较。同样地，在其他知识领域也是如此，例如在法学领域，人们首先从同一性出发。在这里，当一则特殊的法理从另一则特殊的法理中推出，并得出结论的时候，这个结论无非是理由同一性的原则进行的延续。

在理论上如此，在实践上也是如此，理智是必不可少的。一方面，品性对行动至关重要，有品性的人是一个有理智的人，一个想要有所成就的人，必须要求确定的目标。正如歌德所说，谁想要伟大的功绩，就必须要有自我克制的自觉。在另一方面，想要获得一切的人，往往容易一无所求、一无所获。世界上有许许多多有趣的事物；西班牙的诗歌、化学、政治、音乐等都十分富有趣味。倘若有人对这些事物感兴趣，我们绝不能批判这些人。但在某种情况下，一个人要是想成功，就需要专注于一件事情。如果分散精力，那么就什么也学不好。同样地，在每一个职业中，都需要以理智来追求。例如，法官必须遵守法律，理由法律作出判决，而不是因种种事物而有所顾虑，甚至会被吓倒，不接受任何借口。与此同时，理智是教育的一个重要环节。受过教育的人不满足于模糊和不确定的内容，而是抓住对象的固定规定性。而反观没有受过教育的人，他们则犹豫地来回踱步，往往需要付出很大的努力，才能与这样的人达成对所谈内容的理解，并让他把目光固定在有关的具体的要点上。

理由前面的讨论，一般来说，逻辑的思维，并非仅仅是一个主观的活动，还是一个客观普遍的活动，因此同时是客观的。这也适用于理智，指的是逻辑思维的第一个形式。此后，理智将被视为与被称为上帝之善的内容相对应。这是由于在这个意义上，理智被理解为有限的事物，是可以存在并应用于所有事物之中的。例如，我们会发现，在自然界中，上帝的仁慈，体现在不同范畴和种类的动物和植物，这些都获得了二者所需的一切，以维持自身的生存和繁荣。对人来说也是如此，对个人和整个民族来说也是如此。同样可以发现，自身的生存和发展所必需的内容，一方面是当前直接可用的内容，如气候、自然和土地的性质和产品等；另一方面是人与生俱来的天赋、才能等，这些都是上帝的恩赐。这样一来，理智在客观世界的一切领域都显示了自身，理智的原则在对象中发挥了作用，这是对象完善的一个重要部分。例如，如果一个国家尚不完善，还没有对阶级和职业进行明确的区分，而且在概念上各不相同的政治和权力的职能还没有发展成特殊的机构，就像在高度发达的动物机体中，具有感觉、运动、消化等各种功能一样，那么这个国家永远都是不完善的。

从前文的讨论中还可以得出，即使在那些理由普通的表象观念，离知性最远的活动领域和范畴，也不能缺少理智，这是必不可少的。而在某种程度上，如果出现这种情况，必须将其视为一种缺陷。在艺术、宗教和哲学方面尤其如此。例如，在艺术中，理智显示在这样一个事实中：理由概念不同，美的形式也被记录下来，并以这种二者的差异变化表示出来，加以分辨，这也同样适用于个别的艺术作品。换言之，在艺术之中，如果没有知性，就无从分辨出各自不同形式的美。因此，一首戏剧性的诗的美丽和完美之处，在于不同人物的品性要以其纯粹性和规定性来体现。同样地，他们所关注的各种目的和问题也要清楚地、果断地阐述变化。也就是说，在戏剧之中，没有知性，各种人物品性无法表达。就宗教领域而言，例如，除内容和概念上的其他差异外，希腊神话比北欧神话的优势主要在于，在希腊神话中，每一神灵的形象被塑造成一个清晰立体的规定性，而在北欧神话中，每一神灵的形象在混乱缥缈的无规定性中流动。在宗教之中，没有知性，那么神灵之间是模糊不清的。理由前面的讨论，哲学也离不开理智，这一点几乎不需要赘述。在哲学中，最重要的是，哲学要求充分准确地把握每一个思想，绝对不允许有模糊和不确定的地方。

但也有人说，理智不能过于极端，这是毋庸置疑的。这是由于理智并不是绝对之物，而是有限之物。与此同时，对理智的追求，如果达到了极端，必定转化到它的反面。年轻人的做法是把自身局限在抽象的内容里，而有生活经验的人不会让自身陷入抽象的非此即彼，而是坚持具体的内容。

§ 81

其二，辩证的观点是指这种有限的规定扬弃自身并过渡到其反面的规定。

【说明】第一，如果辩证法原则被知性孤立地、单独地运用，就会成为怀疑论，也就是它仅仅是抽象的否定，没有否定之中存在肯定。第二，人们往往把辩证法看成一种肤浅的辩论技术，依靠主观的任意性，使确定的概念发生混乱，在这些概念中产生矛盾的假象。因此，不以这些规定为真理，这种假象是无效的。恰恰相反，这种虚妄的假象和知性的抽象概念被认定为真理。这样的辩证法，自然是主观诡辩的工具，其中缺乏真实的内容，其内容的空洞被理智掩盖。——然而，在其特有的规定性中，辩证法是一切事物的真实本性，指的是支配一切和整个世界的规律，辩证法不同于知性的反思。反思一方面超出事物孤立的特性，使之与其他性质相联系；另一方面却仍然保持事物孤立的特性。然而，辩证法是一种内在的超越，在其中，知性概念的片面性和有限性呈现为它的本体，即作为它的否定。一切有限的内容都是这样，要扬弃自身。换言之，辩证法试图掌握事物的内在联系，从而揭露出知性概念的局限性和有限性，知性概念本身固有的否定性，即自我扬弃自身，通过辩证法才能真正实现。因此，辩证法构成了推动科学进步的灵魂，并且是唯一能使内在的一致性和必然性进入科学内容的原则，就像在它里面存在着真正的、不是外在的高于一般有限性的超越。

【附释1】 合乎理性的理解和认识辩证法是最重要的。在现实中，辩证法是一切运动、一切生命和一切活动的原则。同样地，辩证法也是一切真正科学知识的灵魂。在人们的普通意义上，不能始终陷于抽象的理性的知性的规定，作为公平适当的办法，正如谚语"自己生活也让他人生活"所阐述的那样。所以，自己和他人，在各自的生活中，各司其职。但更进一步来说，有限性不仅是来自外在的限制，而是被其自身的本性扬弃，并通过自身的活动进入相反的存在。因此，例如，有人说：人是必死的，然后把死亡看作只有在外在环境中才会发生的事情。理由这种观点，人活着，也是必死的存在，指的是人的两个特性。换言之，死亡是出生的外在情况，二者互不关联。但事实上，生命本身带有死亡的萌芽，一般来说，有限的内容在自身中自相矛盾，并因此扬弃自身。生就包含着死亡，发展到一定程度，后者否定了前者，就出现了死亡。

再则，辩证法不能与纯粹的诡辩论混为一谈，诡辩论是理由个人利益的特殊要求，诡辩论的本质，恰恰在于理由个人的特殊问题的特殊情况，把片面的抽象规定作为判断、辩论的可靠依据。例如，在行为的意义上，"我"的存在和"我"应有生存的手段是一个基本的动机。

然而，如果我单单挑出这一面，我的善的这一原则，并推断出我为了生存，可能偷窃，或者可能背叛祖国的结论，这就是诡辩。同样地，就我的行为而言，我的自由在我与我的洞察力和信念上，指的是我行事的一个基本原则。但如果我只从这个原则来推理，这也同样是诡辩，这样一来，一切的道德原则都被忽略。辩证法在本质上不同于这种行为，因为它正是通过考虑事情本身来进行的，据此，片面的理智规定的有限性随之产生。换言之，辩证法是要从内在联系和整个过程之中看问题，它所要揭示的正是知性范畴的片面性。

与此同时，辩证法在哲学中并不新鲜，而是古已有之的。在古代的时候，柏拉图被称为辩证法的发明者，这是合乎理性的，因为在柏拉图哲学中，辩证法第一次出现在自由科学中，因此同时是客观的形式。另外，在苏格拉底身上，辩证法理由其哲学的共相性，仍然有主要的主观色彩，即讽刺的风趣。苏格拉底运用他的辩证法，一方面针对一般的普通意义上的认识，然后特别是针对智者。在他的谈话中，他经常采取虚心领教的态度，好像他想更多地认识正在讨论的内容实质。他在这方面提出了各种各样的问题，从而使与他谈话的人走向与他们起初认为合乎理性的事情相反的方向。例如，当智者自称为教师的时候，苏格拉底通过一系列的问题，使智者普罗塔戈拉承认一切的学习都仅仅是回忆。与此同时，柏拉图在他严格的这些对话中，通过运用辩证法，展示了一切固定的理智的规定性的有限性。例如，在《巴门尼德篇》中，他从一推导出了多，尽管如此，他还说明，多只能规定为一。柏拉图以如此宏大的方式去处理辩证法。在近代，主要的代表人物是康德，他通过实施已经讨论过的内容，即所谓理性的两种矛盾说法（详见§48），使辩证法重新受到重视并恢复了它的地位。这绝不是纯粹的理由来回和纯粹的主观行为，而是要表明，每一个抽象的知性概念，仅就其自身而言，如何立即转化为其反面。

不管知性如何反对辩证法，绝不可以认为，只有在哲学意识之中才有辩证法。恰恰相反，辩证法是贯穿在一切学科和普遍经验之中的普遍规律。更为确切地说，人们周围的一切事物，都可以被看作辩证法的例子。人们知道，一切有限的内容，不是固定的和最终的存在，而是易变的和短暂的，都是变化无常的，这无非是关于有限事物的辩证法。据此，一切有限的事物之中，都含有矛盾，这种矛盾的发展，使其不得不过渡到它的反面之中。如前文所提到的那样（详见 §80），理智应被视为包含在上帝的善的表象观念中，那么现在应在同样客观的意义上去审视辩证法，它的原则对应于上帝的权力的表象观念。在这个意义上，人们说，一切的事物，即一切有限的事物，都处于矛盾之中，并且有辩证法的直观作为普遍的不可抗拒的力量，在力量面前，无论它自身认为多么确定和坚定，都无法持久不摇。虽然有了这种确定，神圣存在的深度，即上帝的概念，还没有穷尽；但力量构成了一切宗教知识中的一个基本环节。

与此同时，自然界和精神世界的一切特殊领域和形式，都受辩证法支配。例如，在天体的运动中，一个运动的星球，目前在此处，但它本身也在另一个地方，并通过它自身的运动，把这个存在异在带到实存。同样地，物理的元素被证明是辩证的，而气象变化的过程是其辩证的现象，处于不断的矛盾之中。同一矛盾的原则，也是构成一切其他自然过程的基础的原则，同时自然界被这一原则驱动着超越自身。至于辩证法在精神世界和更密切的法律和道德领域的出现，这里需要指出的是，理由一般的经验，一个国家或一个行动的最大限度往往会变成存在相反的内容，然后辩证法也在许多谚语中体现出来。例如，有人说：至公正即至不公，这表达了这样一个事实：抽象的法律，走到极端，就会转化成不公。众所周知，在政治上，无政府主义和专制主义这两个极端是如何相互影响、相互转化的。辩证法在道德领域的意识，以其个别形式，可以在那些著名的谚语中找到，正如"傲卒多败""太刚则缺，太锐则折"等。除此之外，在感情方面、生理方面以及心灵方面，都有其辩证法。众所周知，痛苦和快乐的极端能够相互融合；充满喜悦的心在泪水中获得缓解，喜极而泣；而最深刻的忧郁有时会通过苦笑来得以显示。

【附释2】怀疑论不能仅仅被视为一种怀疑的学说。相反，怀疑主义者也有自己确信的内容，即一切事物都是虚妄不实的，对一切有限事物的无效性有绝对的把握。一方面，纯粹怀疑的人仍然抱有希望，希望存在的怀疑能够获得解决，希望在他来回摇摆的两个特定的观点之间，出现一个固定的、真实的事物。在另一方面，怀疑主义本身是对理智中一切固定事物的彻底怀疑，由此产生的态度是不可动摇的安定和内在的宁静。这就是高级的、古代的怀疑论，在塞克斯都·恩披里柯（古罗马时期的哲学家、怀疑论的著名代表之一）的著作中，古代的高尚的怀疑主义获得了特别的体现，也因为它在罗马时代后期，作为斯多葛学派和伊壁鸠鲁学派的独断论体系的补充而获得了体系化。这种高度的古代怀疑论不能与前文提到的现代怀疑论混为一谈（详见§39）。现代怀疑论一部分先于批判哲学，另一部分从批判哲学中产生，它仅仅包括否认超验的真理性和确定性。另外，感性的和存在于直接感觉中所呈现的材料，被描述为人们必须坚持的内容。

与此同时，如果怀疑论如今仍然经常被认为是一切实证知识的不可抗拒的宿敌，因而也是哲学的不可抗拒的宿敌，以实证知识为主要的研究任务。人们应当注意到，实际上只有有限的、抽象的可理解的思维才不得不畏惧怀疑论，并且无法抵制怀疑论。而怀疑论作为一个重要因素，以辩证法的形式被包含在哲学之中，即哲学的辩证阶段。但哲学并不像怀疑论那样，仅仅停留在辩证法的否定结果上。后者误判了存在结果，认为它是一个纯粹的，即抽象的否定。既然辩证法的结果是否定性，那么，这否定性恰恰作为一种结果，同时是肯定的，因为它是被扬弃的和自我包含的，本身就包含了肯定性的源头。但这是逻辑学的第三种形式的基本规定，即思辨的形式或肯定理性的形式。

§ 82

其三，从概念的对立之中认识到规定性的统一，或从对立双方的过渡之中认识到规定性所包含的肯定。这就是思辨哲学的基本特点。

【说明】第一，辩证法之所以具有肯定的结果，是因为辩证法有确定的内容，理性最大的特点就是它具有确定性。或者说，它的结果确实不是空洞的、抽象的，而是对某些确定因素的否定。诚然，这些确定因素包含在结果中，正是因为这不是一个直接的无，而是一个结果。第二，结果是理性，而这种理性虽然是一种思想的，也是抽象的思维，但同时是一种具体的事物，因为它不是简单的、形式的统一，而是有区别的规定性的统一，指的是辩证的统一。因此，哲学与纯粹的抽象概念或形式上的思想完全无关，而只与具体的思想有关。所以说，真正的辩证法，只能是抽象的，也是具体的。第三，在思辨逻辑中，纯粹的理智逻辑被包含在内，但是又超出了形式逻辑，形式逻辑仅仅是思维形式的一种，而人们却把二者当作某种无限的内容。为此，只需要从其中省略辩证的和理性的内容。因此，它变成了普通逻辑的样子，指的是编制在一起的各种思想规定的历史，在其有限性中被视为无限的内容。

【附释】理由其内容，感性仅仅是哲学的特性，换言之，理性普遍地存在于人心之中，以至于无论人们处于何种教育和智力发展阶段，人的本质就是其精神性或理性。在这个意义上，人自古以来就被称为感性的存在，这是毋庸置疑的。认识可感性的经验的普遍方式，首先是先验和前提的方式，而理由前文的陈述（详见§45），可感性的特征一般是包含无条件的内容，因此其规定性在它本身。在这个意义上，只要人知道上帝，而这是由自身规定所决定的，那么人便限于一切事物知道理性的对象了。同样地，一个公民对其祖国及其法律的认识，指的是一种理性的认识。因为这些法律被认为是无条件的，同时是他必须以个人意志服从的共相，在同样的意义上，甚至孩子的知识和意志也是理性的，因为他们知道其父母的意志，所以以父母的意志为意志。

与此同时，思辨无非是感性的，指的是通过思想的理性法则，这是指肯定理性的法则。在日常生活中，"思辨"这个词被用在一个完全模糊的同时是从属的意义上，思辨通常用来表示推测的意思，这种用法是空洞的。例如，当谈到婚姻的揣测或商业的推测的时候，它有两方面的内涵。一方面，思辨的、揣测的，又或者是直接呈现的内容总是要被扬弃的；另一方面，想要从构成这种思辨的主观推测的内容实现出来，转化为客观性。

这与前文提到的关于理念的常见用法是一样的，非常适用于"思辨"一词的常见用法。值得注意的是，有些算得上有学问的人，也经常在纯粹的主观意义上明确地谈论思辨。他们误以为，在这样的一种方式中，即某种对自然或精神状态和关系的概念，如果仅仅是思辨或者揣测，确实可能是合乎理性的存在，但不符合经验，在现实中不能承认类似的理论。另外，我们也意识到，思辨的真理既不是初步的，也不是确定的，在它的真正意义上仅仅是主观的，而且是明确的内容。它本身包含了那些理智停止的对立面，因此也包含了主观和客观的一面，且作为扬弃，从而证明自身是整体性和具体性的。因此，思辨内容也不能过度地去诠释。例如，如果人们说，绝对性指的是主客观的对立统一，这话没错，但是就有点片面。之所以说这种说法是片面的，是因为这种论述仅仅强调了二者的一致性，没有突出二者仍然是有差别的。

关于思辨真理的含义，这里应当提到的是，其意义被理解为与过去所谓的神秘主义是一样的，特别是与宗教的意识及其内容有关。现今，当谈到神秘主义的时候，一般都认为它是神秘和无法把握的同义词。然而，这种神秘主义和无法把握的内容，然后理由各人的思想路径和教育背景的不同，一些虔诚信教的人将这种神秘主义视为真实的和真正的内容，但另一些思想开明的人认为这种神秘主义属于迷信和虚幻。在这个意义上，一方面，对于那以抽象的同一性为原则的知性，一切事物的神秘性是一个神秘的内容。但在另一方面，与思辨真理别无二致的神秘真理，指的是那些只在其分离和对立中，被认为是真实的理智的规定性的具体统一。

如果那些承认神秘真理是真正的真理的人，也同样相信这种观点，认为它是一个纯粹的神秘真理，是高深莫测的。与此同时，他们也表示，思维对他们来说，同样只具有抽象的识别的意义。对他们而言，为了达到真理，人们必须扬弃思维。换言之，正如人们所说的，人们必须把理性囚禁起来。如今，正如人们所看到的，抽象的理智思维，指的是一个固定的、最终的内容，以至于它反而被证明是自身的不断扬弃和变成存在的对立面，而理性的思辨真理本身恰恰包括在自身中作为理念性环节的对立面。因此，一切合乎理性的内容都同时被称为神秘的内容。然而，通过这种方式，这种真理超出知性范围，但这绝不是说，理性真理被认为是思维所不能及和不能理解的内容。

§ 83

逻辑学可以分为三个部分，分别是：（1）存在论；（2）本质论；（3）概念论和理念论。

换言之，作为关于思想的理论，逻辑学可分为这样三个部分：（1）在思想的直接性中，即自在的存在或潜在的概念；（2）在思想的反思性或间接性中，即自在的存在和假象的概念；（3）在思想回归到自身和思想的发展的自身的存在，即自在自为的概念。

【附释】这里给出的逻辑学划分，以及前文对思维的所有讨论一样，都应被视为一种纯粹的预测，其理由或证明只能来自思维本身所进行的详尽论述。

因为在哲学里，一个对象的含义与表明对象本身，与证明如何使自身成为它的本质，别无二致。在这里提到的思想或逻辑理念的三个主要阶段，这三个部分相互之间的关系，在一般情况下应被理解为，只有概念是真实的，更接近存在和本质的真理，概念与真理二者，为自身孤立地持有，与此同时被视为不真实——

一经孤立后存在，因为它仅仅是直接的，而本质，因为仅仅是间接性的，所以都不能说是真理。这里可以提出一个问题，如果是这样的话，为什么人们从不真实的内容开始，而不是立即从真实的内容开始？对此的回答是，真理必须证明自身是真理，因此就需要通过整个发展过程来证明自己是真理。在这个意义上，在逻辑的范围内证明了自身，因为概念证明了自身是通过自身并以自身为间接性，所以也真正具有直接性。在一个具体和真实的形式中，这里提到逻辑的三个阶段的关系显示在这样的方式中：上帝是真理，如果想要认识无限真理，就必须认识他是绝对的精神，前提是人们同时承认不同于上帝，上帝创造的世界——自然和有限的精神——都是不真实的。

第一篇 存在论

§ 84

存在是概念上的潜在状态，存在的各个规定都是"存在的"。存在的规定相互区别，它们是彼此对立的；从进一步的规定来审视，二者是彼此过渡的。所以在存在论中，对应的是认识论意义上的感性阶段，我们看不到自我决定自身，只能看到彼此外在的范畴。存在着的规定性，就是自在的直接的规定性，即是说，存在能够直接被感性所把握。因而，在存在的范围内，对概念的阐释固然成为存在的全部，同时要扬弃存在的直接性或存在的形式。

§ 85

存在本身，以及从存在论推出的各个范畴，既是思维自身的存在，又是思维认识自身的过程。在这里，存在论各个范畴就是一般逻辑上的范畴。这些范畴也可以看成对于绝对的界说，或对于上帝的形而上学的界说。然而，确切地说，唯有第一个和第三个范畴可以这么看。所谓第一范畴，指的是一个范围内的简单规定；而第三范畴，指的是由差异而返回到简单的自身联系。因为在形而上学中，对上帝的定义，就是用思想来表达上帝的实质，就是纯粹思维本身，就是说他要把他的本性表达在思想之中，因为二者仍然在思想的形式中。所谓第二个范畴是分化，它只能用来描述有限事物。然而，如果使用定义的形式，形式便包含有一种特质。原因在于，作为上帝要在意义上和思想的形式中表达的，在关系上仍然是它的谓词，在思想中的明确和真实的表达，仅仅是一个思想的意思，一个本身不确定的特质。因为思想，即人们在这里唯一关注的内容实质，只包含在谓词中，命题的形式，就像那个主语一样，指的是完全多余的内容（详见§31，其他讨论判断的章节详见§166及后面部分）。

【附释】逻辑理念的每一个领域或者阶段，都变成了思想范畴的全部和绝对概念的同义词。存在也是如此，它本身包含了质、量和尺度的三个环节。质首先是感性的质，一种感性的规定性，也就是人类通过感性直观就能把握对象的规定性。当某物失去其质的时候，它就不再是它的存在。其次，量指的是在某一个尺度下，是外在于存在的，与它的存在不相干。例如，一座房子，仍然是房子，无论大小。同样地，而红色仍然是红色，无论深浅。存在的第三个环节，即尺度，指的是质与量的统一，一切事物都是有量，但是量的大小并不妨碍它的存在。但是这种不妨碍是有限度的，是无关紧要的。然而，如果超过限度，那么就会失去原来的质，也就是失去了原来的存在，这种存在是感性层面的规定性。从尺度出发，就进展到了理念的第二个范围，即本质。

这里提到的存在的三种形式，正是因为二者是最初的，所以也是最贫乏的，也就是最抽象的。直接的感性的意识，同时包含有思维的成分，所以主要限于质和量的抽象范畴。感性意味着外在性和直接性，人们往往会认为感性的对象是最丰富的，但是实际上就其思想内容来说是最贫乏的和最抽象的。

A. 质

（a）存　　在

§ 86

纯存在，指的是整个逻辑学的开端。所谓纯存在，是指抽掉了一切的规定性，不含有任何确定的规定性思想或存在。纯存在是一切具体存在者的逻辑前提。与此同时，从认识论角度，它也指客观的思想。

【说明】只要我们能进一步加深对科学的开端的理解，所有的抽象存在，以及作为逻辑学开端的一切怀疑和责难，就会自动消逝。存在可以被确定为"我即是自我"，为绝对的无差别性或同一性等。在需要以绝对确定性，也就是自我确定性，或以绝对真实的定义或直观开始的时候，这些和其他类似的形式可以被认为是最初的出发点。然而，由于在这些形式中都已经包括了间接性，二者算不上是真正的最初开端；间接性是一个从第一发展到第二的存在。如果"我即是自我"，或者也是理智的"直观"，真正被视为最初的开端，那么在这种纯粹的直接性中，它无非是存在罢了，就像纯粹的存在一样，反过来说，不再是这种抽象的存在，而是本身包含着间接性、纯粹的思维或直观。

如果存在被视为绝对的谓词，这就给出了绝对的第一个定义：绝对就是存在。在思想上，这是最原始的、最抽象的、最空疏的。这是爱利亚学派给出的定义，但同时是已知的学说，即上帝是一切实在的总和。因为它要排除现实的每个变化中的有限性，正因如此，上帝仅仅是一切现实的真理，是最真实的。由于现实之中已经包含了反思，这在耶可比对斯宾诺莎的上帝的评价中，获得了更为直接的表达，即它是一切有限存在中的存在原则。

【附释1】当人们开始思维的时候，人们除在其纯粹的无规定性中的思想外，别的什么都没有，因为在规定性中，已经包括其一和其他；但在开端的时候，人们还没有其他。人们在这里看到的无规定性，指的是直接性，而不是间接性的无规定性，不是一切规定性的扬弃，而是关于无规定性的直接性，即一切规定性之前的无规定性，也就是作为最开始的无规定性，人们称为存在。这不是用来感觉的，不是用来直观的，也不是用来表象的，而是纯粹的思想，所以它是开端。存在，也是一种无规定性，但这种无规定性，由于已经通过了间接性，已经在自身中被扬弃。

【附释2】逻辑理念的各个阶段，在哲学史上，以连续的哲学体系的形式出现，其中每个体系都有一个特定的绝对定义作为其基础。正如逻辑理念的发展，被证明是一个从抽象到具体的过程，在哲学史上，最早的体系也是最抽象的，因此也是最贫乏的。但在共相中，先前的哲学体系与后来的哲学体系之间的关系，与逻辑理念在前后两阶段的关系是一样的，而且是先前的哲学体系本身就包含着后来的哲学体系，并被后者扬弃。这就是一个哲学体系被另一个哲学体系所反驳的真正含义，更为确切地说，是前者推翻后者，这在哲学史上出现过，而且常常被误解。这就意味着，当人们推翻一种哲学的时候，这起初仅仅立足于抽象的否定意义上，如此一来，被推翻的哲学就不再有效了，因为它被消除和否定了。如果是这样，那对哲学史的研究将不得不沦为一种彻底的悲哀，因为这种研究告诉人们，在时间的长河中，出现的一切哲学体系是如何接连被推翻的。但如今，正如必须承认一切的哲学都已被推翻一样，同时必须承认，没有任何哲学被推翻，也不可能将其置之一旁。这里有两方面的解释：其一，每一个能够被称为哲学的哲学，一般都要以理念为内容。换言之，不同阶段的哲学思想，只不过是同一理念的不同显现而已。其二，每一个哲学体系，可以看成理念发展的特殊阶段或特定环节。因此，对一种哲学理论的推翻，并不是彻底否定了这个理念，而是突破限制，使其降成一个特殊的环节。所以，就其基本内容而言，哲学史并不涉及过去，而是涉及永恒和绝对的如今。与此同时，哲学的结果，不能将其比作人类的理智活动失常的画廊，而应比作众神像的庙堂。然而，这些神灵的形象是理念的各个阶段，因为二者是在辩证发展中一个接一个地出现的。哲学史需要更详尽的证明，在哲学中内容以及纯逻辑理念的辩证是如何展开的，二者如何保持一致，又是如何出现偏差的。但在这里，只需提到逻辑的开端与真正的哲学史的开端，同在一处。人们发现，哲学史的开端，来源于爱利亚学派哲学，或者更为确切地说，来源于巴门尼德的哲学。因为他第一次提出存在这个概念，他把绝对之物规定为存在，说："存在者在，而无不在。"这是一切哲学的起点，这就意味着哲学首次抓住了纯粹的思维，以纯粹的思维作为认识的对象。

人类一直在思考，唯有通过思考，才区分了人与动物。但过了几千年，人们才掌握住思维的纯粹性，同时把握住纯粹的客观性。爱利亚学派是著名的大胆的思想家；但除对这种抽象不吝赞美之词外，他还经常发出这样的观点：这些哲学家只承认存在是真实的，并且否认构成意识的其他一切对象在真理方面过于极端，因为他们仅仅看到了二者的对立。如今这意味着，人们不能停留在纯粹的存在上，这是完全合乎理性的；但把人们的意识的其他内容看作是在存在之外的，或者只看作是存在的内容，这是不周到的。实际上，真正的关系应当是这样的，空洞的存在必然会过渡到它的对方，作为辩证，变成存在的反面，也就是说，直接采取"无"。因此，存在是第一个纯粹的思想。与此同时，开端也可以与之结合，我即是我，与绝对的无差别性或与上帝本身，这个其他的内容起初仅是一个表象，而不是一个思想，而且，就其思想内容来看，这个内容恰恰仅是存在。

§87

这种绝对的抽象存在，也是绝对的否定。自身因为其中不包含任何具体的规定性，它的规定性便是"无"。

【说明】 其一，由此可以推论出绝对的第二个定义，即绝对是"无"。事实上，当人们说事物自身时，指的是无规定性的内容，没有形式，也没有任何具体的内容。或者说，上帝仅仅是最高本质，除此之外，便什么也不是了。这无疑是说，上帝只具有同样的否定性。因为任何规定都把上帝给限制了，而上帝必然是无限制的，所以只能是无规定性的。佛教徒将"无"作为一切的原则以及一切的最终目的和目标，也是同样的抽象体。

其二，如果对立在这种直接性中被表达为"有"与"无"的对立，那么这种对立就是缥缈的，是无效的，人们不应当试图去固定"有"的性质，不让其过渡到"无"中。在这个意义上，我们需要进行反思，为存在寻找一个确凿的规定，通过这个规定，将"有"与"无"区分开来。例如，人们认为"有"是万变中不变之物，为可以忍受无限的规定的物质等，或者将"有"视为个别的存在，指的是灵光一现的事物。但一切这些对"有"的进一步的、更具体的确定，都没有给"有"留下更多纯粹的"有"，就像它在这里的开端一样。只有在这个纯粹的无规定性中，存在才能获得更深一层的意义，成为具有直接性的纯有，因为作为无规定性的存在，"有"只能是空洞的"无"，一个不可言说之物。因此，"有"与"无"，只不过是语词上的区分，其实质上并无区别。

这些开端的范畴，仅仅是空洞的抽象物。纯粹的"有"与"无"，是缥缈的。倘若我们想要在"有"之中，或在"有"与"无"中，找到一个固定的意义，这就是对"有"与"无"的进一步发挥，延续了"有"与"无"，并赋予了二者一个真实且具体的意义。这种延续是逻辑上的推演，也就是按照逻辑次序的进一步反思。随后的思维，为二者找到了更深层次的反思作用，指的是逻辑上的思维，通过反思，只不过不是以偶然的方式，而是以必然的方式。因此，"有"与"无"所获得的每一更深层次的意义，都只能被看作对绝对的更确切的规定和更真实的定义。这样的区分就不再是一个像"有"与"无"的空洞抽象，而是一个更具体的东西，"有"与"无"都是其中的环节。"无"本身的最高形式，作为一个独立的原则，就是自由，但同时它是否定的，只要这种自由深入自身的最高强度，并且是自身，甚至是一种绝对的肯定。

【附释】"有"与"无"在最开始的时候，还没有显现出二者的区别。换言之，"有"与"无"的区别还是潜在的。一般来说，所谓二者之间的区别，指的是有两个事物，此物不同于某物，即是说，此物有这些特性，而彼物没有这些特性。因此，我们可以说，"有"与"无"是有区别的。但"有"恰恰仅是绝对的无规定性，而"无"同样也具"有"与"无"规定性。然而，"有"与"无"的区别，仅仅只是语词上的区别，或完全抽象的区别，这种区分可以说没有区分。例如，如果人们说的是两个不同的基础，那么基础就是二者共同的内容。一般我们通过抽象可以发现，两种不同的基础就构成了"有"与"无"的基础。有人会由此认为，思想构成了二者的共同点，那么这个人就没有意识到，"有"不是特殊的思想，而是没有经过规定的贫乏思想。正因如此，才无法将"有"与"无"区分开来。这样一来，"有"也被表象为绝对的富有，而"无"是绝对的贫乏。然而，如果人们考虑到世界的一切，并说它包罗万象，人们就自发地撇开一切明确的特定性，然后只剩下绝对的贫乏，而不是绝对的富有。这同样适用于将上帝定义为纯粹的"有"，这一定义与佛教徒关于上帝是"无"的定义有异曲同工之妙，其后果是人通过毁灭自身而与上帝融为一体。实际上，绝对的存在和绝对的否定，都意味着抹杀了特定的特性，在这个基础上，基督教的上帝与佛教的"无"，从本质上来讲并没有区别。

§ 88

如果抽象的、纯粹的"有"，获得了直接性、自在性，就变成了"无"。换言之，"无"就是"有"，这就是从"有"过渡到"无"，从"无"过渡到"有"，于是，二者的统一就是变。

【说明】（1）"有即是无"，从表象的观念或理智的角度来看，这一命题是自相矛盾的，宛如笑话一般。事实上，要承认这一命题的合理性，指的是"思维"对自身的最苛刻要求，由于"有"与"无"从直接性来看，乃是根本对立的，即没有一个已经被规定在其中的、足以包含它与另一个关系的规定。但二者之中包含了这个规定，如上节所述，这个规定在二者中恰恰是同一的。在这个意义上，对二者的统一性的推导完全是推演性的。正如在一般情况下，作为方法论的哲学的整个进程，要推导出"有"与"无"的统一性，实际上就是概念的自我推演，要去分析，故十分有必要，无非是对已经包含在一个概念中的内容加以假定。思维的推演，只不过是洞见那些早在概念之中潜藏的内容，只不过在表象思维看来，看不出里面的矛盾性。但凡言说，总是说一些具体特性，而"有"与"无"是没有具体特性的。这是由于，"有"与"无"仍然是直接的，二者的区别较为模糊不定。

（2）质疑"有"与"无"是同一事物的这一命题的合理性，不需要过多的理智。或者说，提出不一致的地方，并不能保证二者是该命题的结论和结果；例如，有的人会反驳说，无论我的房子、我的财富、我所呼吸的空气、我身处的城市、太阳、法律、精神、上帝，"有"与"无"，都是同一事物。在这些例子中，提出异议者，某物对我的有用性，被搁置一边，并被问及有用的内容在实质上是否对我来说是无关紧要的时候，是毫无意义的，也是从个人利益出发进行考虑的。事实上，哲学正是这种将人从无穷的有限目的和目标中解放出来的学说，无论这种内容实际是否存在，对人们来说都是一样的。

一般来说，只要谈到一个有实质的内容，就会与其他内容、目的等建立起联系，这些内容、目的等被预设为有效；如今，某个内容的有效与否，就取决于这种预设。内容的差异被强加在"有"与"无"的空洞差异上。然而，在某种程度上，二者本身就是基本目的，指的是绝对的实存和理念，二者仅仅是被置于存在或不存在的变化的规定之下。一般来说，有规定性的事物，就与其他内容建立起了一种联系，在这里我们可以判断二者的区别在哪里。这样的具体对象仍然是与纯粹的"有"与"无"完全不同的概念。这就意味着，"有"与"无"，以及二者这样的毫无区别的抽象，因为二者仅是开端的范畴，所以是最微不足道的，对于这些对象的本质来说，这些是远远不够的。然而，像"有"与"无"这样的范畴，无法合乎理性地表达着对象的本性，因为这二者没有表象对其进行支撑。真正的真理早已超越了这些抽象本身以及二者的对立。如果一个具体的内容从属于"有"与"无"，那么在表象观念前面获得一个完全不同的内容，并且在日常生活中，当人们谈及"有"与"无"时，总是在说某物"有"或者"无"。而脱离了一切具体的事物，只能用概念思维去理解"有"与"无"。

（3）也许人们会说，人们并不理解"有"与"无"的统一性，但"有"与"无"的概念在前面的章节中已经被阐明了，要想掌握"有"与"无"的统一性，就必须理解前几节的内容。然而，通过把握前面的内容，也可以深入地理解实际概念的后续内容。需要一个更多的、更丰富的意识，一个表象观念，所以这样一个概念被呈现为一个具体的案例，思维会通过日常的实践得到锻炼。如果说不能掌握仅仅表达了不习惯坚持抽象的思想和掌握思辨的真理，那么除了说关于一切事物的哲学知识与人们的日常生活常识不同，以及与其他科学中的客观真理不同，就没有别的什么可说了。然而，如果非概念仅仅意味着，人们无法表象"有"与"无"的统一性。但事实并非如此，人们对于"有"与"无"有无数的统一性表象，若人们没有这样的表象观念，则意味着，人们在这些表象观念中没有认识到"有"和"无"的统一概念，不知道这些表象是代表"有"与"无"的统一性概念的一个例子。其中最能阐述"有"与"无"的统一性的例子便是变易（Das Werden）了。每个人的表象观念都在变易中，也同样会承认它是一个表象观念；与此同时，当对其加以分析的时候，在变化的这个表象中，里面也包含着规定，与"有"相反的"无"这一规定，也包含在其中。这两种规定在这一个表象观念中是不分离的，因此，变化是"有"与"无"的统一。同时，一个同样鲜明的例子是开端这个观念,当一种事情在其开始时,尚没有实现,但也并不是单纯的"无","有"在彼时也身处其中。此外,开端本身也是变化,但其中也包括向前进展之意。为了使自身适应科学的正常进程,人们可以将"纯思维的开端"这一表象观念作为出发点,并分析这个表象观念。这样一来,人们或许更易于接受"有"与"无"是不可分的统一体这个理论。

(4)应当注意的是,"有"与"无"具有同一性,或"有"与"无"具有统一性,以及一切其他的统一体,包括主体和客体的统一,一方面,这些表述是有道理的;但在另一方面,这些表述也有失偏颇。还有一点要说明的是,说"有""无"统一,并不意味着二者没有任何差异性可言,恰恰相反,统一性必须在差异之中才能建立起来。要理解差异,就需要理解统一性。要理解统一性,就需要在差异中进行理解。但是知性的统一性抹杀了内在的差异。这是由于所谓"有",包含着对于自身的否定,所以就过渡到了"无"之中。所谓"无",也包含着自身的否定,过渡到"有"。同样地,变作二者的统一,也会自我否定,也就是走向不变。一方面,定在不仅是"有"与"无"的统一体,包含着二者的对立,而且通过"有"与"无"的差异在自身中反对自身。另一方面,"定在"是这个统一体或这个统一体形式中的变化。因此,"定在"是片面的和有限的,这个对立必然会在定在之外充分地表现出来;它仅仅包含在自身的统一体中,但没有规定在统一体中。

(5)相互过渡是变易的原则,可以从"有"过渡到"无",从"无"过渡到"有"。与这个原则对立的是泛神论,他们认为"无"中不能生"有"。然而,早在古代,哲学家就意识到了这个道理,否认"有"与"无"的相互过渡,也扬弃了变易。因为在变易之前的内容和变易之后的内容具有同一性;只有抽象的理智的命题是同一性的。然而,即使在现代,看到"无不能生有"或"有中仅生有"的命题获得承认,而不知道这些原则是泛神论的基础,也不知道古人对这些命题的思考已经穷尽。

【附释】变易是首个具体的思想，因此也是第一个概念，而"有"与"无"则是空洞的抽象概念，只有变易具有实质性的内涵。如果人们谈论"有"这一概念，其也只能指变易，因为作为"有"，它是空虚的"无"。那么，在"有"中，人们有"无"，在"无"中，又有"有"。然而，这个"有"在"无"中与自身保持一致，即变易。在变易的统一性中，不能遗漏变易，因为没有变易，就会回到抽象的"有"。变易仅仅是因真理而存在的规律。

经常听到有人说，思维与存在是相对立的。然而，有了这样的观点，人们首先要问存在和"有"是什么意思？如果人们把存在看作是由反思规定的，那么人们只能说它是同一的和肯定的。如果人们现在审视一下思维，就不能不注意到，它至少是纯全与自身同一的内容。因此，存在和思维都有同一命运。然而，这种存在和思维的同一性不应当被具体化，因此不能说石头作为存在与能够思维的人是一样的。在这个意义上，一个具体的内容仍然与抽象的、确定的内容有很大不同。然而，在存在的情况下，没有谈及任何具体的内容，因为存在仅仅只是相当抽象的内容。因此，上帝的存在问题，也就是其本身的无限具体性，也就没有什么意义了。

变易，作为第一个具体的，同时是第一个真正的思想范畴。在哲学史上，与这一阶段的逻辑理念相对应的是赫拉克利特的体系。赫拉克利特说："一切都在流动。"这就表达了变化作为一切存在的基本规定因素。然而，正如前文所指出的，爱利亚学派认为存在是静止的、无过程的存在才是唯一真实的内容。按爱利亚学派的原则，德谟克利特做了进一步的阐释："有比起无，内容不会更多一些。"这句话意味着有就是无，表明抽象的存在及其同一性规定在与无的变化中的否定，在其抽象中同样站不住脚。还有一个例子，说明了一个哲学体系真正推翻了另一个哲学体系，这种推翻恰恰在于被推翻的哲学原则在其辩证法中被揭示了出来，并被还原为理念中更高的具体形式的理想环节。然而，进一步来说，生命中的变化能够不断地深化其自身，同时充实其自身。例如，在生命之中，生命在变化，但是生命还有不变,因为还有灵魂存在,人们在生活中就有这样一种对变化本身的深化。这是一个变化,但它的概念并没有穷尽。在更高的形式中,人们仍然能发现精神上的变化,精神也在发生变化,但比纯粹的逻辑性变化来得更强烈、更丰富。构成精神的统一的各个环节,其统一性是精神,不是"有"与"无"的纯粹抽象概念,而是逻辑理念和自然的体系。

(b) 定 在

§ 89

变化中的"有"与"无"是统一的,也是会消逝的;变化通过其自身的矛盾,与扬弃二者的统一性相吻合;定在,指的是有规定性的在者,泛指一般的存在者。定在便是变易所形成的产物。

【说明】在第一个例子中,有必要详尽回顾一下§82以及说明中所提到的阐述;只有在知识中建立起进步和发展,才遵循了其真理,即对结果的坚持。如果在任何对象或概念中都存在矛盾,而且在任何地方都没有任何内容未指出矛盾,即相反的规定因素,就会陷入死胡同。换言之,唯有在否定之中含有肯定,才能产生具体的结果。否则单纯的否定就会陷入抽象的"无"了。其中的矛盾,即相反的规定,不能被证明;理智的抽象也坚持着片面的规定性,努力掩盖和消除另一个规定性的意识。然而,当现在这种矛盾被承认的时候,人们却习惯于提出推论。因此,这个对象既然已经有了矛盾,那便不存在了。正如芝诺首先表明,运动与其自身相矛盾,因此他推出没有运动这一结论。或者正如古人认识到生与灭这两种变易,同样地,古代哲学家根据太一为不生不灭之说,于是推出变化是虚假的。故而,这种辩证法仅仅停留在结果的否定方面,背离了真实存在的某种结果,这里是一个纯粹的"无",但"无"中包含着"有","有"中也包含着"有"。因此,第一,定在是"有"与"无"的统一,在其中,这些确定的直接性及其矛盾，已经消失了，在这个统一体中，有无皆只是构成的环节。第二，由于扬弃的结果是矛盾的，所以它具有简单的自身统一的形式，或者说，它也是一个有，却是具有否定性或规定性的有；换言之，它是规定在其环节之一的形式中的变化，也就是在"有"的形式中。

【附释】在人们的表象观念中，如果有一个变易，也包含着由变产生的结果，故变化有一个结果。然而，这时问题出现了，变化如何不再仅仅是变化，而是能产生一个结果。换言之，变易必然有其产物，这是由变易自身的特性造成的。这个问题的答案来自之前向人们展示的变化。变易本身包含了"有"与"无"，并且以这种方式使这二者相互转化，相互扬弃。变易既是"有"与"无"的统一，又包含着"有"与"无"的对立。故变易证明了自身是绝对不稳定的，然而，它不能在这种抽象的不稳定中保持自身；因为在变易中，存在和什么都消失了，只有这个存在是概念。因此它本身就是一种易消逝之物，如一团火，烧毁材料后，自身亦会熄灭。然而，这个过程的结果不是"无"，而是与否定同一的存在，人们称之为定在，其意义最初被证明是这样的，已经成为定在。

§ 90

其一，定在或者说限有，指的是具有规定性的存在。而定在的具体的规定性，我们称之为质。有限事物就反映了定在这种规定性。规定性，也就意味着确定性，如此才能把事物确定下来。

【附释】一般来说，质量与存在是同一的直接规定性，与即将考虑的量不同。量同样是存在的规定性，但不再与它直接同一，而是与存在毫无关联，且外在于存在的规定性。某物通过其质成为某物，而失去其质后，它就不再是某物了。一方面，质在本质上仅仅是一个有限的范畴，为此，质的实际位置只在自然界，而不是在精神世界。也就是说，这个范畴只在自然界中有其真正的地位，而在精神界中则没有这种地位。例如，在自然界中，所谓的简单元素，如氧气、氮气等，都应被视为存在着的质。在另一方面，在精神领域，质仅仅以一种从属的方式出现，而不是像精神的任何特定形式，所以会被耗尽。例如，如果人们考虑构成心理学的研究对象的精神，可以说，所谓品性，就是其质量，但这不能把品性视为弥漫在灵魂中，并与之直接同一的规定性，就像刚刚自然界中的诸多元素一样。但在心灵中，质也有较显著的表现，即如当心灵陷于不自由及病态的状况之中时，特别是当感情激动并且达到了疯狂的程度时，就会出现这种情形。一个发狂的人，他的意识完全被猜忌、恐惧种种情感所浸透，我们可以由此判定，他的意识可以规定为质，但是这也仅仅是在逻辑意义上的谈论。

§ 91

质是肯定的，质就是实在性。而包含在其中又与其有别的否定性，不再是抽象的虚无，而是一种定在和某物。否定性只是定在的一种形式，一种异在（Anderssein）。异在仍然表达的是定在的规定性，但最初又与质有差别。因此，就质包含着他物来说，我们可以称之为为他之在（Sein-für-anderes），即定在或某物的扩展。如果谈到质对他物和异在的联系，质的存在本身就是自在存在（Ansichsein）。

【附释】一切规定性的基础都是否定（正如斯宾诺莎所说，一切规定皆是否定——Omnis determinatio est negatio）。无思想的意义将确定的事物视为唯一的肯定，并将二者置于存在的形式之下。然而，对于纯粹的存在而言，事情并未就此完结，因为正如人们前面所看到的，这是典型的空虚，也是不成立的。与此同时，把作为特定存在的定在与抽象的存在混为一谈，虽也不无道理，但在一切事物的定在中，否定的环节，最初仅仅被包含其中，这个否定的环节随后只在自为存在中自由地出现，以达到它应有的地位。如果人们现在把定在作为一个现有的规定性，人们在它里面可以得到被现实所理解的内容。例如，当人们谈及一个计划或目标的真实性时，就会这样来理解，这样的计划或目标不再是一个纯粹的内在的主观，而是一种定在。那么，在同样的意义上，身体也可以被称为灵魂的实在，权利也可以被称为自由的实在。换言之，世界是神圣的概念变化的实在。人们一般所理解的实在，仅仅是直接外在的存在。在这个意义上，我们可以把实在用在各个地方。然而，其实还有另一种用法，就是用来表示某物符合其概念。如这个人是一个实在的人，也就是说他符合了他自己的这个概念，而不虚伪。这样一来，就不会把实在性和理想性分开了。这里所提到的理想性，立刻就会以"自为存在"的形式为人所熟知。

§ 92

其二，离开了规定性而坚持自身的存在，只会是存在的空洞抽象。在定在中，自在存在指的是离开了与他物联系的存在，它只不过是存在的空洞抽象。因为定在必然包含着否定的一面，其中包含着与本身相异的可能性，任何事物都有其有限度和变化性，否则不足以说明某物的存在。

【附释】在定在中，否定仍然直接与存在同一，而这种否定就是人们所提到的限度。只有在它的限度中和通过它的限度时，某物才得以成为某物。因此，限度不能仅仅被看作定在的外部，而是要通过整个定在把限度看作定在的一个纯粹的外部规定，其原因就在于把量的限度和质的限度混淆了。在这里，人们首先谈起的是质量上的限制。例如，如果人们考虑一块占地约三英亩的土地，这就是它的量的限度。进一步来说，这块土地也是一片草地，而不是森林或池塘，这是它的量的限度。人，只要真的想要存在，就必须获得定在，而且为了达到目的，人必须限制自身。对有限事物过于厌恶的人，根本不可能达到现实，而是沉溺在抽象中，毁灭了自我。

若现在更仔细地审视一下限度的意义，就会发现限度本身是如何包含矛盾的，从而证明它自身是辩证的。因为一方面，限度构成了定在的实在性；另一方面，限度又是定在的否定。与此同时，作为某物的否定，限度不是一般的抽象的无，而是现有的无，或人们称之为他者的东西。当人们想到某物的时候，人们立即想到他物，人们知道不仅有某物，也有他物。但他物并不是人们通过这样的方式下才发现的，没有它也可以被认为是某物，但某物本身就是他物，在他物中，它的限度是对他物的客观性。如果人们现在问及某物和他物之间的区别，很明显，二者都是同一的，这种同一性在拉丁语中，被称为彼与此。与某物相对的他物本身就是某物，所以人们才说他物；同样地，与同样被确定为某物的他物相对，其本身也是他物。

我们不可脱离他物而去思考某物，而且他物也并不是我们只用脱离某物的方式所能找到的内容。相反，某物潜在地即是其自身的他物。所以不能把某物和彼物孤立起来。更为确切地说，当人们提到他物的时候，人们首先会想到某个内容，就其本身而言，仅仅是某物，而成为他物的决心仅仅是通过纯粹的外部观察而产生的。比如说，我们以月亮和太阳为例。通常来说，人们会认为，月亮是太阳以外的内容，如果太阳不存在，月亮也可能存在。但事实上，月亮作为某物，本身就存在着他物，这就构成了它的有限性。柏拉图曾说："上帝通过其一和其他的结合，创造了世界。在这个意义上，上帝把其一和其他聚集在一起，并从二者中形成了第三种内容，而这种内容具有二者的本质。"[①] 由此，有限性的本质就在于此，有限事物作为某物，并不是与他物毫不相干地对峙着的，而其本身就是自身的他物，因而引起自身的变化。定在，一方面在本质上处于内在的矛盾，而这种内在的矛盾促使定在不断超越自身，从变化中显现出来。因为理由表象观念，定在一开始是简单的肯定，同时一直坚持在它的限度内。诚然，人们也清楚地知道，一切的有限之物，也就是定在，皆免不了变化。但在另一方面，这种定在的可变性，表现在表象观念仅仅为一种可能性，它的实现并不建立在定在本身之上。事实上，变化包含在定在的概念之内，而变化只不过是定在本性的表现罢了。人固有一死，因为生命本身就带有死亡的萌芽。

---

① 详见《蒂迈欧篇》第34页及以后。

§ 93

某物变成了他物，但他物本身就是某物，所以它也同样变成了他物，如此反复，无穷无尽。

§ 94

这种有限性是坏的、否定的有限性，因为它只不过是对有限之物的单纯否定，然而，有限性又以同样的方式产生。因此并未被扬弃，或者这种有限性只表达了应当对有限之物加以扬弃，只不过是同一个或同一种事物的无限重复，仅仅表达着有限事物应当被超越，但实际上没有被超越。这种无限的递进表达了某物与他物之间的相互转化，而且这种转化也会一直延续下去。

【附释】如果人们对定在的两个环节，某物和他物，进行分开的审视，就可得出下面这样的结果：某物可以成为一他物，而他物又可以由其的他物过渡过来，如此循环，直至无穷。从反思的角度来看，在这里似乎已经达到了很高的地步，甚至是最高的地步。然而，这种过渡无限的递进并不是真正的无限。真正的无限是"在他物中即是在自身中"，或者从过程方面来表述，就是："在他物中回到自己。"这就意味着合理地掌握真正的无限性这一概念，而不仅仅是停留在无穷的、递进的、坏的无限性上，这一点至关重要。当谈到空间和时间的无限性的时候，首先人们会习惯于时间的无限延长、空间的无限延伸。举例来说，人们说此时此刻，然后不断地向前或向后延伸。空间也是如此。关于空间的不确定性，许多天文学家们提出过许多空洞的论述，并且声称若是考虑时间和空间的不确定性，思想必须达到无穷无尽的地步。

然而，对于无限的不断追溯是一件极其单调乏味的事情。因为那只不过是同一件事情的无穷重演。人们首先确定一限度，进一步超过这种限度，然后又确定一限度，进一步又超过这种限度，就这样一直到无尽。因此，人们在这里只有一种表面上的交替，而这种交替总是停留在有限的范围内。无论人们追溯到哪一步，实际上，都是有限的。如果人们认为，一踏进无限性，就从有限性中解放了自身，那就大错特错了，因为这实际上仅仅只是一种在逃避中寻求解放的方式。但逃避的人还没有获得自由，因为在逃避的过程中，他仍然受到他所逃避的内容的制约。如果有人说，单纯由有限转向另一个有限，永远都达不到无限。这句话有一定的道理。因为在无限这一规定性中，存在某种抽象的否定内容。与此同时，之前的哲学家所设想的无限，就是一个外在超越的彼岸世界。更为确切地说，这个彼岸世界是极其抽象的，也是极其空洞的，所以这样的彼岸世界基本上无人能踏足。而哲学绝对不会与这种空虚的彼岸世界纠缠不清。哲学所谈论的，永远都是具体的、绝对存在的内容。哲学的任务大概是这样确定的：哲学必须回答"无限性会如何对从本身中生发出来的问题下决定"这一问题。对于这种基于无限和有限的固定对立的问题，唯一的答案便是，这种对立是不真实的，无限的确出于自身的永恒，但永恒并非出于自身。与此同时，当人们说无限是非永恒的时候，实际上已经表达了真实，因为有限本身是第一个否定，即否定的否定，亦是对自身同一的否定，因此也是真实的肯定。所以有限和无限并不是对立的、不可调和的，恰恰相反，真无限是有限的否定之否定，指的是真正的肯定。

　　这里所讨论的反思的无限性，仅仅是为了达到真正的无限性所作的一种尝试，指的是一种不幸的、既非有限也非无限的中间物。一般来说，这就是近代以来在德国所主张的哲学的立场。这种观点认为，有限性被认为是扬弃了变化，而无限性不仅是否定的，也是肯定的存在。在这种情况下，总是有一种软弱性，即有些内容被认为是合乎理性的，而同样的内容却不能坚持自身的立场。康德和费希特的哲学，就伦理思想而言，没有超越这种应当的立场上，以此来采取把握那个最高的理念，即上帝。然后逐渐接近于理性的法则，指的是人们在这条道路上所能达到的最高境界。不朽的灵魂也建立在这种假设之上。

§95

事实上，我们唯一能看到的就是，某物成为他物，而他物成为一般的他物。某物既与别物有相对联系，则在与他物的联系中，某物本身就已经是一个与之相对的他物。因此，由于它所过渡的事物与所过渡的事物都是完全同一的，二者除同一的规定外，没有其他的规定，故某物在过渡他物的时候，只与它自身在一起，而这种在过渡和在他物中与它自身的联系，就是真正的无限性。或者从反面来论证，发生变化的是他物，它成为他物的他物。因此，存在作为否定的否定，得以恢复其真正的无限性，就建立在某物和他物这种内在联系之中，这种联系的产物，就是所谓的自为存在。

【说明】有限和无限的对立，指的是不可逾越的二元论，却并未明了这个简单的道理，照二元论这个看法，无限同时仅仅是对立双方的其中一方，故成为唯一的特殊之物，对它而言，有限是另一特殊之物。像这样的无限，仅仅是一个特殊之物，与有限并立，有限中有它的限度，不是它应当有的，故并不是真正的无限，而只是有限。在这样的联系中，有限被定义为此岸，而无限被定义为彼岸，有限在这边，无限在那边，于是，有限被赋予与无限的同样的存在和独立的尊严；有限的存在被视为一个绝对的存在；有限在这样的二元论中保持着自身的独立性。如果与无限接触，有限就会被毁灭。但有限不应当涉及无限的变化，二者之间应当有一个深渊、一个不可逾越的鸿沟。因此，无限应当留在彼岸，而有限留在此岸。在这一点上，坚决主张有限与无限互相对立，意味着超出了一切的形而上学，但它仍然只基于最普通的知性的形而上学。这里发生的事情与无限的递进所表达的一样：一方面，人们承认有限之物不是自在自为的，不是独立的实在性，不是绝对的存在，它仅仅是暂时的过渡的事物；另一方面，有限之物与无限之物是互相对立的，为自身而存在，只与无限之物有关，将无限之物视为独立的内容。通过这样的思考，思想把自身提升到了无限，而思想所到达的无限，仅仅只是一个有限，将始终保留着被扬弃的有限，使之成为绝对。

如果在考虑有限和无限的对立的虚妄之后，在这个意义上，读读柏拉图的《菲利布篇》，便会带来很多益处，人们在这里也可以很容易地陷入无限和有限是一体的看法。如果真理以及真正的无限性，被确定并视为无限性和有限性的统一，那么，这样的表述确实是有道理的。然而，前面这种关于无限性和有限性的统一的提法可能会引起误解和错误。此外，这种说法还会引起有限化无限或无限化有限的正当责难。这是由于在这种说法之中，有限尚未发生任何变化，没有明确表达出有限性就是扬弃。换言之，如果我们对此加以反思，无限性和有限性就会合二为一。在这个意义上，一方面，离开这种统一，二者就不能保持它的本质，至少在它的规定中会受到一些影响（就像碱与酸结合时失去了它们原有的特质一样），那么这就恰恰与无限相矛盾了。在另一方面，无限作为否定性，就其本身而言，也同样会在对方身上被削弱。二者的统一，是由于二者的本性导致的内在联系，指的是有限自己内在地超越自身，才过渡到无限，因此无限中包含着有限，而有限中也包含着无限。事实上，这也发生在抽象的、片面的、理智的无限上。但真正的无限不仅仅是像片面的酸一样，而是保持自身；否定之否定不是中性的状态；无限是肯定的，只有有限才是扬弃的。

在自为存在之中，理想性这一范畴已经逐渐显现了出来。定在，起初只按照它的存在或肯定去理解，具有实在性（详见§91）。因此，有限性起初也包含在现实的范畴之中。然而，有限性的真理反而成了它的理想性。同样地，知性的无限，也就是与有限平行存在着的无限，其本身仅仅是两个有限性中的一个，指的是理想的有限，也是不真实的有限。与此同时，定在强调有限之物的确定性，这种确定性就是哲学的主要法则。因此每一种真正的哲学都是唯心主义。最为重要的是，不要把那些在其规定中本身就立即成为特殊和有限之物当作无限的内容。这点区别是值得人们关注的。这样一来，哲学的基本概念，即真正的无限性，关键就在于这点区别。而其中的区别已经在前文加以叙述。

（c）自为存在

§ 96

其一，自为存在，作为与自身的联系，指的就是直接性，而且作为否定的与自身的联系，它为自身而存在，指的是"一"，是自身中没有差异的"一"，从而将其他的"一"排除在自身之外。

【附释】 自为存在，指的是已经完成了的质，既是完成了的质，故包含了存在和定在作为其理念性的环节本身，指的是存在和定在扬弃于自身之中。作为存在，自为存在，指的是与自身的简单联系，而作为定在也是确定的。然而，这种规定性就不再是某物与他物的相区别的有限规定性，而是作为扬弃的自身中包含差异的无限规定性。

"我"是自为存在最贴切的例子。人们知道，"我"作为有限的存在，首先与其他有限的存在截然不同，并与其他存在相联系。但人们也知道，这种定在的广度是被磨砺出来的，就像它是自为存在的简单形式。通过提到"我"，这个"我"表现出无限，同时表现出对自身的否定联系。可以说，人不同于动物，因而也不同于一般的自然界，这也意味着，自然事物并没有达到自由的自为存在，而只是局限于"定在"这一阶段，永远只是为他物而存在。与此同时，自为存在，现在被理解为根本的理想性，而定在过去被称为实在性。实在性和理想性常被看成一对有同等独立性且彼此对立的范畴，所以说，除了实在性，还有理想性。然而，理想性并不是脱离实在性并与之并存的内容；恰恰相反，在理想性的概念中，明确包括了存在现实的真理，即实在性作为它本身而被假定，证明它本身是理想性。在这里，自为存在的最大特点就是把作为确定性的实在性和作为超越性的理想性统一了起来。这样一来，如果人们只承认实在性尚且不能作为回答的终点，但也必须承认有一个脱离现实的理想性，那么绝不能认为自身已经对理想性做了必要的尊重。这样一种理想性，与现实并存或至少高于现实，的确只是一个空洞的名字。因此，理想性并不是离开实在性之外的理想性，而理想性恰恰是实在性的本质。但理想性只有在它是某物的理想性时，才是有内容的、有意义的。然而，这种某物不仅仅是不确定的此物或彼物，而是被确定为具有实在性的特定存在。

就其本身而言，如果孤立地来审视这种定在，就无真理可言。一般人把实在性看成自然的基本规定，把理想看成精神的基本规定，这种看法把精神和自然分裂开来，我们需要知道的是，自然在未理解其精神之前，是无法独立存在的；相反，精神本身构成了自然的目的，只有在精神之中，自然才能达成它的目的和真理。同样地，只有在精神中，也不仅是超出自然的抽象之物，但精神唯有扬弃并包括自然于其内，方可成为真正的精神，方可证实其为精神。在德语中，"扬弃"（aufheben）一词具有双重含义，一方面意味着保留、保存；另一方面意味着停止、终结。举个例子来说，与一项法律、一个机构等搭配使用的时候，意为"停止、终结"。进一步说，"扬弃"一词也有"保留、保存"的意思，例如，人们常常会说，某物很好地被"保存"了起来。在这个层面上，德语中的"扬弃"一词，兼具肯定和否定的意义。值得注意的是，一种语言可以使用同一个词，来表示两个具有相反意义的概念。这种现象不能被视为偶然的，甚至也不能批判语言以引起混乱，而是可以让人们意识到其语言中包含的精神，它超越了单纯的非此即彼。

§ 97

其二，否定与自身为一种否定的关系，即"一"与自身的区别，"一"的排斥，以及多"一"的建立。从自为之有的直接性来看，这些"多"是存在的，目前存在的排斥变成了它们当前的存在或相互排斥。

【附释】当人们谈到"一"的时候，首先想到的便是"多"。这里就出现了一个问题，即这"多"又从何而来？一方面在表象的观念中，这一问题尚未找到解答。这是由于表象被认为是直接存在的，而"一"仅仅是"多"中的一个。另一方面，基于这一概念，"一"构成了"多"的前提，而在"一"中已经内在地含有了建立起"多"的必然性。由于作为自在之有的"一"，不是像存在那样的无联系，而是像定在一样的联系。然而，从这个意义来说，现在的"一"不是作为某物与他物的联系，而是作为某物与他物的统一体，同时是与自身的联系，而这种联系是否定的联系。因此，"一"证明自身是与自身不相容的内容，即与自身相排斥的内容。再则，"一"把自身视为"多"。此时，人们可以用一个形象化的词语来描述这一自为存在的过程，即"斥力"。在考虑物质时，"斥力"是首先会被谈到的，指物质很"多"，物质作为这些"多"中的一个，表现为将自身的"一"与一切其他的"一"排除在外。与此同时，不能把排斥的过程理解为"一"是排斥的内容，而"多"是被排斥的内容。相反，正如前文所叙述的那样，"一"把自身排除在自身之外，把自身确定为"多"；而"多"中的每个"一"，其本身就是"一"，由于这种相互排斥的关系，这种全面的排斥便由此成为它的反面，即"引力"。

§ 98

其三，然而"多"是"一"的对立面，每个都是"一"，或者也是"多"中的"一"。因此，它们是同一的。或者说，排斥本身被认为是许多"一"相互之间的否定联系，其本质上也是二者的相互联系；既然"一"在其排斥中，指的是一个又一个的"一"，在这些"一"中，"一"与它自身建立起联系。因此，斥力在本质上也是引力；而排他的或自为存在，则扬弃了自身。这就意味着质的规定性在"一"中，已经达到了自在自为的有，即规定性的存在，在这里已经过渡到了扬弃的规定性，即过渡成作为量的存在。

【说明】原子论哲学就是这样的一种哲学，这种哲学认为，将绝对规定自身说为自为存在，指的是"一"，是许多"一"。在"一"的概念中，表现出来的斥力也被认为是二者的根本力量；然而，把这些原子聚集在一起的力量，不是引力，而是偶然，即无思想的盲目的力量。由于"一"被固定为"一"，则"一"一旦与其他的"一"相结合，就被视为是外在的、机械的内容。虚空被视作原子的另一个原则，指的是排斥本身，被表象为原子之间的存在着的虚空。在这个意义上，近代的原子学和物理学仍然保留了原子论的原则，却对原子加以扬弃，转而使用微粒或分子。因此，二者使自身更接近感性的表象，但失去了思维的严密性。通过在斥力之外设定了一个引力，二者之间的对立确实建立了起来，而且随着这种所谓自然力量的发现，已经做了很多工作。然而，这两种力量之间的联系，即让两者成为具体而真实的力量的相互关系，尚须从阴暗的混乱中拯救出来，甚至在康德的《自然科学的形而上学基础》中，仍然未被加以澄清。在近代，原子论的观点在政治学上甚至比在物理学上更加重要。从原子论的政治学来看，个人的意志本身就是国家的创造原则；个人的特殊需要和嗜好，就是政治学上的引力；而共体，即国家本身，仅仅是一个契约的外部联系。

【附释1】原子论哲学构成了理念历史发展的一个重要阶段，这种哲学的原则一般是存在于"多"的形式中的自为存在。即使在当今，原子主义也受到那些不了解形而上学的自然主义者的青睐。在这里必须记住的一点便是，人们并不能通过投身于原子主义的研究，来逃避形而上学，更为确切地说，避免将自然归于思想，因为原子本身确实是一种思想。因此，将物质视为由原子构成的概念，这是一种形而上学的概念。诚然，牛顿明确警告物理学，要小心形而上学；然而，必须指出的是，牛顿本人并未严格按照这种警告行事。唯一纯粹的物理学者，实际上只是一只动物，因为唯有动物才无法思考，而人作为能够思维的动物，指的是天生的形而上学的动物。唯一重要的是，所使用的形而上学是否是合乎理性的，问题在于能不能善用形而上学。换言之，所坚持的不是具体的、逻辑性的理念，而是由知性所规定的、构成人们理论和实践行动基础的片面的思想规定性。

正是这种批判，恰好是原子论哲学弱点的责难。古代的原子论者，把万物视为"多"，把世界看成多元的聚集体，旧的原子论者认为（直到今日仍常能听见这样的言论），万物为多，而当时应当是偶然的存在，使飘浮在虚空中的原子聚集在一起。然而，如今众多原子之间的联系绝不是一个纯粹的巧合，但这种联系，如前文所述，建立在它们自身的基础之上。康德将"物质"看成"斥力"和"引力"的统一体，从而完成了"物质"的理论，这是值得称赞的。在此，合乎理性的做法是，一切事物的引力应被视为自为存在的概念中所包含的另一个环节，因此，引力与斥力究其本质都属于物质。然而，这种所谓的物质的动态结构有一个缺点，即排斥和引力被假设为存在，没有进一步推导出变化。有了这种推导，我们才可以理解这两种力为什么会统一，而不再独断地肯定它们的统一了。在这个意义上，如果说康德明确表明，物质不可被视为本身存在，然后偶然地被赋予这里提到的两种力量，而是须将物质视为全由两种力的统一构成。与此同时，德国的物理学家在一段时间内，接受了这种纯粹的动力学，绝大多数的近代物理学家发现回到原子论的立场要更为方便，并对已故的克斯特纳①的警告置若罔闻，将物质视为由无限小的物质微粒，也就是由原子构成。此外，这些原子通过附着在二者身上的引力、斥力或他力的作用，而彼此之间建立起联系并发生变化。那么，这同样也是一种形而上学，因为它毫无思想性，人们有足够的理由对它加以警惕。

【附释2】 在前文中指出的质向量的过渡，在人们通常的意识中是找不到的。一般人都认为，质和量被视为一对独立共存的范畴。因此，我们常常说，事物不仅要有质上的规定，而且要有量上的规定。这里不问质和量这两个范畴从何而来，以及二者之间的联系如何。需要指出的是，量只不过是扬弃过后的质，而这里考察的质的辩证法，才能发挥出这种质的扬弃。人们首先提出存在，变化作为存在的真理，导致变化向定在过渡。在这一过渡中，人们认识到定在的真理。然而，这种变化在其结果中，显示为自为存在，自身与他物是毫无联系的，并能够过渡到同一性。这种自为存在，最终体现在其过程的两个方面，即斥力和引力中，被

---

① 亚伯拉罕·戈特黑尔夫·克斯特纳（1719—1800），数学家和哲学家，曾任德国哥廷根大学教授达44年之久。

证明是自身的扬弃，因而也是质的一般，在其环节的同一性中。如今，这种扬弃的质，既不是抽象的无，也不是同样抽象和不确定的存在，而仅仅是与规定性无关紧要的存在相对立，正是这种存在的形式，存在于人们通常的表象观念之中，也就是量。因此，人们首先从质的角度来考虑事物，而这一点人们认为是与事物的存在同一的规定性。如果人们进一步来考虑量的问题，就能得到中立的外在的规定性的表象观念。按照这一规定，以这样的方式，一物尽管在量的方面发生了改变，变得更多或更少，但仍然保持其原有的存在。

B. 量

（a）纯 量

§ 99

量是纯粹的存在，不过这里所提到的纯粹的存在，其规定性不再被视为与存在本身相统一，而是指无关重要的存在，也就是被扬弃了质的存在。

【说明】其一，逻辑学的量与数学的量不是一个概念。数学的量都是特定的，比如说大小，可以表示特定的量。其二，数学习惯于把大小定义为可增可减的变化，但这种定义自我包含，因而是错误的，因为大小的规定在于可增可减，就是可大可小。实际上，表示大小的这个范畴，指的是可以改变的和无关紧要的，所以不管有增加或减少的变化，例如一栋房子或红色，一栋房子始终是一栋房子，而红色始终就是红色。其三，绝对被视为是纯量，从而把物质看成是相同的。彼此之间是绝对的无差别，只有量的区别。与此同时，纯粹的空间、时间等可被视为量发生变化的例子，即无关紧要的空间或时间的充实的变化。

【附释】数学上往往把大小规定为可增可减的变化，这似乎比逻辑学对于这一概念的规定的说明更为清晰明了。然而，更进一步来说，在预设的形式和表象观念中，包含了同样的内容，而表象观念仅仅作为量的概念，以逻辑发展的方式出现。因为当谈到量的时候，大小的概念包括能够增加或减少的变化。这样一来，大小，或更准确地说是量与质又有所不同，它具有这样一种特性，即"量的变化"，不会影响到特定事物的质或存在。至于上述量的通常定义中的缺点，其中包括这样一个事实：增加和减少往往只意味着确定大小的不同方式。大小是可增可减的。实际上，量与质不同，量不会影响特定质的存在。但是仅仅把量看成可变化的，这是不全面的，因为质也是变化的。故逻辑学在谈到量的相关概念时，不仅要看到量的变化，还要看到量的内在性质与质之间的关系。

这里需要注意的是，哲学根本不仅关注表面上合乎理性的定义，更关注那些似是而非的定义，也就是说，对于上述意识来说，其合理性不仅显而易见，其定义也经过了证明。换言之，其内容不仅被假定为一种现成给予的东西，而且在自由思想中也有其根据。因此，同时是建立在自身中的定义。从目前的情况来看，即无论数学中通常的量存在的定义多么合乎理性，多么显而易见，但它仍然不能满足要求，即知道这种特殊的思想以何种方式建立在普遍的思维中，因而具有必然性。与此同时，人们进一步考虑到，由于量的概念，没有经过思维的间接性，而是直接从表象观念而来。因此很容易发生同样的情况，即夸大其有效性，甚至将其提高至绝对范畴的地位。在这个意义上，只有那些可以容许数学对其对象进行计算的科学，才算得上是严密的科学，情况就是如此。

具体来说，前面提到的坏的形而上学（详见§98附释）再次显示出，以片面的和抽象的知性范畴代替具体理念的位置。如果因为二者无法衡量，不可计算，也不能用数学公式变化来表达，人们就能对自由、权利、道德，甚至是上帝本身这样的对象做出规定，这是对认识的最大损害。这样的理论，会产生什么样的实际恶果，是显而易见的。如果人们重新对此仔细审视，这里提到的完全极端的数学观点，将逻辑理念的一个特殊阶段，即量这一概念，被确定为与逻辑理念本身是同一的东西。那这种观点就属于唯物主义。如果扬弃严密的知识，人们将不得不在其普遍性中，仅仅满足于一个不确定的表象观念。与此同时，就同一事物的近似或特殊性而言，将由每个人自行规定如何处理。量的概念仅仅是逻辑理念的一个特殊环节，而不是全面的环节，故不能仅以数理化为标准来衡量知识。这种唯物主义，在科学的思想史中，特别是在法国自18世纪中期以来，获得了充分的证实。物质的抽象性也是如此，在其中，形式确实是存在的，但仅仅是作为一个无关紧要的、外在的规定。

与此同时，如果人们认为这里的讨论意味着数学的尊严被损害，或者妄想仅把定量描述为区区外在的、无关紧要的规定，便能让懒惰和肤浅的求知者问心无愧，将量的确定束之高阁，或者认为无须对量的确定加以讲究，那可就错了。在任何情况下，量都是理念的一个阶段。因此，量也必须有其正当的地位，首先是作为一个逻辑范畴，其次是在客观世界以及在自然界和精神界中，必须有其正当的地位。然而，在这里，立刻会显现出一种区别，在自然世界的对象和精神世界的对象的情况下，人们对量的概念并不等闲视之。例如，在自然界中，作为他物的形式中的理念，同时是外在的理念。因此，比在精神世界内，量在这种自由内在的世界中具有更重要的地位。

诚然，人们也从用量的观点来考察精神的内容，但从中也可以看出，如果人们把上帝视为三位一体，数字三的意义，比人们考虑空间的三个维度，甚至是三角形的三条边，或者认为三角形就是一个由三条线围成的平面图形，意义就轻多了。与此同时，即使是在自然界中，也发现了所谓量的概念的重要性高低之间的区别。换言之，在无机的自然界中，量所起的作用，可以说比在有机的自然界中更重要。如果人们再把无机自然界中的机械领域与狭义的物理和化学领域区分开来，这里又会出现量在二者之间重要性的不同。与此同时，机械学被视为最需数学运算的科学。事实上，在力学中，如果没有数学，几乎可以说是寸步难行。正因如此，除数学本身外，力学往往被视为严密且精确的科学，所以必须记住上述与唯物主义和纯数学观点相符合的评论。总而言之，在数量上寻求客观的一切差异和一切规定性，从而寻求严密且统一的科学知识，这就是一个最有害的成见。当谈及量的规定性时，精神比自然更多，动物比植物更多；但如果仅仅停留在这种更多或更少的量的知识上，而不去理解二者特有的规定性，这里首先是定性的规定性，那么人们对这些对象和二者的区别就知之甚少了。

§ 100

量，首先在它与自身的直接联系中，或在由引力确定的与自身同一的确定中，是连续的。在量所包含的"一"的另一个规定中，就是离散的量。然而，连续的量同样也是离散的，因为它仅仅是"多"的连续性；离散的量同样也是连续的，因为它的连续性是"一"，作为"多"的同一的，是统一的"一"。

【说明】（1）因此，连续和分离必然成为两种不同的小大，反之，二者不可以区分对待，二者的区别是对于同一个整体而言的，是对同一个事物在不同角度下的规定，事物既是连续的，又是离散的。（2）空间、时间或物质的两种矛盾说法，即认为它们可无限分割，或者由不可分割的"一"组成，无非是由于量有时是连续的，有时是离散的。一方面，在这个意义上，如果空间、时间等只具有连续的量这一规定，那么二者就可以被分割至无穷。在另一方面，以离散的量的规定来确定，二者就被分割在自身中，并由不可分割的"一"组成；这两种说法都是片面的。

【附释】量，指的是自为存在的逻辑发展的结果，包含自在之有的两个方面，即斥力和引力，这才导致量既是连续的，又是分离的。更为确切地说，这两个环节中的每一个环节也都在自身中包含着另一个环节。因此，既不存在纯粹的连续量，也不存在纯粹的离散量。然而，如果二者都被视为是两种特殊的、相互对立的量，这仅仅是人们进行抽象反思的结果，在观察特定的量时，对于那不可分割的统一量的概念，有时单看它所包含的这一成分，有时又单看它所包含的另一成分。因此，例如，有人说，这栋房子所占的空间是一个连续的量，而一栋房子里面有一百个人，这一百个人就形成了一个离散的量。但空间是连续的，同时是离散的。相应地，人们谈论空间的点，然后也把空间划分开来，例如把某一长度分成若干英尺、若干英寸等，这只能在空间本身也是离散的条件下进行。同样地，由一百个人组成的离散量也是连续的，而正是人所共有的内容，即人的类性，贯穿了一切的个体，并将它们彼此联系在了一起，量的连续性就建立在这一点上。

（b）定 量

§ 101

所谓定量，就是具有排他性的量，指的是分离和连续的统一，指的是有限的量。

【附释】定量是量的定在，而纯量对应于存在，而下文要提到的程度，则对应于自为存在。至于从纯量发展到定量的详细步骤，纯量之间的连续性和分离性的区别起初也是潜在的，唯有在定量之中，二者的区别才确立了起来。因此，定量也就是受限制，或有区别的量，形成定量的单位是多，因而定量被规定为数。在这里，定量就分裂为不同或不确定的单位，但是每一个特定的量，又与其他特定的量不同，由此形成了各自的单位。但在另一方面，这种特定的量仍然是多。于是定量就被规定为数，数就是单位和数目的统一。

§ 102

在数中，定量的规定性达到了相当完善的状态。数也包含着"一"，从它的分离的环节来看，为数目；从它的连续的环节来看，为单位。

【说明】在数学中，各种计算方法常常被视为处理数字的偶然方式。如果这些计算方法中存在必然性，也可以理解为，必须建立在原则的基础上，而这需要从数的概念所含有的规定之中去寻找。具体来说，只有把数看成数目和单位的统一，才能理解这种必然性。数的单位和数目本来是无足轻重的，因此数学的计算是统一的，在一般情况下，作为一种外在的凑合。所以计数就是一般意义上的计数，计数方式的区别完全在于一起计数的数字的性质发生变化，而对于性质来说，单位和数量的确是原则。但在另一方面，决定数的性质的原则就是单位和数目的规定。计数是形成数的首要方法，就是把众多的"一"相加。然而，作为一种计算方法，将那些已经是数字的"一"加在一起，便不再是纯粹的"一"了。

第一，数是直接的，和起初完全不确定的数，因此根本是不相等的。对这样的数进行合计或计数的方式，就是加法。

第二，计数的第二种规定即这些数一般都是相等的，因此，它们构成了一个单位，而且我们获得了这样单位的数字；对于这种数加以计算，便是所谓的乘法了，在相乘的过程之中，乘数和被乘数可以互换，二者的位置是无关紧要的，这里也是单位和数目的统一。

第三，计数的第三种规定，即数字和单位的同一。这样确定的数字相加，便是乘方了。进一步求一个数的高次方，即按照公式，将数字与自身相乘，且可以进行多次相乘。由于在这第三种规定中，唯一存在的差异，数字和单位，二者的完全同一获得了实现。所以除了这三种计数方法，就不存在其他方法了。按照同样的数字规定性，与数的合计相对应，便可以获得数的分解。因此，除了上面所提到的三种方法，即加法、乘法和乘方，还有三种与之相对的计算方法，即减法、除法和开方。

【附释】一般来说，数，指的是其完全的规定性中的定量，人们不仅利用数来确定所谓的离散的量，也确定了所谓的连续的量。因此，数也被运用在几何学中，在那里它可指定空间的特定图形，和它们的比例关系。

（c）程　　度

§ 103

限度与定量本身的整体是同一的。作为限度本身的多重性，它是外延的量，即广量，但作为限度本身的简单规定性，它是内涵的量，即深量。

【说明】连续的量和离散的量，不同于外延量和内涵量。这是由于连续量和分离量，是从一般量的连续状态和分离状态来看的。而外延量和内涵量，是从其规定性来看的，其中不包含别的规定性。换言之，连续量和分离量作为潜在状态，而外延量和内涵量则是后演的状态。

【附释】内涵的量或程度，就其本质而言，在概念上与广义量或定量不同。因此，如果像经常发生的那样，人们没有认识到这一差异，不假思索地便认定量的两种形式是同一的，必须指出其错误之处。在物理学中尤为如此，例如，在解释比重的差异时，一个物体的比重是另一个物体比重的两倍，那么，在同一的空间内所包含的物质分子（或原子）就是后者的两倍。关于热和光的比重，情形也是如此。如果热和光的比重，是由热或光粒子（或分子）的多少来解释的。采取这种解释的物理学家，当他们的说法被批判为没有理由的时候，事实上，他们习惯于为自身开脱，声称这种现象是不可知的，绝不是由此规定的，所提到的表述仅仅只是为了方便而使用。所谓的方便，系指较容易计算，然而，人们不清楚为什么内涵量也有其明确的数目，为何不像外延量一样便于计算。诚然，更方便的做法是，完全省去计算和思维过程本身。

与此同时，针对上述所提及的物理学家的借口，可以很好地驳斥其解释：人们在任何情况下都超越了知觉和经验的领域，而踏足形而上学和思辨的领域，思辨在其他的场合被视为是无趣的，甚至是危险的玄想。在经验中，人们会发现，如果在两个装满钱的钱袋中，其中的一个钱袋比另一个钱袋要重一倍，这一定是因为其中一个钱袋装了 200 元钱，而另一个钱袋里只有 100 元钱。这些钱币可以被看到，并且可以用感官来感知到。然而，原子、分子等则在感官感知的范围之外，由思维的内容实质来规定其是否可被接受，是否有意义。但目前（详见 §98 说明），抽象的理智将自为存在的概念中所包含的"多"的环节，以原子的形式被固定下来，并将其作为最后的原则。同一抽象的理智，在当前的问题下，与朴素的直观和真正的具体思维一样，都是矛盾的。认为外延量是量的唯一形式，在发现内涵量的地方，不承认二者特有的规定性，而是在一个本身就站不住脚的假设的基础下，进行"一刀切"，将内涵量归结为外延量。换言之，在这里，不能把外延量看成唯一的量，而要把内涵量也归结为外延量，要看到二者之间的联系和区别。

　　对近代哲学的批判中，经常会听到这样的批评声，有人攻击近代哲学为同一哲学，说它把任何事物都看成是同一的。这样一来，近代哲学便被冠以同一哲学的名词了。在这个意义上，值得注意的是，正是这种哲学，坚持区分概念和经验中的不同之处。而那些经验主义者，将抽象的同一性提升为认知的最高原则。因此，将那种狭义的经验主义的哲学称为同一哲学，显然会更恰当一些。与此同时，正如不存在纯粹的连续量以及纯粹的离散量一样，同样不存在纯粹的内涵量和纯粹的外延量，因此量的两个规定性因素并不作为两个独立的量。每一内涵量同时也是外延的，反之亦然。于是，举例来说，一定的温度是一个内涵量，就其本身而言，也对应着一个完全的体感。如果人们再去看温度计，一定的温度便是内涵量，同时必然有外延量与之适应。因此，人们会发现这种温度如何对应水银柱的某种膨胀，不仅这种外延的量与作为内涵的量同时变化，而且外延量随着内涵量的上升而上升。在精神领域也是如此。一个有较大内涵的品性，与一个有较小内涵的品性相比，其作用更能达到较为广阔的范围。

§ 104

在程度中，定量的概念被确定了下来，有其真理或概念。在还没有接近其真理之前，定量是独立且简单的量。因此，在这里体现出量的直接性和间接性的矛盾。在这种矛盾中，即自为存在的、中立的、无关紧要的限度，指的是绝对的外在性，无限的量被确定了，这种直接性立即过渡为它的反面，过渡为间接性的存在的过程，由一个直接的量转化为间接的量，即间接的量转化为直接的定量，并超越于刚刚确定的定量，反之亦然。这也是一个由间接性立即过渡为它的反面，过渡为直接性的存在的过程。

【说明】数是思想，指的是一种外在之有。数不属于直观，因为它是思想，指的是以直观的外在性为其规定的思想，也就是说，数是思想的产物，而不是直观的产物。因此，定量不仅可以增加或减少至无限大或小。与此同时，定量本身就是通过其概念在自身的基础上，向外不断超越其自身。定量，可以无限向前进展，但是这种进展，实际上，是直接性和间接性矛盾的不断重复。这种矛盾就是一般的定量，而在定量的规定性中，程度得以发挥出来。这种无限进展式的矛盾是画蛇添足，对此，亚里士多德运用芝诺的话一针见血地阐明了他的观点："对于某物，只说一次，或一直重复说，其实没有区别。"[①]

【附释1】如果按照前文提到的数学中常见的定义（详见§99），量被描述为可以增加和减少的变化，对作为其基础的直观的合理性，是毋庸置疑的。只不过问题出在若要充分地理解量的定义。一方面在回答这种问题的时候，若人们仅参考经验，这是远远不够的。因为人们只考虑了表象观念，而没有得到思想之外的东西，人们就只能理解数的表象，只能认识量增减的可能性，而不能把握其必然性的一面。在另一方面，在逻辑发展的过程中，即在逻辑序列中，量的概念就已

---

① 迪尔斯－克兰茨，芝诺，第一卷。

经包含了超越自身的必然性。这种必然性，也就是精神自身的自我否定的特性。事实也表明了，在量的概念里便包含有超出其自身的必然性。因此，量是自身超出自身，建立起间接性，又回归自身，然后又超出自身，这样一个循环往复的过程。

【附释2】反思的知性一直坚持着量的无限进展，用来讨论无限性的相关问题。如今，这种形式的无限进展，同样可适用于与前文所讨论的质的无限进展。换言之，这种形式的无限进展，并未表明真的无限性，没有超越纯粹的应当，因而仍是坏的无限性。至于这种无限的进展的量的形式，斯宾诺莎恰如其分地将其称为"纯粹的表象的无限性"。许多诗人，特别是哈勒尔和克罗普斯托克，经常利用这种表象观念去表明自然的有限性，同时表明上帝自身的有限性。例如，人们在哈勒尔的一首著名的诗中，发现了一个关于上帝的无限性的描述：

我在堆积庞大的数字，

以至数以万计；

在时间之上，

我堆砌时间；

在世界之上，

我堆起世界；

当我再次在巅峰寻找你的身影的时候，

头晕目眩；

所有数的乘方，

连乘数千遍；

与你的距离，

还是遥不可及。①

由此可见，在这首诗中，人们首先遇到的概念是量，更为确切地说，指的是不断超出自身的数，康德坦言其"令人生畏"，然而，真正令人感到害怕的，可能仅仅出于持续不断地规定界限，持续不断地超出界限，然后又被确定为扬弃。人们因此无法获得进展，只能停滞不前。与此同时，这里提到的诗人哈勒尔恰当地将这种对坏的无限性的描述加以补充说明：

我摆脱一切束缚，

你就整个出现在我的目前。

换言之，人们可以断定，真正的无限不应仅被视为有限的超越，为了获得真正的无限，我们必须摆脱这样的不合理的无限，扬弃这种无限的进展。

【附释3】众所周知，毕达哥拉斯曾将哲学付诸数学思维，并将万物的基本原则规定为数。这种观点在普通人看来一定是相当矛盾的，甚至是荒谬的。因此，这时问题就出现了，人们应当思考，究竟什么是数这个问题？为了找到问题的答案，首先必须记住的是，一般来说，哲学的任务，包括将事物追溯到思想，以得出明确的思想。但万物之数是一种思想，指的是最接近感性的思想，或者更为确切地说，数指的是感官事物自身的思想。就人们对感官事物的理解而言，指的是彼此相外和复多之物。因此，人们认识到，试图将宇宙理解为数的这一过程，便是迈向形而上学的第一步。众所周知，毕达哥拉斯在哲学史上的地位，可与伊奥尼亚学派哲学家与爱利亚学派哲学家比肩。如今，正如亚里士多德说过的那样，前者仍然停留在将事物的本质视为物质的学说。而后者，更为确切地说，巴曼尼得斯，已进展到以存在为形式的纯粹思维，这正是毕达哥拉斯所信奉的哲学原则，在感官事物与超感官事物之中，架起了一座桥梁。

由此可见，有人认为毕达哥拉斯，把数看成事物的本质，这一观点显然

---

① 这首诗是摘引自瑞士学者阿尔布雷希特·冯·哈勒尔（Albrecht von Haller，1708—1777）的关于咏"永恒性"的一首诗。

过于极端。然后他们又说，虽然可以对事物进行计算，但事物不仅仅是数，事物实际上具有较多于数的东西，人们必须承认的是，事物不仅仅是数，但关键在于，这不仅仅是数的内容究竟是何物。通常的感性意识根据其观点，不会贸然回答这里提出的问题，而是会提到感性的知觉，从而说事物不仅仅是可计数的，也是可见的、可闻的、可触的等。因此，对毕达哥拉斯哲学的批判，用人们近代的语言来表达，就是他的学说实际上太过于唯心主义了。事实上，情况恰恰相反，这从已经提到的关于毕达哥拉斯哲学的历史地位上可以看出。因为若是要承认事物不仅是纯粹的数，那么就应当这样理解，纯粹的数的思想，还不足以表达事物的明确本质或概念。与其说毕达哥拉斯关于数的哲学过于极端，不如说这种学说太过于中庸，直到爱利亚学派才向纯粹的思维维度迈出了重要一步。

与此同时，即使不是事物的自在自为，也有事物的状态和一般自然现象的存在，其规定性从本质上而言是基于特定的数字和数字的关系。一般来说，事物有其特定的数量关系，以音乐尤甚，在声音差异与音调的和谐统一中。据说毕达哥拉斯就是受到了音调的启发，认为数是事物的本质，虽说将那些基于特定数字的科学研究，归属于那些具有规定性的科学价值，但是绝不可以把思想的规定性全部看成数的规定性。诚然，人们一开始可能会错误地将思想的最普遍规定与最基本的几个数字联系起来，并因此得出三个结论，一是简单和直接的思想，二是差异和间接性的思想，三是二者的统一。然而，这些联系是相当外在的。在被提到的数字中，数字自身并没有任何的性质，仅仅以特定思想的表达存在。与此同时，人们越是这样进行思考，特定的数字与特定的思想之间的联系就越是武断。例如，4可以被看作1和3的和，以及与两数有关的思想的统一，但4也是2的两倍；同样地，9不仅是3的平方，也是8和1的和、7和2的和；等等。如今，许多秘密的团体还完全重视各种数字及图形，这一方面应被视为无害的消遣，另一方面象征着思维的薄弱。据说这些数字及图形的背后有很深的含义，人们可以从中获得很多启发。然而，在哲学中，问题不在于我们可以思考什么，而在于我们真正地思考着什么。因此，思想的真正要素不是武断地选择这个符号还是那个符号，而是深入思想本身。

§ 105

定量的这种自在自为的规定性外在于它自身；其外在性就是定量的量，而内在性是定量的质。在定量中，外在性和内在性结合在一起，二者统一于定量。定量，这样规定的自身，在自身中建立起来，便成了量的比例。这样的规定性，指的是一个直接的定量，比例的指数，具有间接性，指明了某一定量与另一定量的关系，这就出现了比例的两个方面。与此同时，不按其直接价值计算，但其价值只存在于这种比例关系中。

【附释】量的无限进展，实际上就是以数来规定数的过程，这就是量的比例。但如果人们对此进行更仔细的审视，量被证明是在这一进展中返回到它的自身。因为理由思想，量的无限进展，所包含的是由数规定数的过程，这就给出了量的比例。例如，如果有一个比例是 2∶4，这里涉及两个数，我们无法从 2 和 4 中看出比例的价值，只有从二者的相互关系，即最终的指数之中（也就是 2），看出二者的比例关系。

但这两项的联系（比例的指数）自身就是一个数，它与彼此相关的量的不同之处在于，随着数的变化，比例自身也会发生变化。指数和比例两项的区别在于指数变化，那么二者的比例关系也会发生变化。虽然两项发生了变化，但不一定影响到比例关系。因此，人们也可以用 3∶6 来代替 2∶4，而不改变比例，因为指数 2 在两种情况下是一样的。

§ 106

比例的两项仍然是直接的定量，质和量的规定仍然是彼此外在的。但就质和量的真理而言，即量自身在其外在性中与自身的联系，或自为存在的量，与中立于规定性的量相结合，那这种量就是尺度。

【附释】量的最初概念，指的是扬弃的质，也就是说，量仅仅是存在的外在规定性，在一定限度之内，量变无法引起质变。量首先经过各个环节的发展，最后又返回到质。换言之，与存在不完全同一的质，与之相对的是无关紧要的质，仅仅只是外在规定性。正是这种概念支撑着数学中常见的量的定义，即量可增、可减。如今，基于这种定义，首先量可以被反映出来，似乎量仅仅是一般的可变化的内容，因为可增、可减，只意味着可以不同的方式来确定量。但在此，同一事物不会使量与定在（质的第二阶段）区分开来。故对质的概念，定在也是可变化的，那么，在量中，人们有一个可变化的内容。尽管量会发生变化，但其本质仍然保持不变。因此，量的概念自身就包含了一种矛盾，而正是这种矛盾构成了量的辩证法。然而，这种辩证法的结果，不是纯粹地返回到质。因此，量的变化和质的变化都是真的，而不是仅仅认为质是真的，而量是假的。此为质和量这二者的统一，即质的量或尺度。

在此可以指出的是，人们通过运用量的范畴，对客观世界加以思考。事实上，人们进行观察，目的就在于获得度的知识。当我们要确定量的性质和关系时，就在于获得尺度的知识。人们将其称为测量。例如，我们在振动之中测量不同弦的长度，借以了解由各弦的振动所引起的与弦的长度相对应的音调之质的差别。同样地，在化学中，人们学习所用的各种物质相化合的量，目的在于求出制约这些化合物的尺度，以便认识到量，它是特定的质的基础。在统计学中，数字代表了一定质的结果，人们所研究的数字也只有这一个目的。如果只有众多数字的堆砌，而没有这里给出的指导性观点，就会被顺理成章地沦为一种空洞的好奇心，既不能满足理论上的兴趣，也不能达到实践上的要求。

C. 尺　度

§ 107

尺度是有质的定量，指的是质与量的统一，最初，度是一个既具有规定性，又具有直接性的定量。因此，尺度作为直接呈现的内容，就是定量，只不过这种定量具有质的特性。

【附释】 尺度作为质与量的统一体，与此同时是存在的完成。如果人们谈到存在，那么，最开始那个存在，指的是完全抽象而没有规定性的内容。但在本质上，存在在于规定其自身，其完成的规定性在尺度中达到同一。正如其他一切阶段的存在，尺度也可以被看作绝对的定义。因此有人说，上帝是一切事物的尺度。正是这种直观构成了许多古希伯来颂诗的基调。在这些颂诗中，对上帝的颂扬基本上可归结为，上帝为一切事物确定了界限，并且赋予尺度，包括海洋和陆地、河流和山脉，以及各种植物和动物。在古希腊人的宗教意识中，尺度是有神圣性的，特别是在道德伦理方面，可将其视为正义复仇的纳美西斯女神。在这种表象观念中，一般来说，世界万物，人类的一切财富、荣誉、权力以及快乐和痛苦等，都存在一定的尺度，越过这一尺度就会导致毁灭和堕落。就客观世界中的尺度而言，自然界也不例外。具体来说，在自然界中，有许多存在，其基本内容就是尺度。太阳系的情况尤其如此，人们必须将太阳系视为自由尺度的世界。如果人们进一步观察无机的自然界，在这里，尺度就会退居其后。因为在无机的自然界里，无机物的质的规定性与量的规定性被证明是无关紧要的，以多种方式彼此对抗。例如，一块岩石或一条河流的尺度，其质与其量毫无关联。然而，经过仔细研究，人们发现，即使像前文提到的那些对象自身也不是没有尺度的，因为河流中的水和岩石中的个别成分，在化学分析中，被证明是由二者所含物质的量的比例所规定的质。然而，尺度在有机的自然界中再次出现，不是直观可以看到的。不同种类的植物和动物，无论是作为一个整体还是个别的部分，都有一定的尺度。还应当指出，更不完善的有机形式，即更接近无机的有机产物，与更高的有机形式相比也有部分的区别，在于二者的尺度更不均匀。例如，在化石中，人们发现了所谓的帆螺壳，有些只有通过显微镜才能看到，而有一些可以达到马车的车轮大小。在一些处于有机体发育低级阶段的植物中，也发现了同样的尺度差异，例如蕨类植物就是如此。

§ 108

由于在尺度中，质和量仅仅是直接的统一，两者间的差别也同样表现为直接形式。因此，质与量的关系有两种可能。其一，特殊的定量仅仅是单纯的定量。在可增可减的特殊定量之中，并不会因为增减而取消了度，尺度在这里就是一种规则，这就是完全同一。其二，定量的变化引起质的变化。

【附释】尺度中存在的质和量的同一，最初仅仅是潜在的，尚未显现出来。在这里，这两个规定性的内容，统一的双方，还保有一定的独立效用。因此，一方面，定在变化的量的规定是可以改变的，而其质不会就因此受到影响；另一方面，这种无关紧要的可增可减也有其限度，超越了限度，质就会发生变化。例如，水的温度与它的液态性相比，起初是无关紧要的，但当液态水的温度升高或降低的时候，就会出现一个点。在这个点，水的聚合状态就会发生质的变化，水或者成为水蒸气，或者成为冰。当量发生变化时，这种现象在表面上看起来是无关紧要的，其后却潜藏着别的内容。这种变化是为理性的机巧，看起来很神奇，其实合乎规律。通过这种变化，就能把握住质的变化。尺度的两种矛盾说法，就在于此。对于这一点，古希腊哲学家已经有了不同形式的认识。例如，在一粒麦子是否就可以构成一堆麦子的问题上,或者拔掉马尾巴上的一根毛后是否就成了一个秃尾巴的问题上,我们最初会考虑到量的性质,作为存在的外在和无关紧要的规定性,人们暂时倾向于存在对这些问题予以否定的回答。然而,人们很快就不得不承认,这种无关紧要的可增可减也是有限度的,最终会达到一个极限。换言之,继续增加一粒麦子就会变成一堆麦子,继续拔掉马尾巴上的一根毛就成了一个秃尾巴。此外,一个农夫的故事也是如此:他一两一两不断地增加驴子的负担,直到驴子最终无法承受其重量,便轰然倒下。如果宣称这些内容仅仅是学究气的闲谈,那就大错特错了。其原因在于,事实上,这些例子涉及思想,在生活实践中,更为确切地说,在道德方面,也是至关重要的。因此,以人们的开支为例,起初有一定的范围限制,在这种范围限制内,多花一点或少花一点,都无关紧要。但如果每次都出现特殊情况,超过了用钱的限度,花得太多,或花得太少,就会引起质的改变。与前文提到的水的不同温度的例子一样,变化就会发生。原本还被视为有益的节俭,超过某种限度就转化为奢侈或吝啬。同样的道理也适用于政治,在某种限度内,一个国家的宪法必须被认为是独立的,同时取决于其领土的大小、居民的数量以及其他量的因素。例如,一个拥有一千平方英里的领土和四百万居民的国家,人们起初会毫不犹豫地承认,几平方英里的领土或几千居民的增减,不可能对这样一个国家的宪法产生任何影响。另外,不应忽视的是,在一个国家的面积或人口持续增加或减小的过程中,最终会出现一个极限,宪法就会相应地做出改变,这是由于量变引起了质变。瑞士一个小州的宪法,不适合一个大帝国,罗马共和国的宪法同样不适用于德意志帝国的小城市。

§ 109

　　尺度的消逝,也就是由新质代替旧质,而不是质的完全消逝。这种旧质的消逝,就是无尺度。由于其量的质超过原来质的规定性。但由于另一个量的比例,即第一个量的统一体的关系,虽然是无尺度,但同样是有质的。然而,这种无尺度是对原尺度的否定，会产生新的质统一体。这种从质到定量的过渡，从定量到质的过渡，由尺度到无尺度，由无尺度到尺度的转化，表象为无限进展，抑或是尺度扬弃其自身成为无尺度，而又恢复其自身为尺度的无限进展过程。

【附释】正如人们所看到的，量不仅能够变化，即可增可减。与此同时，一般来说，量是超越自身的。这种倾向在限度之内也保持着，当量的变化超出一定限度，原来的旧质就会被取代。但由于尺度中的量超过了一定的限度，与之对应的质也就被扬弃了。然而，这并不否定一般的质，而仅仅是否定这种特殊的质。因此，这种特定的质，这一特定的质立刻就被另一特定的质取代。具体来说，尺度的这一过程，交替地被证明仅仅是量的变化，然后也是量成为质的变化，量变带来质变。然而，在这里，我们不仅可以在表象层面看到这一点，还可以从概念上去理解质互变。与此同时，我们可以在相交线的帮助下获得直观的认识。人们在自然界中发现了不同形式下的这种相交线。正如前文所叙述的那样，水由于温度的增减而表现出质的不同聚合状态。以类似的方式，金属的不同氧化程度也是如此。在这个意义上，音调的差异，也可以被看作在尺度变化过程中发生的，最初仅仅是量变到质变的一个例子。

§ 110

事实上，这里所发生的，仍然是尺度自身的直接性被扬弃的过程。在尺度中，质和量自身一开始就作为直接性存在于其中，而尺度仅仅是二者的相对同一性。看起来，尺度被扬弃成为无尺度；然而尺度在无尺度之中，仍是其与自身的结合。

§ 111

无限，作为否定之否定的肯定，并不是抽象的方面，例如"有"与"无"的统一，某物和别物的统一，接下来就要谈到质与量的统一了。如今，质与量的关系有以下三个层次。

第一，由质过渡到量（详见§98），由量过渡到质（详见§105），二者其实是自我否定。

第二，在尺度之中，二者获得了统一，但是这种统一仍然是间接的，也就是二者仍然保持着某种独立性。

第三，原本的质的直接统一，即尺度。更为确切地说，由于质变而被扬弃成为无尺度，但是无尺度仍然是一种尺度。原来潜在的统一发挥出来，变成了明显的统一，最终的产物就是原来潜在内容的发挥。这种统一体现作为简单的自身联系，被视作它自身的内容，它包含一般的存在和它自身被扬弃的形式。存在或直接性，通过对自身的否定，通过自身的间接性与自身相联系，因而正是经历了这一间接性的过程，存在和直接性复扬弃其自身而回复到自身联系或直接性，这就是本质。

【附释】尺度的过程，不仅是以将质转为量、将量转为质的形式出现的，无限进展的坏的无限性，同时是在他物中与自身一起前进的真正无限性。在尺度中，质和量最初是相互对立的，作为某物和他物。然而，如今的质自身就是量，反之，量自身就是质。因此，当这二者在尺度的过程之中相互融合的时候，这两个规定因素中的每一个都只成为它自身，人们现在获得其规定被否定了的、总之是被扬弃了的存在，这就是本质。这就意味着，在尺度中潜在地已经包含本质，而尺度的发展过程只在于将它所包含的潜在的东西实现出来。通常的意识将事物设想为存在，并依据质、量和尺度来考虑二者。然而，这些直接的规定并不是固定的，而是过渡的，其本质是矛盾进展的结果，指二者辩证的结果。诚然，在本质中，各个范畴都是不固定的，当它过渡到别物的时候，此物就消逝了，存在的各个范畴之间的联系是潜在的。在存在中，联系的形式仅仅是人们的反思；但在本质中，联系是它自身的规定。在存在的范围内，当某物成为他物的时候，某物也就随之消逝了。在本质上并非如此；在这个意义上，没有真正的他物，而只有差异，一个东西与它的对方的联系。因此，本质的消逝，同时不是消逝；因为他物在成为他物的消逝中，不同者并没有消逝，仍留在二者的联系中。例如，如果人们在谈到"有"与"无"的时候，"有"是独立的，那"无"同样也是独立的。

另外，肯定和否定的关系是完全不同的。诚然，这些都具有"有"与"无"的特性。然而，肯定的内容自身并没有意义，而是与否定的内容有严密的联系。否定的范畴也是如此。在存在的范围内，各范畴之间的联系仅仅是潜在的，联系性只存在于自身。然而，在本质上，各范畴之间的联系同样是被确定的。那么，这就是存在的形式和本质之间的区别。在存在中，一切都是直接的，而在本质中，一切都是相对的。

第二篇　本质论

§112

本质是设定起来的概念；规定性的内容在本质中仅仅是相对的，还没有完全返回概念自身；这就是概念目前还不是自在自为的原因。本质通过自身的否定性来发挥间接性，与自身相联系，只有在它与他物的联系中，才是与自身的联系，然而，他物不是直接的，不是作为存在，而是作为确定的和间接性的事物。一方面在本质中，存在并没有消逝，但首先存在作为与自身的简单联系时，它才是存在。但在另一方面，存在，由于其片面的规定，指的是直接性的内容，被贬低到一个仅仅为否定的内容，一个假象。在此，存在是映现在自身中的存在。

【说明】绝对是本质。这种定义与"绝对是存在"同一，只要存在也是对自身的简单联系；但它也更高，因为存在是过渡自身的存在，即它对自身的简单联系是这种联系：被视作否定之否定，指它在自身中与自身的间接性。在这里，把绝对界定为本质，就如同把绝对界定为存在一样，都是各自皆为单纯的自我关系，而没有与对方结成对立统一而言的，由此，这两个定义都是空洞和抽象的。没有任何特定的谓词，而存在自身也正因此仅是作为一种结果，而没有这种前提，即抽象的躯壳。然而，由于这种否定不是外在于存在，而是它自身的辩证法。因此，它的真理，存在，就像存在过渡自身或存在于自身一样。本质的特性在于具有反思作用，本质的存在和直接的存在的根本区别就在于此。故而范畴之间是相互映射的，在特有的规定之中才能了解自身。

【附释】当人们谈论本质的时候，人们将存在与本质区分开来，认为存在是直接的内容，并在本质方面将其视为一个纯粹的假象。但这种假象根本就不是空无，而是作为扬弃的存在。诚然，本质的观点首先是反思的观点。反思，如反射（Reflexion）这个词首先用于光学领域，它在直线运动中遇到反射面，并被反射回来，这就是反射。因此，人们在这里有一个双重的内容：一方面是一个直接的、现存的内容，另一方面是同一个内容作为一个间接性的或建立的内容。但这正是人们对一个对象进行反思时会发生的情况。换言之，人们也习惯在思考之后进行反思，因为这里的对象在其直接性中是无效的，但人们想知道它的间接性。在这个意义上，哲学的任务或目的也可被理解为，要认识事物的本质变化，而通过这一点，人们只理解到，事物不能被留在二者的直接性中，而须指出它是以别的事物为介质或根据的。事物的直接存在在这里被提出来，就像一块表皮或一个帷幕，本质被隐藏在它的后面。

当人们说，一切事物皆有本质的时候，也就是在说，事物真的不是它们直接所表现的那样。因此，它也不仅是从一个质过渡到另一个质，而仅仅是从定性过渡定量，或反之，事物中有其永久的东西，这就是事物的本质。至于本质范畴的其他含义和使用，可以首先看一下德语中使用"存在"一词做时间助词来表示过去时，"本质"一词是如何使用的。过去的 Sein（存在）在德语中是 Gewesen（曾经是），Wesen（本质）表示助动词 Sein（存在）的过去式。这一德语动词的不规则用法是基于对存在和本质即 Sein 和 Wesen 关系的适当理解，因为人们能把一切事物的本质看作过去的存在，在此只需注意，过去的内容因此不是抽象的否定，而仅仅是扬弃，因此同时是保存。例如，人们说，恺撒去过高卢，仅仅是这里所提到的恺撒的直接性被否定了，但根本不否认恺撒曾驻扎在高卢，因为正是这一点构成了这句话的内容。然而，这一内容在这里被呈现为扬弃。当在日常生活中谈到本质的时候，这往往只具有总合或共体的意义。所以当人们谈到报纸体系、邮政体系、税收体系等,这些词的中"体系"正是德语词 Wesen(存在),其含义不言自明。换言之,这些事物不应当在二者的直接性中被单独看待,而应作为一个综合体,随后在二者的各种联系中进一步变化。那么,这种语言的使用即包含了那些向人们揭示的本质。

我们常常说有限的本质,把人说成有限的本质,把上帝说成至高的本质,这些说法都是不对的。首先,就其本质来说,已经超出了有限的意义。这是不准确的。如果进一步地说,当我们存在一个至高的本质,也就相当于说这个事物或本质是有限的,所以称上帝为至高的本质,这样不仅不能抬高上帝,反而是贬低了上帝。因为"有这样一个事物"的说法,就暗示那种事物仅仅是有限的。其次,例如,人们说,有这么多的行星,或者有这样那样的性质的植物。但如今,上帝作为绝对无限,除以这种方式存在的内容外,旁边也有其他的内容。除上帝外,其他存在的内容在其与上帝的分离中没有本质性;恰恰相反,在这种分离中,它应被视为自身没有实质内容的存在,仅仅是一个假象。这里就包含着我要指出的第二点:仅仅把上帝视为是至高的存在,这是不合乎理性的。这里包含的量的范畴确实只在有限事物的领域才能找到它的位置。例如,人们说这是地球上至高的山,这样一来,人们就有了表象观念,即除了这座至高的山,还有其他的高山。当人们说某人是某一国家最富有或最有学问的人时,情况也是如此。然而,上帝不仅是一个存在,也不仅是至高的本质,而是唯一的本质。因此,人们应当注意到,虽然这种上帝的概念形成了一个重要的和必要的阶段,宗教意识的发展,基督教对上帝的观念的深度绝非由它穷尽。如果人们只把上帝单纯看作是本质并止于此,人们就只知道,上帝是普遍而不可抵抗的力量,或者换句话说,他只是主。如今,对主的敬畏的确是开端,但它也仅仅是智慧的开端。在犹太教等这些宗教中,上帝被理解为主,而且在本质上是唯一的主。这些宗教的缺点在于有限性没有过渡其自身,这种有限性(无论是作为自然的还是作为精神的有限性)构成了异教的特征,因此同时是多神教的特征。此外，人们经常说，上帝作为至高的本质，不可能被认识。这一般是近代启蒙所持有的立场，更接近于抽象的知性，仅仅满足于抽象地承认天地间有一个至高无上的存在。如果人们以这种方式思考，只把上帝看作至高的、彼岸世界遥不可及的本质，而把现象世界看成固定的具体事物，不理解本质、忘记了本质正是对一切眼前事物的扬弃。上帝作为抽象的、远在彼岸世界的存在；在其之外的差异和规定性，确实是抽象的本质，一个抽象的、知性的、纯粹的躯壳。对上帝的真正认识，始于知道一切事物在其直接存在中是没有真理的。

不仅在与上帝有关的方面，而且在其他对象方面，经常发生的情况是，本质的范畴被抽象地使用。再者，在观察事物的时候，事物的本质被视为独立自存，与事物现象的特定内容毫不相干。这样一来，人们往往会说，人最重要的是他们的本质，而不是他们的行动和行为。诚然，人们的所作所为不应视为直接的，而是应视为通过其内心的间接性，并作为其内心的一种表现。然而，不能忽视的是，本质和内在的存在只有通过现象，来证明自身的确是这样的；而人对其本质的呼吁，与其行动内容不同，仅仅基于主张他们的纯粹的主观性和回避那对其自身有效的目标。

§ 113

本质阶段中的自身联系，指的是同一性，即自我反思的形式。同一性和自我反思，在存在论和本质论的地位相当，都表达着单纯的自我关系。只不过存在论的范畴是直接的，指的是独立自存，与其他范畴无关。但是在本质论中，本质阶段的自我联系表现为同一性。从感性上升到知性，由无思想的感性过渡到固执的知性，把有限事物看成与自身不矛盾的自我同一性，指的是彼此不矛盾的内容。

§ 114

这种源自存在的同一性，起初仅仅受到了存在的规定性的影响，似乎这些规定与存在仅仅只是外在的关系。这种外在的存在，如果这样从本质中抽离出来，就被称为非本质。然而，本质之所以为本质，就是因为它在自身之中，具有自身的否定，与他物有联系，本质需要非本质去表现，由此本质和非本质的关系是内在的。一切有区别之物，都既间接又直接。因此，本质自身就有非本质的内容作为自身的假象。然而，由于映现或间接性中，我们需要注意，在与它所来自的那个同一的区别中，它不是或作为假象处在其中，它自身接受了同一性，所以它仍然采取存在或自身联系的直接性的形式。故本质领域成为直接性和间接性的一个仍然不完善的联系。在它里面，一切都以这样一种方式规定，即它指的是它自身，但同时它又超越了它，作为反思的存在，一个存在中的另一个假象和另一个假象中的那个假象。因此，它也是集合矛盾的范围，在存在的范围内，它只存在于自身。

【说明】在本质的发展中，因为唯一的概念是一切事物的实质，所以在"本质"的发展里，出现了和在"存在"的发展里同一的范畴，都采取了反思的形式。因此，存在和本质都源自绝对理念，二者所包含的范畴实质上是一样的，只不过形式不一样。也就是说，存在论的范畴和本质论的范畴，只不过一个是直接的，一个是间接的。因此，原来的有与无，就被肯定和否定给代替了。在存在的同一性是无差别的，而在本质的同一性是有差别的。在存在论中，定在是从变易发展而来的，而本质阶段的实存（Existenz）则是有理由的定在。

本质论是逻辑学中最难理解的一门。本质论包含着一般的形而上学和科学的知性范畴，但是又不能停留在这些片面的知性范畴上。知性将各范畴的区别既看作独立自存，又肯定它们的相对性。知性只是把二者并排或一个接一个地连接起来，并没有把这些思想结合到一起，将二者统一成为一个概念。

A. 本质作为实存的理由

（a）纯粹的反思规定

（1）同　　一

§ 115

本质反映于自身，或者说是纯粹的反思，所以本质仅仅是与自身的联系，不是直接的，而是反思的自身联系，故称为自身同一。

【说明】人们坚持同一，从差异中脱离出来，就此来说，这种同一仅仅是形式的或知性的同一。或者说，抽象是对这些形式的同一的确定，并将自身具体的内容转化为这种简单的形式。于是，人们将同一和差别对立起来，造成这一情况有两大原因。一是通过所谓的分析方法，失去了事物的多样性，仅仅抓住某些特定就以偏概全；二是抹杀了事物多样性直接的差别，将其混为一谈。

如果我们把同一和绝对联系起来，并且以绝对为主词，我们就会得出，"绝对是自身同一的内容"这一命题，虽然这个命题从表面上看是合乎理性的，但它是否真的是真理，尚不能确定，实际上这一命题的表达方式是不完美的。因为人们没有规定是抽象的知性，即在对立于本质的其他规定性中，还是作为具体自身的同一；所以，正如人们将看到的，只有具体的同一，才是真正的同一，换言之，到了本质论阶段，才能被建立起来。在本质论阶段，它起到的是理由的作用；而到了概念论，它才成为概念。与此同时，绝对一词自身也常常除抽象之外，没有深层次的意义；因此，绝对空间和绝对时间之类的词仅意味着抽象的空间和抽象的时间。

本质的各种规定，作为思想的重要范畴，首先被假定为主词的谓词。因为这些谓词具有重要的意义，所以主词就包含了一切内容。由此产生的命题被称为普遍的思想法则。因此，形式逻辑的同一律的命题为："一切事物都与自身同一"；换言之，"甲是甲"。其反命题为："甲不能同时是甲和非甲"。更为确切地说，这一命题与其说是思想的真正规律，不如说是抽象知性的规律。这一命题的形式与它自身相矛盾，因为一个命题需要明确主词和谓词之间的区别，而这个区别，就是谓词要超出主词的内容，但这并没有满足它的形式要求。然而，这一规律是由以下所谓的思想规律所扬弃的，这些思想规律把同一律的反面认作规律。有人认为，人们无法证明同一律的合理性，但每一个意识皆按同一律来进行，并且就经验看来，每一个意识只要了解同一律，就能被接受。但在另一方面，这种所谓的经院哲学，无法得到普遍经验的支持，即没有一个人的意识是基于这种规律而思考的，人类恰恰不按照同一律来说话，也没有一种存在是按照同一律存在的。倘若人们按照同一律说话，那行星就是行星；磁力就是磁力；精神就是精神，就会被认为是愚蠢至极的；这可能是普遍的经验。只强调这种抽象规律的经院哲学，早已与逻辑一样，在人类的常识和理性里失掉信用了。

【附释】与前文所提到的存在一样，同一最初本是相同之物，但由于扬弃存在的直接规定性，而成为同一。换言之，同一是存在的直接性被扬弃的结果，由此也可以说，同一是作为理想的存在。正确地理解同一的真正含义至关重要。值得注意的是，同一不应被单纯看作一个抽象的同一，即不应当被看作排除了差异的同一。这是一切糟糕的哲学与实至名归的哲学之间的不同之处。同一在其真理中，作为直接存在的理想性，指的是一种很高的范畴，无论是对人们的宗教意识，还是对一切其他思维和一般的意识而言。我们可以说，对上帝的真正认识以认识上帝的同一为开端，因为上帝就是绝对的同一。与此同时，世界上一切的力量和一切的荣耀都在上帝面前此消彼长，只有通过具体的同一才能真正认识事物和上帝。因为事物是思想设定的内容，自然包含着差别；而上帝就是绝对精神，他是演化的产物，也包含着各个环节。同样地，作为自我意识来说，同一是区分人与自然，特别是人与动物的关键。只有人，才能认识到自我的同一，而动物不能达到自己与自己的纯粹统一。至于与思维有关的同一的意义，不能把具体的同一和抽象的同一混为一谈。思维中的偏执、固执，都是这种抽象的同一的体现。如果思维是抽象的同一，那么最无聊的事情莫过于此。概念和理念是同一的，但它们也有差异。更为确切地说，一切对思维的片面性、生硬性、缺乏内容等的批判，特别是从感觉和直观的角度来看，其依据都是错误的预设，即思维活动只在于建立抽象的同一，而正是形式逻辑自身，在提出我们上面讨论过的那条所谓思维的最高规律的时候，这一预设获得了证实。这也就意味着，如果思维只不过是那个抽象的同一，那么同样的内容就必须被宣称为最多余、最乏味的工作。概念和理念，诚然和它们自身是同一的，但它们之所以同一，只因为它们同时包含有差别在自身内。

（2）差　异

§ 116

本质自身仅仅是纯粹的同一和假象，因为它是对自身的否定性，从而从自身排斥自身。因此，本质必然包含着差别，因为只有通过自我否定，才能建立起自我的映现，从而扬弃存在的直接性。异在（Anderssein），在这里不再是质的，不再是规定性及限度。但正如在本质中，在自身联系的本质中，否定同时是联系、差异、规律的存在和间接的存在。

【附释】如果有人问，同一是如何发展成差别的呢？这个问题是一个伪问题，因为这个人是以知性思维去理解这一范畴的。同一作为纯粹的，即作为抽象的同一，指的是自身的内容，同时假定了差别是另一种同样地独立自存之物。然而，由于这种假定，要想真的对所提出的问题做出回答，是不可能的。其原因在于，如果人们觉得同一与差异不同，那么人们在此就仅有差异了，并且这种原因对差异的进展也不能获得证明。因为对于询问如何进展的人来说，进展的出发点根本不存在。因此，这种问题，当对其进行更仔细的审视时，证明是相当没有意义的。有必要首先向提出这种问题的人提出另一个问题，即他认为的同一是何物。这样一来，就会发现，同一对他来说仅仅是一个空洞的名词。与此同时，正如人们所见，一切事物的同一，指的是一种否定，然而，并不是抽象的、空洞的一般的无，而是对存在及其规定性的否定。然而，就其自身而言，同一也是自身联系，与自身的否定联系，以及自身与自身的区别。

§117

其一，差异是直接的差异（Die Verschiedenheit）。在这种差异（或说多样性）中，不同的事物按照他们的原样，各自独立，在此物与他物发生联系后，双方的性质也不因相互联系而受影响，那么这种关系就是一种外在的关系。由于这种外在关系产生的差别，就是外在的差别。这种外在的差别具体体现为相等与不相等两个方面：若外在关系的双方是同一，那么就是相等；若双方不同，那么就是不相等。

【说明】这些规定性因素自身，经过知性，以这样一种方式加以区分，加以比较，会获得同一的和不同一的基础。然而，知性思维意义上的同一和差别，指的是同一之中不包含着差异，而差异之中也不包含着同一。

关于同一，有同一律。关于差异，有相异律，即一切都不同，或者说，世间没有两个完全相等的事物。[①] 在这里，一切都被自身赋予了相异律，而且是与同一律恰恰相反的谓词。换言之，任何事物皆可被赋予与同一律相矛盾的规律。但世

[①] 详见莱布尼茨《一元论》§9。

间万物莫不相异之说仅由外在的比较得来，故事物自身只与自身同一，所以相异律与同一律共存实则并不矛盾。

这样一来，差异也不属于某物或所有物，它不构成这种主体的本质规定；相异律完全不能以这种方式对变化加以表述。然而，假若按照相异律之说，某物自身是不同的，它是由它自身的规定性所规定的。在这个意义上，任何事物都与自身同一，没有差别，物与物的差别只不过归咎于外在的比较。这样一来，它不再是指差异自身，不是外在的或表象意义上的差异，而是指其内在的，或本质意义上的差异。这也是莱布尼茨的相异律的含义。

【附释】当知性对同一进行考察的时候，知性事实上已经超出了同一，仅仅考察的是一种杂多形式的外在差别而已。如果人们相信所谓的同一律说：海是海，空气是空气，月亮是月亮，等等。那在人们看来，这些对象相对于彼此是毫不相干的，故人们所看到的，不是同一，而是差异。然而，人们并没有仅仅停留在将事物视为不同，而是进一步把不同的内容进行比较，就出现了同一和不同一的范畴。有限科学的任务，在很大程度上，包括对这些范畴的应用。如今，当谈到科学研究的时候，主要指的就是对不同内容进行比较。不可否认的是，许多至关重要的成果都是通过比较而获得的。在这个意义上，近代以来在比较解剖学和比较语言学领域的巨大成就尤其值得一提。然而，必须指出的一点是，如果有人认为这种比较的方法，可以同样成功地应用于一切知识领域，那就过于极端了；另外还必须特别强调一点，即目前尚未仅通过比较来最终满足科学的需要，而且前文提到的，比较方法所得的结果，只能被视为真正理解知识的必要准备工作，仅仅是获得概念式知识的阶梯。

与此同时，由于比较的目的在于将实存的差异追溯到同一，在不同的对象之中，寻找抽象的同一。数学是最合理的典范，可最彻底地实现这一科学目的，而这是由于量上的差异仅为相当外在的差异。因此，例如，在几何学中，一个三角形和一个四边形，在本质上是不同的，通过漠视这种质上的差异，仅仅看二者面积是否相等。在这个意义上，无论是对经验科学还是对哲学来说，数学这一优点都是不值得羡慕的，这一点在前文已经提到过了（详见§99附释），而且这一优点更多的是来自前面所提到的关于单纯的、知性的同一。

据说，当莱布尼茨在宫廷里提出相异律的时候，宫廷里的卫士和宫女们在花园里闲逛，努力地寻找完全没有差别的两片叶子，试图推翻莱布尼茨的说法。这无疑是处理形而上学的一种方便的方式，直到如今仍然很流行。然而，就莱布尼茨的相异律而言，应当注意到，这种差异不应仅理解为外在和无关紧要的差异，而应理解为内在的本质上的差别。换言之，事物自身包含着差异。

§118

同一指的是不同一事物的同一，这就意味着，同一包含着不同一。但在另一方面，不同一的事物，既然不同一，就意味着彼此之间是有联系的，一方是对另一方的映现。故而，直接差异只能是反思的差异，也就是对立双方相互间的反思，即固有规定性的差异。

【附释】虽然单纯相异的事物彼此表现为互不相干，但在另一方面，相等和不相等却是一对相互之间密切相关的范畴，二者必须在互相反思之中才能建立起来。这种从单纯的差异发展到相互对立的过程，也存在于我们的意识之中，只要人们承认只有在实存差异的前提下，比较才有意义。同样地，差别要在相等条件下才有意义，相等也要在差别条件下才有意义。因此，当有了明确差异的任务时，人们并不赋予那些只区分那些差异明显的对象的人以巨大的智慧，例如，有人说，一支笔不同于一头骆驼，没有人会觉得此人是个智者。正如在另一方面，人们会说，那些只知道如何比较彼此接近的内容，一个人能够比较两个近似的内容，如橡树和槐树，大家就会觉得他很了不起。这就意味着，需要具备在相同之中看出差异和在差异之中看出相同的能力。

然而，在经验科学领域，经常发生这样的情况：在这两个规定之一的情况下，往往仅注意到了两个的一个，科学的兴趣只放在追溯实存的差异到同一上，而在另一方面，同样被片面地放在发现新的差异上。在自然科学中，情况亦是如此。首先，自然科学家的工作任务在于发现新的和更多的新物质、元素、力、种、类等，换言之，按照另一种说法，证明迄今为止被认为是简单的对象，是复合的，而新的物理学家和化学家可能会嘲笑那些只满足于四种简单元素的哲人。但在另一方面，纯粹的同一又被考虑了进去，指的是就单纯的同一而言。在这个意义上，例如，不仅电和化学被认为在本质上是同一的，甚至消化和同化的有机过程也被认为是纯粹的化学过程。诚然，前文已经提到（详见 §103 附释），当近代哲学，往往被单纯的形式同一束缚着，即原子论，被贬称为同一哲学的时候，它恰恰是哲学，特别是思辨逻辑学。这表明从差异中抽象出来的单纯的知性是无效的。这样一来，思辨逻辑学就需要教育人们不要仅停留在外在差异之上，而要认识到事物之间的内在联系。

§119

差别自身包含着肯定和否定两个方面。肯定的一面是一种与自身同一的联系，它不是否定的东西；否定的一面，而是自为的差别物，而非肯定的内容。故而双方都具有一种独立性，此方不同于彼方，彼方不同于此方，但是同时每一方面都映现在它的对方内，都依赖对方，没有此方，就没有彼方。换言之，肯定和否定的关系，就是本质的差别，也就是每一方的本质都必须在相互反思之中才能建立起来。因此，外在的差异，可以离开对方而独自存在。但是肯定离开否定，那么肯定的意义就全然不见了。由此可见，每一方都是其对方的存在。

【说明】这种差异自身就产生了一个命题："一切事物都是本质上不同的内容。"或者正如被表达的那样："在两个全然相反的谓词中，只有一个谓词来规定这种内容，而没有第三个谓词。"这种命题与同一律相矛盾，因为按照同一律来说，某物仅仅是与自身的联系，但按照对立律而言，某物是一种与自身相反的联系，指的是与存在的其他联系。把两个如此矛盾的命题并列为规律，甚至不加以比较，这是抽象事物的特有的短视做法。排中律是按照知性思维去理解差异，并试图去排斥矛盾，但实际上并没有排斥矛盾，反而使自己陷入矛盾，这样就犯了同样的错误。比如，一个甲不是正甲，就是负甲，那这种说法已经包含着第三方，即这个第三方就是甲。这个甲既不是正甲，也不是负甲；既可以为正甲，又可以为负甲。又如正西，指的是向西六公里，而负西指的是向东六公里，正反抵消，但是留下了六公里，这就是第三方，也就是存在一个正负的可能性。即使是纯粹的数字或抽象方向的加号和减号，我们也可以说，以零作为它们的第三方。然而，不能否认的是，知性所设定的加减之间的空洞对立，在数字、方向等抽象概念中的研究中，是十分重要的。

在矛盾概念的学说中，例如一个蓝色的概念，类似于颜色的感性表象，在这样的学说中，也被称为概念。蓝的对立面就是非蓝的概念，但是非蓝仅仅出于对蓝的抽象否定，例如黄色，而只应当被认为是抽象的否定的东西。否定的内容自身也同样是肯定的（详见下节）。换言之，与一个某物相对立的事物，就是某物的对方。所谓对立概念的空无，在普遍规律的表述中获得了充分的体现，即一切这些恰恰相反的谓词的每个事物，具有其一，而不能具有其他。因此，精神要么是白色的，要么不是白色的；要么是黄色的，要么不是黄色的，以此类推，以至无穷。

由于忽视了同一和对立自身是相互对立的，对立的原则在矛盾原则的形式下甚至被认为是同一律。如果一个概念不承认相反是同时具备的，从逻辑上来说就是错误的，例如，一个方形的圆。尽管方形的圆和圆的弧形同样与这一规律相矛盾，但几何学家并不反对将圆视为具有直角边的多边形，并对其加以分析。但像圆这样的事物，就它的纯粹规定性而言，还不能说是一个概念；在圆的概念中，中心和边线同样是必不可少的，两个特征都具有；然而，边线和中心却是对立和矛盾的。

在物理学中大行其道的两极观念，如磁力的正负，自身就包含了对立的合理判断，但如果物理学在思想方面仍坚持通常的逻辑，那么，如果它发展了两极观念，充分发挥两极所包含的思想，那它一定会颇为自己感到震撼。

【附释1】就肯定性作为较高真理的同一性而言，肯定即是自己与自身同一的关系，同时表明了肯定并不是否定。否定的内容对其自身来说，无非是差异自身。一方面，同一自身是无规定性；但在另一方面，肯定是与自身同一的，但与他物相反，而否定是差异自身中的差异，指的是具有非同一的规定的差别。由此，否定是它的对立，也就是说，否定是差异自身内的差异。人们认为正反两方面要有绝对的区别。然而，二者自身却是同一的。因此，人们可以把肯定的内容称为否定的内容，也可以把否定的内容称为肯定的内容。比如，财产和债务不是两种特殊的、独立的资产类型。在负债者那里，指的是否定的财产，而在债券者那里，指的是肯定的财产。又如，向西走和向东走，方向虽然不同，但其实是同一条路。因此，肯定的内容和否定的内容，在本质上是相互制约的，而且只存在于二者之间的联系中。没有南极，磁铁上的北极就不复存在，没有北极，南极也不能存在。在这个意义上，如果你把一块磁石切成两半，不可能一块上有北极，另一块上有南极。同样地，正电和负电也不是两种不同且独立自存的流质，二者自身就存在。在对立中，差异并不是随意与一个内容相对立，而是与其他的对立面相对立。通常意识总认为不同之处在于它们之间毫无联系。

例如，有人说，在我周围是空气、水、动物和其他的东西。每一事物都在别的事物之外。哲学的目的是消除这种毫无联系，认识到事物的必然性，从而表明他物与它的他物相对立。举例来说，无机物不应仅被视为除有机物以外的内容，而应被视为有机物的必要的他物。二者在本质上是相互联系的，而两者之中的任何一方，只有由于排斥对方于自身之外，才恰好能与对方建立起联系。同样地，自然不能没有精神，而精神也不能没有自然。当人们在思维中已经摆脱了这样的想法：现在别的东西也是可能的，这实际上是思想的一个重要进展。这样一来，人们仍然会被偶然性困扰，而正如前面所指出的一样，真正的思维是一种必然性的思维。

如果在近代自然科学中，人们开始认识到，在磁学中首先被感知为两极的对立，指的是贯穿整个自然界的普遍规律，那么这无疑应被视为科学的重大进展。人们首先要做的是，不要把纯粹的差异与对立认为同等有效，不需要展开进一步的讨论。例如，颜色有时被不假思索地视为彼此的两极对立，即所谓的互补色，其次又被视为红色、黄色、绿色等之间纯粹的量差异。最后在颜色问题上，科学家承认相反颜色之间的差异，而把不同的颜色仅仅看成量的差异，否认二者之间的对立。

【附释2】按照代替抽象理智所建立起来的排中律，我们可以说：一切都是对立的，是相反的，不管是天上还是地下，没有非此即彼的抽象内容。换言之，可以用排中律来代替排中律所规定的非此即彼。一切称之为存在的内容，都是具体的内容，也就是其自身包含着差别和对立。有限事物之所以有限，就是因为片面的肯定不符合自身及其本性，由此，有限事物必然要转化为其反面，实现它潜藏的本性。例如，在无机物中，酸自身也是碱，即它的存在与它的其他存在有关。因此，酸也不是全然坚持对立的内容，而是努力把自身确定为它自身的内容。正反双方的矛盾成为推动世界的动力，说矛盾不可能是思维，那是可笑至极的。

这一论断的合理性仅在于，我们不能停留在矛盾中，即矛盾不可能存在，矛盾同样可以通过自身来扬弃它。但扬弃的矛盾并不是抽象的同一。其原因在于，这自身仅仅是对立面的一个方面。由对立发展为矛盾，其直接结果就是理由，它自身包含了作为扬弃的同一和差异性，并充当纯粹的理念性的环节。

§ 120

对于否定来说，肯定也是一种差异，它应当为自身而存在，同时与对方不是毫无联系的。然而，这种差异自身就是一种自我联系，但这种自我联系意味着与对方是有联系的，依赖其相反的对立面。否定同样是一种独立的、自为的自我联系，并不是单纯的否定。因此，二者都是集合的矛盾，二者自身是同一的。二者对自身也是如此，因为每一方都是对对方的扬弃，并且又是对它自己本身的扬弃。这就意味着，肯定和否定都需要与对方发生联系，通过扬弃自我，体现出自身的独立性。在真正的本质之中，同一和差别是密不可分的，是对立统一的。差别一方面是自我指称，另一方面表达了与自己同一的意思。所谓对立面就包含了此和彼、自身与对立面。对本质的内在存在加以这样的规定，就是理由。

（3）理　　由

§ 121

理由是同一和差别的统一，指的是由同一和差别发展而来的真理。在理由之中，反映自身也就是在反映对方，反映对方也就是在反映自身。由此，理由也就是全部的本质。

【说明】充足理由律指"一切都有其充足的理由"，即事物的真正本质，不是指某物与自身同一或与自身不同的规定，也不在于单单的肯定或否定，而在于事物通过他物的存在中得以存在，这个他物其实也是与该事物自身同一的。因此是事物的本质。本质也不是反映在自身内，而是反映在他物中。理由是内在存在的本质，本质在实质上就是理由，而只有当本质是某物或他物的理由时，本质才是理由。

【附释】当理由被视为同一和差异性的统一的时候，那么这种统一性就不应当被理解为抽象的同一，所以在这里，为了避免误解，我们不用同一这个词，而是用统一这个词。换言之，理由不仅是同一和差别的统一，而且不同于同一和差别，扬弃了二者的对立。这样一来，本来想要扬弃矛盾的理由，好像又引发了一种新的矛盾。就其自身而言，它不是那种全然地坚持其自身的矛盾，而是将自身排斥在自身之外。理由之所以是理由，是因为它能证明自身；但从理由中所产生的内容就是它自身，这就是理由的形式逻辑。理由和理由所证明的内容是同一的，二者之间的区别仅仅是与自身的简单联系和间接性或设定的存在的形式区别。如果人们想要分析事物的理由，就必须采取反思的观点，即双方各自映现对方，再返回自身（详见§112附释）。这样才能既认识事物的直接性，又能认识事物的间接性。充足理由律的意义就在于，理由表明了事物的本质是间接的，也就是要理解此物，就必须转向它的他物中去理解，再经历返回自身这一过程。

与此同时，形式逻辑并没有指出理由这个概念的含义。逻辑学在建立这一思维定律方面给其他科学树立了一个坏榜样，因为形式逻辑要求其他科学给出理由，未对其内容深信不疑，而它自身所建立的这一思维定律，却没有经历过推演和说明的过程。逻辑学家以同样的观点说明，人的思维能力恰好具有这样的性质，以至于人们必须为一切事物寻找理由，医学家在被问及落入水中的人为什么会淹死的时候，可以回答说，人的身体恰好就是这样构成的，人不能在水中生活；同样地，法学家在被问及罪犯为什么会受到惩罚的时候，也可以回答说，公民社会曾经是这样构成的，犯罪不能不受惩罚。如果人们不要求逻辑学对理性法则进行论证，那么它至少必须回答"关于理由应被如何理解"这一提问。通常的解释，即理由是有结果的，初看起来，比上面的定义更有道理，也更容易理解。然而，如果人们继续问后果是什么，并且获得的答案是：有此后果也情有可原。那么很显然，这种解释之所以明了易懂，仅仅是因为它已预先假定了我们此前思想过程中所产生的结果。

如今，逻辑学的工作就是如此，把那些纯粹是表象出来的、无法理解的、未被证明的思想作为自我规定的思维阶段，需要对于各种表象和观念进行证明。在日常生活中，同样也在有限的科学中，这些反思的形式经常被使用，其目的是通过二者的应用来发现所考虑的对象实际上是什么样的。如今，只要其目的仅在于求解日常浅近的知识，这当然也无可厚非，但同时必须指出，它在理论上或实践上都不能给予明确的满足，这是由于这种认知方式，还缺乏在自身中确定的内容，所以人们通过把特定的内容视为基础，获得的仅仅是直接和间接性的形式差异。比如，人们看到了电流现象，并询问这一现象的原理，获得的答案是，电就是这一现象的原因。这无异于把我们看到的内容分析出它的同一内容（电流和电），然后转化为一个内在存在的形式。

进一步来说，理由不仅与自身简单同一，也与其有所区别，故可为一个同一的内容提供不同的理由。有两种可能，要么是赞成这一内容的理由，或者是反对这一内容的理由。而这些不同的理由，按照差别的概念，将进一步发展到支持和反对同一内容的两种形式的对立。与此同时，许多问题无法依靠充足理由律解决，因为对立双方都可以有充足的理由。以盗窃为例，这一事实可以区分为好几个方面。失主的财产因此受到损害；但贫困的小偷也因此获得了需要的物资，而且排除了失主未能好好利用其财产的情况。诚然，这里发生的对财产的侵犯是规定性的观点，在这之前，其他方面必须退居其次，但单靠充足理由律却不能解决这个问题。诚然，按照一般对于充足理由律的看法，这条规律既可以说是充足的，又可以说是不充足的。因此，人们可以认为，在上述提到的行为案例中强调的其他方面，例如，除侵犯财产外，还可以举出别的一些观点作为理由，但仅仅是这些理由还不够充足。应当注意的是，当谈到充足理由的时候，"充足"一词并非毫无意义，通过它可超越理由自身的范畴。如果表象的谓词只表达提出理由的能力，那么它就是空洞的、重复的。因为理由只有在它拥有这种能力的时候才是理由。如果一个士兵为了活下去而逃离战场，临阵脱逃这一行为就违背了他的职责。然而，不能说规定他这样做的理由不充足，因为这样一来他就会留守在自己的岗位上了。

但也必须说，一方面来讲，一切的理由都是充足的，而从另一方面来讲，没有任何理由自身是充足的。正如上文已经指出的那样，理由还没有一个在自身中规定的内容，故不是自我能动和自我所能产生的。作为这样一个自身已确定的、因而也是自我能动的内容，这种概念就是后文将提及的概念，这也是莱布尼茨在谈到充足理由，并坚持从这种角度去观察事物时所要考虑的。莱布尼茨首先想到的正是当下正流行的、纯机械性的认知方式，他提出充足理由律就是希望人们通过概念去理解，而不是机械地、外在地去找某物的理由。因此，如果把血液循环的有机过程仅仅归因于心脏的收缩，那仅仅是一种机械的解释；同样机械的还有，那些把使公民遵纪守法、威慑潜在的犯罪者或其他此类的外在原因作为惩罚目的的刑法理论。更确切地说，事实上，如果人们认为莱布尼茨满足于像充足理由律这样贫乏的内容，那就是对他的极大不公。他所主张的看待事物的方式，与形式主义正好相反。这是由于形式主义在理解认知的问题上，认为仅仅存在理由就足够了。在这方面，莱布尼茨将致动因和目的因进行了对比，并要求不要停留在致动因上，而是要深入目的因。由此，理由这种差异，阳光、温度、水分，被视为植物生长的致动因，而非目的因。所以，他强调致动因和目的因的原因就在于此。目的因就是强调概念。

值得注意的是，尤其是在法律和道德领域，仅仅寻求形式的理由，这是诡辩论的立场，以及当人们谈到诡辩时，往往将其理解为一种看待事物的方式，其目的是歪曲合乎理性的内容和真实的内容。然而，诡辩论，即智者学派，出于对道德和权威的不满，仅仅秉持着一种合理化论辩的观点。在希腊人中，可以发现智者学派的身影。在宗教和道德领域，纯粹的权威和惯例已经不足以满足他们，他们甚至觉得，可靠事物须得是经过思维传达的。在这个意义上，智者学派满足了这一要求，他们教人们随机应变，以不同的观点来解释事物，而这些不同的观点最初只不过是理由。

如今，正如前文所指出的那样，理由自身并没有确定的内容，对于违反道德的和不合法的行为可以找到理由，就像对于道德的和合法的行为一样，需要寻求理由。要决定哪一个理由更有可信度，就必须由每个人自行做出抉择，至于所规定的内容，则取决于个人的性情和意向。这就破坏了公认的自身有效的客观基础，正是诡辩论的这一否定方面，理应败坏名声。众所周知，苏格拉底处处与智者做斗争，但他并非仅仅反对权威和传统，而是辩证地指出纯粹的理由是站不住脚的，因而将正义与善、普遍的东西或意志的概念之客观标准重新建立了起来。

如今，不仅在世间事物的论辩里，而且在讲道的时候，人们往往喜欢用修辞的方式来自圆其说，故牧师不惜找出一切可能理由，以教导世人感恩上帝的恩典，苏格拉底和柏拉图会毫不犹豫地宣称这种内容是诡辩。诡辩论其实不管真正的理由如何，只不过是形式地利用理由，为一切辩护，也反对一切。这样一来，在我们这个时代，即使是再罪恶的观点，也有人为其辩护。如前文所述，这里有争议的不是内容，它毕竟可以是真正的存在，而是理由的形式。通过这种形式，一切都可以被辩护，但也可以被攻击。具体来说，在人们的反思中，如果人们不知道如何为每件事，甚至是为最糟糕和最错误的事情给出一个合乎理性的理由，那么，他的教养就还不够高明。世界上的一切腐败都有很合理的理由。如果人们在最开始对这些理由深以为然；但当人们有了经验后，就会对这些理由不加理睬，不允许自身再被这些理由所误导。

§ 122

本质最初是在自身之中映现的，也就是自身同一。本质是间接的，本质通过对这种间接性的扬弃，建立起自身的统一。通过这种扬弃，本质回归自身，也就是回归到了直接性之中。这样的存在就叫作实存。

【说明】理由自身还不具备明确的内容，也不是目的，所以它不是主动能动的；但一个实存仅仅是从理由中产生的。因此，这种确定的理由只是某种形式的内容，也就是某种规定性的内容，只要这种规定性被视作与自身有关，被视作自身联系，被作为肯定，和它相联属的直接实存有关系，则都可以叫作理由。这就意味着，因为它是一个理由，所以它也是一个合乎理性的理由，合理的意思是抽象，不外乎是一个肯定词，而每一个规定性都是合乎理性的，可以在某种程度上作为一个公认的肯定表达。因此，任何事情都可以找到并给出理由，而一个合理的理由，例如适当的行为动机，可能会产生效果，也可能不会产生效果。与此同时，一个行为，要使得理由必须产生某个效果，就必须把理由纳入意志之中。只有这样，才能使得理由具有能动性。

（b）实　存

§ 123

实存是自身反映与他物反映的直接统一。因此，实存是许多实际存在着的事物的无定限集合，这些存在事物反映在自身内，同时又映现于他物中，所以是相对的，它们形成一个理由和结果互相依存、无限联系的世界。理由本身即是实存，又是实际存在的事物，同样从各方面来看，既是理由，也是结果。

【附释】"实存"一词本身就含有从某种事物发展而来的意思。实际上，实存就是从理由发展而来的存在，经过间接过程，所达到的存在。本质是被扬弃了的存在，指的是存在背后的内容，它最初是自身映现，表达为同一、差异、理由这三个范畴，理由是同一和差异性的统一，因此同时也将自身与自身区分开来。但这种出自理由的差别，绝不只是纯粹的差别，正如理由自己不只是抽象的同一那样。理由便是对自身的扬弃，而它被扬弃了的内容，即其否定的结果，就是实存。换言之，实存是理由扬弃自身并否定自身的产物。故作为从理由而来的内容，自身就包含着同样的内容，而理由并没有留在实存的后面，但它就是这样，把自身扬弃，把自身转化为实存。具体来说，在人们通常的意识中，也可以发现这一点，当人们思考某物的基础的时候，这种基础不是一个抽象的内在事物，而其自身就是一个存在的事物。举例来说，走电使得一所房子失火，我们就把走电认为是失火的理由。同样地，人们也把一个民族的生活习俗和生活方式视为一个国家宪法构成的理由。诚然，作为理由的内容和作为结果的内容都是实存。实存的世界就是相互联系，互为理由的世界，它既是自身反映，又是反映他物的世界。实存的现实世界，首先表现为不确定量的存在这一形式，这些存在同时反映在自身和他物身上，作为基础和理由而相互联系着。更为确切地说，在这种丰富多彩的世界中，这实存着的世界，起初在任何地方都没有坚实的基础；一切都在这里显示为相对的，既制约了他物，也受制于他物。我们反思的知性把确定和追踪这些全方位的联系作为自身的任务；但关于这些联系最终有何目的还没有得到答案，因此，随着逻辑理念的进一步发展，寻求逻辑理念较高发展的需要超越了这种纯粹的相对性的观点。

§ 124

但实际存在着的自身反思和他物反思是不可分割的；理由是这二者的统一性，实存就是从它那里产生的。在这个意义上，实存着的内容都是理由和结果的统一，也就是每一个实存着的内容，都是既充当着他物的理由，又充当着他物的结果。因此，实存在自身中，包含了相对性及其与别的存在着的多方面联系，并作为理由反映在自身中。因此，这种实存着的内容，就是物。

【说明】在康德哲学中著名的"物自身"，在这里凸显出了它的来源，即所谓的"物自身"只有片面的自身反思，而没有他物反思，也就是说，它不反映他物，只脱离了一切规定性的空洞基础。

【附释】如果有人认为"物自身"是不可知的，这也有一定的道理。因为通过认识，人们可以在具体的规定性中去理解一个对象，但"物自身"只不过是相当抽象和无规定性的一般事物。与此同时，既然"物自身"是可谈论的，那人们也必须思考"质自身""量自身"，以及其他的范畴。这就是说，在其抽象的直接性中去理解这些范畴，即脱离其发展和内在规定性存在。在这方面，如果只有事物是固定在其自身中的，则应被视为是知性的一种任性或偏见。再则，"自身"一词也适用于自然和精神世界中的内容。因此，例如我们会说"电自身"或"植物自身"，甚或说"人自身"或"国家自身"。当自身用于描述一个事物时，指的无非是这些事物的固有性质。这种意义的自身与物自体的意义相同。因此，当我们停留在这些对象的纯粹自身时，那便没有认识到对象的真理，而仅仅只看见了片面的、单纯抽象的形式。比如，一个婴儿必须超出那种抽象的自身，从潜在发展而来，成为自由而理性的人，才能叫充分实现了其自身。同样地，国家自身就是仍未充分发展的宗法国家。在这种情况下，国家概念中固有的各种政治功能还没有构成其概念。同理，胚芽也可以被看作植物自身或潜在的植物。从这些例子中可以看出，如果人们认为事物或"物自身"的本质是人们无法认知的内容，那就大错特错了。一切事物的起初都要有抽象的自身，但它并没有就此止步，就像种子是植物自身，但植物是种子的自身发展，为了发展自身，一般的事物也往往会超出抽象的自身反映，超出其纯粹的自身，进而发展为他物反映。于是这物便具有了特质。

（c）物

§125

物是理由和实存的统一，物的全体是由理由和实存的对立发展而建立起来的，正因此它既反映自身，又反映他物，故而它自身就包含着差别，这种内在的差别就是物的规定性。它是物的特质，为物所有。

其一，在这里，物就其与他物的关系来说，也就是他物的反映，物具有规定性。物与他物的关系多种多样，这也就导致了规定性的不同。物的规定性也就是物的特质，特质没有独立性，隶属于物。

【说明】物和特质的关系，指的是从"是"（Sein）到"有"（Haben）的关系转变。某物固然也有许多质在其中，但这种从"是"到"有"的关系是不准确的。

这是质作为规定性,直接与某物融为一体,而某物在失去其质后,就不再是存在了。但事物是反思的自身,作为与差别,与它的规定性也是有差别的同一体。在许多语言中,"有"被用来指代曾经和过去,这是合乎理性的。因为过去是被扬弃的存在(本质),只有在精神之中,过去才能继续保持它的存在。但精神又能在它之内把这被扬弃了的存在同它自己区别开来。

【附释】在物的一切反映的规定(如同一、差别、理由等),都是作为实存而重现的。就物最初作为抽象的物自身来说,它是一种抽象的自身同一。但正如人们所看到的,同一并非没有差异,而事物所具有的特性却是实存的差异。前面早已表明差异在彼此间是互不相干的,二者之间的联系只能通过外在的比较来确定。同一不能离开差别,物自身也不能离开特质,特质也不能离开物自身,物是把诸多的特质连接起来的纽带。与此同时,特质和质也不是同一个概念。诚然,人们也说某物有质。然而,这种说法是不恰当的,因为"有"意味着一种独立性,但这种独立性还不属于与它的质直接同一的内容。事物之所以是它本身,仅仅是因为它的质,而事物虽然也仅仅是在它有质的情况下才存在,但它不受这种或那种特质的约束,故也可以在失去特质的同时,依旧作为自身存在。因为质与定在是同一的,但是特质与物并不是同一的,而是差别之中包含着同一,同一之中包含着差别。所以人们只能说,某物有某些规定性,而不能说某物具有某些质。物的质与规定性的区别,即为"是"和"有"的区别。

§ 126

其二,在理由之中,反映他物也是直接地反映自身,由此物的规定性不仅是彼此相异,也是具有自身同一的、独立的。于是,当我们仅仅关注具体的物自身反映这一面所获得的抽象存在时,这就是物质。在这里,物质虽然具有独立性,但是它还仅是抽象规定性的存在。于是,"特质"反而成了独立于物外的内容,即物质。

【说明】这种所谓的物质，如磁、电等，不是物。只能作为抽象规定性的存在，它与存在是同一的。而达到了直接性的规定性，与反映出来的存在同一，则是实存。

【附释】事物所具有的特性独立于它所组成的物质或质素，在概念上把构成物的物质独立化，是把"物"的概念作为理由，因此也可以在经验中找到这种事实的证明。但从事物的特性来说，如颜色、气味等，可以表现为一种特殊的颜色物质、气味物质等，并得出一个结论：一切都可以解释为一种特殊的物质，这与思想和经验一样相悖。更确切地说，可以表示为一种特定的颜色、气味等，从而得出结论说，这就是问题的关键。为了弄清楚物质的实际情况，人们除将二者分解为二者所组成的物质之外，没有其他别的事情。这种分解为独立物质的现象只在无机物中存在，比如化学家将食盐或石膏分解为二者的质料，盐是由盐酸及小苏打构成的，石膏是由硫酸和石灰构成的，这不无道理。同样地，地质学家认为花岗岩是由石英、长石和云母组成的。"物"由这些质素组成，而这些质素自身也是"物"的一部分，故可再次分解为更抽象的质素，如硫酸，它由硫和氧组成。如今，虽然这种物质或质素确实可以被表示为自在自为的存在。然而，也经常发生这样的情况，即事物的其他特性也同样被视为特殊的物质变化，但并不被赋予这种独立性。例如，当人们谈到热物质、电和磁物质时，这些物质或质素仅被视为认知的虚构。一般来说，抽象的知性反思的方式，就在于任意地抓住个别范畴，而这些范畴只有在作为理念发展的特定阶段时才具有效力。这种方法虽便于做出解释，却与朴素的直观和经验相矛盾，并将一切考虑对象都追溯到这些范畴内。这样一来，这种认为物的持存是由独立的质素所构成的理论，常常被应用到这种理论不再有任何效用的领域中去。具体来说，即使在自然界内，把这些范畴应用于有机生命也被证明是不够用的。人们可以说这种动物是由骨胳、肌肉、神经等组成的，但马上就可以看出，这与由上述物质组成的一块花岗岩具有不同的意义。这些物质对二者的结合毫不相干，不结合也一样可以存在，而有机体的各个部分和肢节只有在二者的结合中才能存在，离开彼此就不再存在了。

§ 127

因此，物质是抽象的、无规定的他物反映，或者同时是规定的自身反映。如此以来，物质指的是特定的物背后的持存性，物只有通过物质才能有自己的独立性。这样，事物在物质中就有其自身反映（与 § 125 相反）。这与前文所述特质是隶属于物刚好是相反的，在这里，物反而成了物质的构成，指的是一种外在的结合。

§ 128

其三，质料，作为实存与自身的直接统一，对规定性也是无关紧要的。因此，许多不同的质料结合成一个质料，即同一反思的规定中的实存。相对地，这些不同的规定性和它们外在的相互联系就仅仅是形式。二者在事物中相互影响，影响其差异的形式及反思的规定，但作为存在和同一，这些不同的规定性和其在物的外在联系的方式，就是形式。

【说明】在这里，如果说质料是对于实存之中同一性的抽象化表达，那么形式就是对于其差别性的抽象化表达。在形式上有差别，在物质上则是同一的。纯粹的物质是没有规定性的，与物自体是一样的，都是一些十分抽象的内容。不同之处在于，物自体仅仅是抽象的范畴，形式和质料是相互依存的。

【附释】构成"物"的各种质料就是一脉相承的。人们由此获得了一个一般的质料，在这种质料里，差别被设定为它的外在的差别，即单纯的形式。事物都有一个同一的质料作为二者的基础，而它们的关系是外在的，在二者的形式上有所不同，这种概念，对抽象的意识来说，是最为流行的。按照这种看法，质料本身没有规定性，可以接受一切的规定性；同时又是永久性的，在一切的变化和更迭中，自身仍保持不变。这种质料对特定的形式的无足轻重，体现在一切有限的事物中。例如，人们常常用大理石来塑像，认为石头没有规定性，实际上这里的"没有规定性"只不过是相对而言的。无论大理石被赋予何种雕像的形式，甚至是圆柱的形式。不应忽视的是，像大理石这样的质料仅仅是相对于形式而言，但绝不是没有形式。矿物学家认为，大理石有其自身的规定性，指一种特定的石头形式，因为它与其他同样特定的形式，如砂岩、斑岩等不同。因此，只有抽象的知性将质料孤立起来，并将其自身视为一种无形式之物。换言之，把质料和形式区分开来，仅仅是抽象知性的看法。事实上，质料的概念就包括了形式的原则，因此，在经验中，没有出现过无形式的质料。与此同时，质料作为最初的存在和自身的形式，在历史上由来已久，甚至可追溯到古希腊时期，首先是在神话的混沌说中，它被想象为实存世界的无形式基础。这种表象观念的后果是，不把上帝看作世界的造物主，而仅仅看作世界的塑造者。更深层的含义是，上帝从无中创造了世界，通过这一点，一方面说明质料自身没有独立性，另一方面这种形式并不是从外面强加于质料上的，而是作为同一包括物质的原则。物质和形式的融合，即包含着物质原则在自身内，这种自由和无限的形式将在后文中提及，即所谓的概念。

§ 129

"物"被分解为质料和形式两部分，质料包含着形式，而形式之中又包含着质料。每一个方面都是"物"的同一，又是自身独立的。然而，作为肯定的、无规定性的实存的质料，它包含反映他物，也包含自身独立的存在。作为这些确定的统一体，它自身就是形式的同一。然而，作为规定性的同一，形式已经包含了反思自身，或者说，作为自身联系的形式，含有构成物质规定性的内容。二者自身就是统一的。这种统一性，在一般情况下，指的是物质和形式的联系，这也同样是二者的区别。

§ 130

"物"作为统一的全体,包含质料和形式两种规定性的矛盾。一方面物包含着否定性于自身的统一性,也就是说,于自身之中包含着质料,使得质料获得了规定,并降低到了具有特质意义的形式(详见 § 125)。但在另一方面,"物"又是由质料构成的,就质料来说,"物"也是独立的,也是被形式所限制的。这种实存具有本质,是依赖本质,这样的实存,我们称为现象。

【说明】"物"中对质料的独立性的否定,在物理学中,被称为多孔性。许多质料(如色素、味素及别的质素,根据一些人的说法,还有声音,甚至是热、电等)中的每一个质料也被否定了,在质料的否定中,或者在质料的多孔性中,还存在其他许多独立的质料。换言之,质料之间彼此独立且互相否定,其中包含着细孔,细孔之中又有别的质料。这里的细孔并不是指经验性的内容,而是理智的虚构。更为确切地说,物理学试图运用这一概念,表示独立的元素的否定的环节,即元素之中还有别的元素。与此同时,物理学用那种模糊的、混乱的想法,来掩盖矛盾的进一步深化。在这种混乱中,一切都是独立的,一切都在彼此中被同一地否定。如果以同样的方式,心灵中的能动性被赋予了变化,二者有生命的统一性也同样被混淆了。

这些细孔(这里并非指有机物的细孔、木材的细孔、皮肤的细孔,而是所谓质料中的细孔,如色素、热素或金属、结晶体内的细孔等),仅通过观察不能加以证实。由此,质料自身也是如此,进一步来说,从物质中分离出来的形式,首先是物以及由质料构成的物的持存,或者说,它自身存在,并具有某些特性。具体来说,反思或理智的产物,通过观察和假装陈述所观察到的内容,反而产生了一种形而上学,这种形而上学在各方面都是矛盾的,却仍然为理智所不自知觉。

B. 现　　象

§ 131

本质必然要表现出来，如果本质不表现出来，那么只能是映现于自身之中，并扬弃自身，成为一种直接性。如果本质没有被表现出来，那么就是作为质料和形式的统一的物。就其为自身反映而言，为持存、为质料，就其为反映他物，自己扬弃其持存而言为形式。因此，本质和现象则是潜在和现实的关系，发展了的映现就是现象。

【附释】实存被规定在它的矛盾中，指的就是现象。这不能与纯粹的假象相混淆。假象是最接近事实的存在或直接性。直接性并不是指独立的和基于自身的内容，恰恰相反，直接性仅仅是假象，因此它被视为本质单纯的自身存在。这首先是映现在自身中的同一，但随后并不停留在这一内在性上，而是作为理由过渡到实存，而实存的基础不在它自身，而在他物。于是，此实存之物，就成为那个本质的表现，也就是现象。当人们谈及现象的时候，人们总想到一个无规定性的、具有多重存在性的事物的表象观念，二者的存在仅仅是相对的，故而二者不依赖自身，而仅仅是作为环节而具有有效性。与此同时，存在并没有停留在现象的背后，或超越现象的范围，而是像这样，其假象表现在直接性中，并享受定性带来的喜悦。当我们谈到现象的时候，就是在把实存之物看成纯粹的、相对的，而不是独立自存的。所以本质是现象的依靠，这也意味着，本质也是离不开现象的，现象也离不开本质，只能存在于他物之中。

一般来说，现象是逻辑理念的一个至关重要的阶段。我们可以说，哲学与通常的意识之间的区别在于，哲学能够识破普通意识以为是独立自存的内容，看出来它们其实仅仅只是一个现象。关键在于，我们必须正确地理解现象的含义。如果说某物是唯一的现象，那这可能是一种误解。与单纯的现象相比，实存的或直接的内容，指的是更高的内容。但事实上恰恰相反，现象是比纯粹的存在更高的内容。现象一般是指存在的真理，是比存在更为丰富的范畴，因为现象包括自身反映和反映他物两个环节，而存在或直接性似乎只是单纯地依靠自身，是片面的、无联系的。然而，某物仅仅是现象，在此指出了一个缺点，其缺点在于现象自身有了分裂或矛盾，换言之，在自身中没有稳定性。直接的存在是片面、孤立的，仅仅是表面上的独立自存，实际上并没有独立性。而现象却具有间接性，具有丰富内容的范畴。其中，现实作为存在在本质范围内的第三个阶段，将在后面对其进行详尽的论述。

在近代哲学史上，康德是有着突出贡献的。人们认为是康德首先重新肯定了前面所提到的普通和哲学意识之间的区别。然而，康德最终还是半途而废了，因为他只在主观意义上理解了现象，并坚持将抽象的本质视为超出人们认知的"物自身"。他不知道直接的对象世界之所以只能是现象，是因为它自己的本性使然。在认识现象的同时，人们也认识到了本质，本质并没有停留在现象背后或超越现象，而是恰恰通过将其还原为纯粹的现象而表现为本质。事实上，当我们理解了现象的时候，就理解了本质，本质并不是现象之外的内容。把现象看成主观的观点，即使不懂哲学的一般人也不会觉得满意，只不过一般人往往持有朴素的观点，把现象、本质、直观等同起来，以至于把直观材料都看成是真的。然而，朴素的意识在着手拯救认知的客观性时，往往倾向于返回到抽象的直接性，并不假思索地将此作为真理和现实。在这个意义上，例如，费希特在题为《昭如白日的解说——对公众谈谈关于最新哲学的真正性质，一个逼着读者去理解的尝试》的小书中，通过作者和读者之间展开对话的形式，努力证明主观唯心主义立场的合理性。更为确切地说，书中提及了读者对于主观唯心主义的不满，因为他一想到一切内容都仅仅只是现象，他就会感到不安。人们会有这种苦恼，这倒也无可厚非，因为他被期望把自身封闭在一个不可逾越的、纯粹的主观表象观念的圈子里。值得注意的是，除对现象的纯粹主观概念外，人们有理由感到欣慰的是，在人们周围的事物中，人们只能与现象打交道，而不是与坚定不移和独立的实存打交道，因为在这种情况下，在身体和精神上，人们很快就会奄奄一息。

（a）现象界

§ 132

凡是现象界实存的事物，都以这样的方式存在着，但是其实存的形式却是扬弃质料的直接性，把质料隐藏在形式之中，使之成为形式的一个环节。形式包含实存或质料作为它自身的规定之一，都是质料和形式的统一。这样一来，现象界的事物，形式也是质料，质料也是形式，所以事物以质料为理由，其实就是以另一种形式为理由，这个理由和实存的事物一样，其实都属于现象界的内容。因此，现象界就是通过非质料的形式，从而通过非存在进行了无限间接性。这种无限的间接性也是与自身联系的统一，而使得实存的内容相互连接起来，成为一个现象的整体和世界。实存的事物是彼此间相互反思、相互联系的，一个有限性的整体和世界。

（b）内容和形式

§ 133

现象界是由各个实存着的事物相互联系的整体，并且完全包含在它的联系的，即自身中。现象与自身的联系就这样得到了完全的规定。现象的关系就是现象的规定或形式，因此它的自身联系，就是它自身的形式。它在自身中具有形式，并且因为在这种同一中，作为它的本质性的持存。这样一来，形式便是内容，根据其发展的规定性，指的是现象的规律。诚然，现象的否定属于不反映在自身身上的形式，是无独立性的、可改变的，它是与内容无关、外在的形式。

【说明】在形式和内容的对立中，必须注意到，内容不是没有形式，而是自身就有形式，就像它的外在一样。这就是形式的双重性。应当说，内容的自身就是具有形式，返回自身，或为了内容而存在的形式，与外在形式是不同的。这就意味着，就其形式反映而言，反映在自身中的是内容，不反映在自身中的是外在的实存，即对内容而言的实存。这里有内容和形式的绝对联系，即二者的相互转化。因此，内容只不过是形式转化为内容，而形式只不过是内容转化为形式，如此而已。换言之，内容与形式对立统一，既有差异又有同一，差异之中包含着同一，而同一中又包含着差异。这种转化是最重要的规定之一，但这仅仅是在绝对联系中确定的。

【附释】形式和内容是成对的规定，为反思性的理智经常使用的一对因素。这主要体现在内容被视为本质的独立性，而形式则被视为非本质的无独立性的一面。针对这一点，需要指出的是，事实上，形式和内容都是同等重要的，而且，虽然有一个没有形式的内容，也有一个没有形式的质料，但这二者，内容和质料或实质，恰恰在这一点上是截然不同的。虽然质料自身没有形式，但是质料与其形式是不相干的。而内容与形式却是紧密联系的。内容自身是质料所包括的，仅仅是因为它的存在本身就包含了与形式无关联的内容。然而，人们也发现，形式作为一种实存，外在于内容，且与内容无关联。之所以如此，是因为现象首先受到外在性的影响。例如，如果一本书，无论它是手抄的还是印刷的，无论它是用纸张装订的还是用皮革装订的，都不会影响到书中的内容。但这完全不意味着，除这种外在的、无关紧要的形式外，书的内容本身是没有形式的。诚然有不少的书就内容而论，并非不可以很正当地说它没有形式。但这里对内容所述的形式，其实说的是没有合理的形式。这不是指完全没有形式，而仅仅是指缺乏合乎理性的形式。但这种合乎理性的形式与内容的无相关性几乎没有形成对立，反而是内容自身。因此，一件艺术作品，如果缺乏适当的形式，就不是一件合理的艺术品，只有二者完全统一的艺术品，才是真的艺术品。

如果说一个艺术家的作品内容确实很好，甚至很杰出，但他的作品缺少合理的形式，那么就是一个站不住脚的借口。那些真正完美的艺术作品，其内容和形式绝对是一致的。在这个意义上，人们可以说荷马史诗《伊利亚特》描述了特洛伊战争，或者更具体地说，讲的是阿喀琉斯的愤怒，但这还远远不够。也就是说，《伊利亚特》之所以如此著名，不仅是因为他描述了一个著名的战争，还因为以诗的形式，赋予了其艺术气息和文学色彩。同样地，莎士比亚的《罗密欧与朱丽叶》的悲剧，讲述了一对恋人因家庭不和而走向死亡的故事；但仅此一点还不够。它之所以成为不朽的悲剧，就是因为内容和形式的统一。

至于科学领域中的内容和形式的联系，人们必须牢记哲学和其他科学之间的区别。具体来说，其他科学的有限性在于，其对象都是有限的，它们的思维仅仅是一种单纯形式的活动。它的内容是由外界赋予的，是外在的，而不是内在的。而在哲学中，这种分离是会消逝的。因此，哲学被康德称为无限的认知。然而，哲学上的思维也经常被视为纯粹的形式活动，特别是通过逻辑，承认它只与思想自身有关，它内容的空疏则被视为一种必然。如果人们对内容的理解仅仅是一般的、有形的、可感觉到的，那么就会像一般的哲学，特别是像逻辑学那样，很容易承认后者是没有内容的，即没有这种感官上可感知到的内容。实际上，这种看法是基于感官知觉的看法。而把内容仅仅限于知觉内容，未免也太过肤浅了。然而，在通常的意识和语言的普遍用法中，没有停留在纯粹的感性知觉上，或者仅限于单纯地在时空中的特定存在。当人们批判一本书没有内容的时候，不是说这本书是无字天书，而是说这本书的内容写得不好。但如果仔细对其加以研究，最后会发现，对一个有教养的人来说，内容指的是有思想、有内涵。与此同时，人们也承认，思想不能被视为与内容毫无关联的空洞形式，而真理只能建立在内容和形式的彻底统一上。正如在艺术中一样，在一切其他领域，内容的真实性和扎实性基本上取决于这样一个事实，即同一的内容被证明是与形式同一的。

§134

然而，直接的实存与形式一样，存在自身的规定性，从这个意义来说，它与内容的规定性一样是外在的。这是由于它通过其存在的环节，但是这种外在形式对于内容来说，也是必不可少的。这样确定的现象就是联系。在联系中，同一的内容，作为发展的形式，是既作为独立实存的外在性和对立性，又作为二者的同一联系。只要在这种相互关系之中，对立才是有意义的，也就是说，具有了同一性。换言之，对于内容所呈现的形式来说，实存的内容彼此既有对立性，又有同一性。于是，对立性、同一性就构成了关系的两个方面。

（c）联　　系

§135

（一）直接的关系就是整体和部分的关系，内容是整体，由部分组成。这种关系指的是机械的、外在的、凑合的关系。这种关系是把对立性和同一性表达得最为直接的关系。这就表现为，整体由部分所构成，部分是彼此不同，且各自独立的，只有就部分与整体的关系来说，才有部分的存在。这些部分结合起来，就构成了整体。但结合起来的，恰恰是部分的对立面和否定。

【附释】本质的联系是事物表现其自身所采取的特定的、完全普遍的方式。一切存在的内容都在一定的联系中，而这种联系是每一个实存的真实性质。因此，实存不是为其自身而抽象的，而仅仅是在一个他物之内。然而，在这种他物中，它是与自身的联系，而联系是与自身联系和与他物联系的统一。换言之，关系就是自身联系和他物联系的统一，也就是自身反思与他物反思的统一。

整体和部分的联系是不真实的，因为它的概念与现实不相符合。整体的概念包含了部分的概念。但是，如果整体按照其概念被确定为整体，它被孤立地分裂开来，那么它就不再是以一个整体存在了。现在有一些事物与这一联系相对应，但正因为如此，二者仅仅是低级和不真实的实存。值得注意的是，在这个意义上，当在哲学讨论中谈到不真实的时候，并不是指不真的事物不存在，就好像这种内容不存在一样。毕竟，腐朽的政府，生病的躯体可能存在。然而，这些对象是不真实的，因为二者的概念并未对应上二者的现实。

整体和部分的联系，作为直接的联系，也就是一种外在的机械关系，一般来说，指的是一个完全接近反思的理智，而且反思的理智往往止步于自身的目的，即使它实际上是一个更深入的联系问题。例如，一个活的有机体，四肢不能仅仅看成有机体的部分，如果没有统一的有机体，那就失去了肢体的作用。因为二者仅仅是在二者的统一性中，才是肢体和器官，而绝不是作为无关紧要的相对存在。只有在解剖学家那里，肢体才是机械的部分。但是解剖学家研究的是尸体，而不是活的身体。也就是说，如果我们要研究活的身体，就不能停留在二者的外在关系之上，而是要在概念演化的视角下，看待两个概念之间对立统一的关系。这并不是说这种解剖根本就不应当发生，而是在说整体和部分的外在和机械的联系，并不足以揭示有机生命的真相。在更高的程度上，这种联系在精神和精神世界的形式上的应用就是如此。即使心理学没有明确地谈论灵魂或精神的部分，但单纯用理智的抽象方法，研究的也是基于该有限联系的表象观念，因为精神活动的各种形式被列举和描述，并孤立地分解成某些所谓特殊力和性能。

§136

（二）前面讲了整体和部分的关系，但是整体和部分还是一种彼此外在的关系。这种联系的同一，即存在于其中的对自身的联系，乃是一种直接的否定的自身联系，即作为间接性，指的是以自身为中介的过程，那么它就对自己作为自身反思而形成的差别持有排斥态度。于是，在整体和部分的否定的自身联系之中，这种关系既可以从内部肯定其自身，也可以从外部表明自身和否定的差别。

【说明】整体和部分的联系是直接的，因此，整体和部分也是各自独立的，指的是一种机械的、外在的关系，指的是一种将自身的同一性转化为差异性的过程。在这一过程中，它从整体过渡到部分，又从部分过渡到整体，并被遗忘在其对立面，把对立面当作自身，整体或者部分都被认为是独立的实存。

换言之，既然部分是由整体组成的，而整体又是由部分组成的，那么，人们有时会视整体为实存的内容，有时又会视部分为实存的内容。同样地，同一性（整体）和杂多性（部分）是彼此外在，各自都能被视为是独立存在。

物质是否可分这个问题，就是由整体和部分外在割裂地看待而导致。在这里，整体和部分是互相转化、互相过渡的。一个事物被视为整体，然后由诸多部分构成，然后这些部分又被视为整体，然后继续切分。这是一种看起来很无聊的循环，如此循环，直至无穷。然而，如果我们不把整体和部分的关系割裂开来，而是把对立双方看成自身联系，整体与部分的关系就不会陷入上述这种无聊的循环之中，而是会成为否定的自身联系。在这个意义上，在自身内部存在的自身同一的整体就是力。而这个力表现其自身之外，就是力的表现。反之，力的表现又逐渐消逝，返回到了力中。

力虽然具有上述从力的进展到力的表现，但力自身也是有限的，尽管这种缺乏有限性，力的内容及其表现的同一，力自身仍然具有有限性这一缺点。联系的两个方面，还不是自身的每一个具体的同一，还不是整体。因此，二者之间是不同的，而且联系是有限的。因此，这个力需要外在的推动，但由于缺乏形式，力的内容也是有限的和偶然的。具体来说，它还没有真正地与形式同一，还不是作为概念和目的。在这里，就需要区分致动因和目的因，只有目的因才是自己决定自己，而致动因则是外在的推动力。这种差异是最基本的，但不容易掌握；它必须首先在目的概念本身中做出更细致的规定。如果忽略了这一点，就会出现将上帝理解为力的混乱局面，赫尔德的上帝观就犯了这个毛病。[①]

经常有人说，力本身的性质是未知的，只有力的表现形式是已知的。力的整个内容规定与表现的内容完全同一。因此，用一个力解释一个现象，仅仅是一种空洞的同义重复。这样一来，为人所不知的内容，实际上不过是反思自身的空洞形式，只有通过这种形式，力才能与力的表现区分开来，这种形式也是众人皆知的形式。

以这种空洞的形式去认识事物的内容和规律，是毫无用处的。内容和规律只能从它们的表现来体现，也就是说，只能从现象中去认识。在这里，力与力的表现是紧密联系的，力之所以为力，就在于力能够被表现出来，从力的表现认识了规律，就是认识了力。由此，人们以为无法知道的内容，是因为他们把力理解为自身反映的空洞形式，那种抽象的力当然无法被认识。但是力如何借助外在的他物获得自己的规定性这些问题，我们确实还知之甚少。

【附释1】力与力的表现的关系，与整体与部分的直接关系来说，指的是无限的关系。这是由于在力与力的表现的关系中，两方面的同一是在明白基础上建立起来的，而在全体与部分的关系里，双方的同一则只是潜在的，而非独立存在的。在这个意义上，整体自身虽然由部分组成，但由于被分割，而不再是一个整体，而力只有通过力的表现，才得以证明自身是一种力，并通过表现，力才能返回到自身，因为力的表现就是力。与此同时，这种联系也是有限的，它的有限性，包括这种间接性，就像反过来说，整体和部分的联系已被证明是有限的，就是因为它的直接性。具体来说，力的间接性联系及力的表现的有限性，都是受到制约的。需要自身以外的内容才能表现出来，也就是需要介质。比如，磁力要有铁，才能表现出来。至于铁的其他特性，诸如颜色、比重、与酸的联系，与磁力的这种联

[①] 详见约翰·哥特弗雷德·赫尔德（Johann Gottfried Herder，1744—1803）《论上帝：若干对话》，1787年。

系无关。这与一切其他的力是一样的，二者被证明是由二者自身以外的内容所制约的，是间接性的。再则，力的有限性进一步表明了，力需要外在的诱导。而这种诱导的作用，又是一种力的表达。

这样一来，人们一方面可能再次获得无限的进展，另一方面可能获得诱导的力与被诱导的力的相互作用。在这种情况下，是不可能有运动的绝对开始。这种无穷的递推，意味着力的自身还没有达到真正自己规定自己的力量。具体来说，力的内容如果是被给定的，那么力就是盲目的，因此力还不是真正目的因，没有自在自为的自己决定自己的能动性以及自觉性。

【附释2】虽然人们经常说，力本身不可知，而只有力的表现才是可知，这种说法是没有根据的。力之所以为力，就在于它的表现，我们通过力的全部表现得出的规律，就是对于力本身的认识。然而，力本身不可知也有一定的道理，这就意味着力与力的表现之间仍然是有限的。因为就其力的个别表现来说，力好像是一种偶然的发动，我们只有通过认识，寻找到内在的统一和规律之后，才能认识到力的必然性。但是各种不同的力还是杂多的，因此有很多力，比如物理学有引力、磁力等，心理学有想象力、意志力等。在这个意义上，人们试图把所有不同的力都归于一种力，但其实这种做法是毫无意义的，即使目的达成。因为这种原始的力指的是没有内容的力，故只能是空洞的想象。关键在于，理解力与力的表现的相互关系，本质上仍是一种间接的关系。如果把力与力的关系理解为一种直接的状态，这就不符合力的概念了。

根据关于上述的力的讨论，我们虽然可以勉强承认这现存世界是神圣的力的表现，但是不可以把上帝看成单纯的力，因为力还只是一个有限的范畴，与上帝是不一样的。在这个意义上，教会也是如此，在文艺复兴时期，有许多自然哲学家试图将自然界的各种现象归因于基本的力，这种看法被教会认为是无神论。这是由于教会可能会主张，如果是引力等力造成了天体的运动、植物的生长等，那就没有什么可以留给上帝来做的了，上帝也就因此而成为旁观者了。

诚然，很多自然科学家，特别是牛顿，通过抽象的力的范畴，来解释自然界的现象，起初明确主张，不应当因而损害作为世界造物主和统治者的上帝的荣誉。然而，正是在这种对力的阐述中，抽象的理智付诸推论，将个别的力固定下来，每一个力都是为了自身，并将二者作为最后的内容保留在这种有限性中，对于有限的独立的力和质素构成的世界，上帝只剩下一个不可知的、至高的存在和抽象的有限性。这就是唯物主义和近代启蒙思想的立场，他们对上帝的认识，只限于从表面上承认上帝的存在，而忽视了上帝本身就是存在。虽然教会和宗教意识，在这里提到的陈述是合乎理性的，因为一切事物的有限的理智形式既不足以认识自然，也不足以认识精神世界的形式的真相。另外，人们也不能忽视经验科学有理由将实存世界的内容以规定性的方式呈现给知识，而不仅仅是对上帝创造和管理世界的抽象信仰。这就意味着，当以教会权威为基础的宗教信仰告诉人们，是上帝以其全能的意志创造了世界，是他引导天体的运行，并赋予一切生物以存在和幸福，上帝创造了一切，但是还剩下一个"为什么"的问题没有回答。

而正是上述未解之谜的答案构成了科学、经验科学和哲学科学。当宗教意识借口说这个问题是不可知的，不承认这项任务，拒绝回答这一问题时，这就是一种任意的武断，与基督教的宗旨是相违背的，是无望的狂热，因为基督教的宗旨是通过精神和真理去认识上帝。

§ 137

力是自身就包含着否定性的自身联系，即否定的统一，它必须要把它与否定性之间的差别表现出来并排斥出去。然而，力的表现，表达的就是力与他物之间的关系，就是反思他物。因此，力的表现，就是力本身，力需要借助于力的表现为中介，才能返回自身，从而力的表现就是扬弃两种力在这段关系里的差别性，以此来建立起同一性。由此可知，力与力的表现，指的是一个有机统一的关系，也就是一种内外关系。

§ 138

(三)"内"就是理由,因为它是作为现象和联系的一个方面的纯粹形式,即内是反思中的空洞形式。诚然,与"内"相对的"外"则是一种存在,同样作为联系的形式,与反思中的另一方作为外在的空洞特性相对立。内与外是同一,这种同一是由力建立起来的。故而二者的统一,才具有充实的内容。二者的统一,其实就是自身反思与他物反思的统一。

§ 139

可以从两点来加以介绍,其一,内与外就其内容来说是同一的,内的内容也是外的,反之亦然。任何事物的内容和本质必然要表现为外,所以从外部现象可以看出内部的本质。

§ 140

其二,就内与外作为两个形式规定而言,内与外是相互对立的,而且确实是对立的。就其内容来说,二者是有机统一的。因为内表示抽象的自身同一,而外则表示抽象的差别性,二者在本质上是同一的,作为一种形式的环节,只在一个抽象中被假定的内容,直接也仅在另一个中被假定。因此,凡内在的内容,也只是外在的东西,凡外在的内容,也只是内在的东西。

【说明】反思的常见错误便是,把本质仅当成内在的。如果仅以这种方式来考虑,那么这种看法也是一种完全外在的看法,即把本质看成脱离了现象的抽象内容。这种本质是空洞的外在抽象。有位诗人曾不禁感叹:

　　被创造的精神,

　　透进自然内心,

　　但凡能认识到它的外表,

就已极为幸运。①

更为确切地说，当自然的本质被确定为纯粹的、内在的时候，实际上就只认识到了自然的外在。②因为在一般的存在中，或者说在只有感性认识的情况下，概念仅仅是内在的，它是同一的外在的主观，没有真理的存在或思维。无论是自然界还是精神界，只要概念、目的或规律还只是潜在的东西，或纯粹的可能性，那么它就是外在的无机的自然、第三方的科学、外来的力等。人，由于其表现是外在的，即在其行为中，当然不仅仅在其身体的外在性中，反映了他的内心，如果一个人内心纯良，恪守道德，却犯下了恶行，那这也是不可能的。若存在，内在与外在的内容不一致，那内与外都是空洞的。

【附释】内与外的联系，作为前面两个联系的统一，就是自身反思和反思他物两种关系的统一，也是对纯粹的相对性和一般的现象性的扬弃。然而，由于理智仍然坚持内与外的分离，由此，就获得了空虚的形式，二者的形式都是空无。具体来说，无论是在对自然界还是对精神世界的思考中，都需要合乎理性地认识内外的关系，这是极为重要的。不能把内一概地看成本质，把外一概地看成不重要、不相干的。这也就意味着，当我们抽象地看待内与外时，就会犯错误。诚然，这种情况会经常发生，因此需要多加小心。就自然界的概念而言，自然界不仅是精神的外在，而且自身也是外在的，这是事实。一般来说，这并非就抽象的外在性而言，因为天地间就没有这样的抽象外在性，毋宁说，构成自然和精神的共同内

---

① 详见约翰·沃尔夫冈·冯·歌德（Johann Wolfgang von Goethe，1749—1832）《自然科学的愤激的呼吁》一诗，第一卷，第三分册，1820年，第304页：
　　我听它重复了六十年，
　　还诅咒它，但只暗自诅咒……
　　自然无核亦无壳，
　　她须臾间成为一切，等等。
② 瑞士学者阿尔布雷希特·冯·哈勒尔（Albrecht von Haller，1708—1777）在《人类美德的伪善》中提到："没有被创造的精神，可以渗透到自然的内部，如果精神仍然显示出外在，就太令人高兴了。"联系上下文可知，黑格尔所指的"认识到外在"，与哈勒尔所指的"显示出外在"并不是一回事。

容的理念，在自然界里只得到了外在的表现，但也就出于这个原因，这里的外在，不是针对抽象的外在性，而是说，作为自然和精神的共同本质的理念，在自然界还未真正实现，还只仅仅是潜在或外在的意义。

无论抽象的知性与它的非此即彼如何反驳这种自然概念，但在其他的领域，尤其是宗教领域，明显可以看到这种自然观的应用。按照基督教的观点，自然界对上帝的启示不亚于精神世界，自然和精神都是上帝的启示。二者之间的差别在于，自然还没有真正认识到神圣本质，而精神就在于认识这种神圣本质。那些认为自然界的本质仅仅是内部的人，达到了并非我们能企及的高度。然而，柏拉图和亚里士多德却赞同神灵具有嫉妒情绪的古希腊观点。上帝一定要显现出来，首先通过自然显现出来，那种认为自然的本质是单纯的内在性之辈，是我们所无法达到的，但这种观点是错误的。上帝是什么，上帝传达的是什么，上帝揭示的是什么，而这首先是要通过自然界，在自然界内显示并启示出来。

与此同时，一个对象的缺点或不完美，在于它仅仅是一个内在的内容，同时仅仅是一个外在的内容，换言之，在于这一对象仅仅是内在的，同时是外在的。例如，一个儿童，作为一般的人，确实是有理性的存在，但儿童的理性，起初仅仅是作为一种内在的内容而存在，即作为一种禀赋是潜在的。然而，这种唯一的内在内容，对儿童来说也有其单纯的外在形式，表现在其父母的意志、其教师的学识里，以及围绕在孩子的理性世界里。这样一来，儿童的成长和教育，就在于他最初仅仅是自在或潜在的，只反映在自身身上，从而长大成人。理性在儿童中仅仅是作为一种内在的可能性而存在，通过教育获得实现。同样地，儿童也会意识到道德、宗教和科学，这些起初被视为外在权威的内容，最终他会意识到，实际上也是他本身固有的内在之物，所以内与外是同一的。就像儿童一样，在这方面成人也是如此，只要他违背了理性，仍然沉陷于他的知识和意志的自然性中，不但他的内在理性受到束缚，而且外力也无法征服他。例如，对一个罪犯来说，他所受到的惩罚确实具有外力的形式，但实际上这仅仅是他自身犯罪意志的表现。

从前面的讨论中也可以推断出，如果遇到有人犯了错误，那他的行为就应受到谴责，但诉说自己的动机和意图也是合理的，在这种情况下，我们就知道该如何作出判断了。不可避免的是，在个别情况下，可能存在这样的情况：由于外在环境的不便，合理的动机和意图受到冲击，从而犯下错误。然而，内与外仍然是统一的，不能把失败归于外因，应当说，人的行为构成了他的人格。对于那些夸大自己的理想，而自视清高的人，可以用福音中的一句名言来反驳，即："凭着他们的果子，就可以认出他们来。荆棘上岂能摘葡萄？蒺藜里岂能摘无花果？"[①]这句伟大的名言，首先适用于道德和宗教方面，因此也适用于科学和艺术成就方面。就艺术而言，一个目光敏锐的教师可以注意到一个学生的天赋，看出他有类似于拉斐尔或莫扎特的才能。在后文中，时间会告诉人们这种观点在多大程度上是合乎理性的。然而，如果一个蹩脚的画家和一个糟糕的诗人用他们的内心充满了崇高的理想这一借口来安慰自身，那就是一种无谓的安慰。如果他们要求不是根据他们的成就，而是根据他们的目标来评判他们，那这种自命不凡的想法就会被立即驳斥，因为这既空洞又毫无根据。但有时情况又恰恰相反：在称赞别人做得对、做得好的时候，这些都是外在的表现，但此人的内在动机是不当的，如满足虚荣心或私欲。这就是嫉妒的表现，自身无法完成伟大的事情，就试图贬低他人的伟大成就，削弱他人的伟大，并等量齐观。另外，人们必须记住歌德的一句名言："对于他人的伟大的功绩，除了爱，没有其他适合的办法。"在这个意义上，一个人的行为如果说是良善的，即外在是良善的，那我们可以就认为他的内在动机也是良善的。我们不能通过怀疑他人的动机来低估他人的成就。应当指出，人虽然在个别事情上可以伪装，对许多内容可以隐藏，但是无法遮掩他全部的内心活动。在生活的整个进程中，人始终显示其自身的内心活动，所以在这方面也必须说，人只不过是他行为的反映。

近代一些历史学家提倡所谓的实用主义的历史写法，由于这种不真实的将内

[①] 详见《马太福音》，第7章，第16节。

心和外在区分开来的做法，在近代对伟大的历史人物犯下了各种罪过，蒙蔽和扭曲了他们的纯粹概念。人们不满足于简单地叙述世界历史上的英雄们所做的伟大事迹，并承认他们的内在自我与这些事迹的内容相对应，而是认为自身有理由、有义务去揭露公开披露的内容背后所谓的秘密动机。与此同时，这些历史学家认为，历史研究越是成功地揭穿伟大人物的所谓假面具，消除迄今为止被赞美和赞扬的内容的光环，并在其本来意图和实际意义方面，将其降低到平庸者的水平，就越是深刻。为了这种实用主义的历史研究，他们大力提倡对于心理学的研究，因为它提供了关于规定人们首先采取行动的实际的驱动力的信息。实际上，这种心理学的研究，无非是对细枝末节的研究，根本达不到对于人性的普遍理解，主要是把孤立的驱动力的特殊性和偶然性作为观察对象。具体来说，根据这种实用主义的心理学方法，关于伟大行为的动机，历史学家最初会在爱国心、正义、宗教、真理等与人性的主相和本质之间做出选择。一方面是主观的形式，另一方面是虚荣心、权力、贪婪等。这样一来，这种心理学坚持动机和行为之间的对立，他们认为，伟大人物的成事不在于正义感、宗教真理，而是权力欲、贪婪和虚荣心。然而，根据真理，内在和外在的内容是同一的，也必须明确地指出，如果历史上的英雄们仅仅关注主观和形式的问题，这就完全是一种小聪明的表现。在这个意义上，如果伟大人物是依靠这些主观形式去支配行为的，那么他们就根本无法完成伟大的事业。就内部和外在的统一性而言，应当承认的是，伟人的意志是为他们所有的，伟大的事业也是为他们所做的。

§ 141

　　内与外的同一的内容，处于分离对立的关系，那么对立双方都是空虚的抽象。但是这个空虚的抽象会在相互过渡之中，扬弃自身，从而达到二者的同一，达到内容的充实。这内容本身不过是内与外的同一（详见 § 138）。所以，抽象的对立双方只不过是被设定为假象的假象。内力由于力的表现而被设定为实存，被表现于外。这种设定，指的是一种间接性，是一种由于空虚的抽象而建立起的间接性。不过这种间接性会转化为直接性，在这种绝对同一之中，差别只不过是被设定的，内与外的绝对同一。也就是说，当意识到本质（内）与现象（外）其实是一回事时，就出现了现实。

C. 现　　实

§ 142

现实是本质和现象的统一，所以现实的事物，表现于外在的现象与内在的本质具有同一，而且只有当现实事物有了外部表现，现实事物才能是本质性的内容。离开了内，则没有外；离开了外，则没有内。现实是内与外或本质与现象的统一。

【说明】如前文所述，存在和实存是直接性的两个形式。在一般情况下，存在指的是没有经过反思的直接性，并且过渡到其对立面上。在这个意义上，实存是存在与反思的直接统一，因此实存便是现象，源于理由并归于理由。现实事物指的是直接统一性的设定存在，指的是与自身同一的联系。因此，现实不会过渡成他物，它的表象或外在性是它的内蕴力；在这里，内与外是直接同一的。内的外在化是外，而外就是内，在它的外在性里，它已返回自身；它的定在仅仅是它自己的表现，而不是他物的表现。

【附释】现实和思想，更为确切地说，是理念，往往被视为是相互对立的。因此，经常听到有人说，对某一思想的合理性和真理性没有什么可反对的，这种理论很有道理，但这样的事情在现实中是找不到的，或在现实中也不能重现。然而，说这话的人，既没有正确理解思想的本质，也没有正确理解现实的本质。因为一方面，他把思想与主观观念、意向混为一谈；另一方面，他把现实和外在感性存在混为一谈。在日常生活中，人们对范畴和二者的命名并没那么讲究，由于范畴的运用不够严谨，因此可以这么说。这样的事情可能会发生，而且可能出现这样的情况。例如，某个计划或所谓的理念自身虽好，很适用，但这样的事情在同样的所谓现实中找不到，也无法在现实中实现。然而，若从抽象知性的观点出发，把现实和思想对立起来，并且把它看成固定不变，然后得出现实与思想完全不一样，这就是错误的。因为思想并不仅仅是主观的，不仅存在于人们的头脑中，恰恰相反，思想自身就是能动并且是现实的。而现实也并非某些人想象的那样污浊，实际上，现实是内与外的统一，所以，现实不是与理性对立的，而是理性的表达。更为确切地说，任何不合乎理性的内容，都不是现实的。凡是现实的，就是合乎理性；合乎理性的，就是现实。与此同时，高雅且有教养的语言习惯里，我们也可查到类似的说法，例如，人们不会把一个不知有效和合理内容为何物的诗人或政治家，视作真正的诗人或政治家。

  在这里讨论的对现实的共同概念，以及与有形的、可直接感知的内容，也是为了寻找亚里士多德与柏拉图哲学的联系为何会有那种普遍的成见。根据这种成见，柏拉图和亚里士多德之间的区别就在于，柏拉图仅仅承认理念为真理，而亚里士多德则否认了理念，认为现实为真理，因此，他被视为经验主义的创始人和领袖。在这个意义上，应当指出的是，现实是亚里士多德哲学的原则，但不是常见的、直接存在的现实，而是作为现实的理念。更确切地说，上述这种把现实和理性对立起来的做法，实际上与这种错误的看法是相关的。亚里士多德注重现实，但这并不意味着他的现实仅仅是感官材料，他仅批判了柏拉图把理念看成潜能，而不是彻底地否定理念。亚里士多德注重理念，他把理念看成内外统一的现实，是意义上被强调的、真正的现实。

§143

现实，这一具体的范畴，指的是扬弃了前面所有范畴的差别和对立，对于现实来说，前面的范畴都是被设定起来的，或者说是不真实的假象（详见§141）。

其一，现实，作为一般的同一，首先是可能性，指的是一种自身的反映，其中包含内与外。单纯的内，就是抽象的自身同一性。尚未表现出的外，只能是抽象的，非本质性的。本质性，也就是现实的潜在状态，也就是唯一的可能性。

【说明】正是因为可能性这一范畴，康德把可能性、必然性和现实性，视为模态的三个范畴，"因为这些范畴本身，并不能赋予客体概念以丝毫的增加，而仅仅表达了概念与知识能力的关系"[①]。事实上，可能性只不过是自身反思的空虚抽象，被称为无内容的抽象，指的是还没有表现出外的内，脱离外的内。现实性和必然性则与之相反，二者并不是抽象地设定了起来，或主观设定了的模态范畴，而是有内容且具体的整体。换言之，其内已经表现为外，且与之同一。恰恰相反，现实性和必然性，不仅是另一种方式，而且是作为具体的内容被建立起来，并在自身中得以完成的。

这是因为可能性，首先是针对作为现实的具体事物的，仅仅是自身同一的单纯形式。所以，对于可能性，一切不自相矛盾的内容都是可能的。而照这样来讲，一切都是可能的；因为抽象思想可以赋予这种同一性的形式以任何内容。然而，也可以说，一切事物都同样是不可能的。

因为在一切内容中，由于内容是具体的，其具体的规定，可以被把握为特定的对立，从而作为矛盾的产物。因此，没有比这种可能性和不可能性更空洞的事物了。特别是在哲学中，绝不能谈及"某物是可能的"，或是"其他内容是可能的"，抑或是"某物是可设想的存在"。在这个意义上，事物的可能性，并非取决于形式上的不矛盾，而是取决于现实的各个环节的全面联系。同样地，历史学家

---

① 详见《纯粹理性批判》，第266卷。

时常被告诫，不要滥用可能性这一范畴，因为这种范畴自身已经被宣称为非真理。然而，空洞且理智的意义，习惯于凭借可能性去推测出真理。

【附释】如果对其仔细地分析，人们会认为可能性是最为广泛的范畴，而把现实性视为最为狭隘的范畴。因为按照形式逻辑的不矛盾律，一切都可以说是可能的。然而，可能的未必就是现实的。其实，这是不对的。事实上，即在思想中，现实是更全面的范畴，因为现实包含了作为抽象环节的可能性，在它自身里作为具体的思想存在。这也可以在人们通常的意识中找到，只要当人们涉及有别于实际可能性的时候，人们将其称为一种纯粹的可能性。关于可能性，一般来说，它包括可设想性。现实性是具体的思想，当人们说某物仅仅是可能的，其实已经暗含着现实性高于可能性了。相反，这种抽象的可能性，只不过是建立在抽象同一基础上的任意设想罢了，其中没有具体内容。

我们可以运用抽象的形式去设想任何内容，这只需要将一个内容从它所处的联系中分离出来，即使是最荒唐和荒谬的内容，也可以被认为是可能的。这种抽象的同一性或抽象的可能性，可以用在任何事物身上，比如，月亮今天会落到地球上，尽管这很荒唐，但仍然是可能的。例如，扔到空中的石头会落在地上，又如，土耳其皇帝有可能成为教皇，因为他是人，故可以皈依基督教，从而转变为一个天主教的牧师，等等。在这种关于可能性的说法中，无非都是用抽象形式的不矛盾律来运用充足理由律，也就是随便找个理由就把任何事物的发生说成是可能的，只要能给出理由即可。诚然，一个人受的教育越少，他对自身思考的对象的明确认识就越少，他就越倾向于沉溺各种空洞的可能性，例如，在政治领域，所谓的"街边新闻"就是这种情况。与此同时，在实际生活中，恶意和惯性躲在可能性的范畴后面以逃避特定的义务，这种情况并不少见，在这方面，需要运用前文谈到的充足理由律。一个理性的、实际的人不允许自身被可能的内容所打动，正因为它仅仅是可能的，而他会选择坚持现实。诚然，现实要理解为此时此刻的直接存在的内容。与此同时，在日常生活中，不乏各种谚语表达了对抽象可能性的漠视，比如德语谚语"一鸟在手，胜于十鸟在林"。

一切都被视为可能的内容，同样也有理由将被视为不可能，因为任何内容，就其自身而言，总是具体的，不仅包含着不同的规定，也包含着相反的规定。例如，通常说我在是可能的，实际上却是无稽之谈。因为我在一方面是单纯的自我联系，另一方面又与他物联系，本身就包含着相反的性质，自然界和精神界的一切事物都是一样的。因此，人们可能会说，物质是不可能的，因为物质是引力和斥力的统一，包括生命、法律、自由等，尤其是作为真神的上帝自身，一切都是不可能的。理由是启蒙时期的抽象理智的原则，三位一体的上帝的概念，与思维相矛盾，从而应当被否定。一般来说，在这些空洞的形式中，由于空洞的理智，哲学与这些问题的任务，只包括这些说法的虚妄和空无。一个事物的是否可能，取决于此事物的内容，取决于现实的各个环节的全体。这里所提到的可能，指的是理念自我演动序列之中的潜在性。

§ 144

其二，但现实事物就其有别于那作为自身反映的可能性来说，现实本身，仅仅是外在的具体性，而非本质的直接性。换言之，现实（详见 § 142）首先是内与外的统一，既是非本质的外在物，也是单纯的内在物。与此同时，现实（详见 § 140）是唯一单纯的内在物，指抽象的自身反映。现实事物被视为一种单纯的可能性，就是那些偶然的内容，故而可能性就是单纯的偶然性。在这里，实在被定义为内与外的统一。内就是外，故而可能性就是偶然性。

§ 145

可能性和偶然性，指的是现实的两个环节；内和外，被确定为纯粹的形式，构成了现实的外在性。可能性指的是现实的单纯内在性，而偶然性指的是外部或外在的现实性，所以可能性和偶然性是现实的环节，即内与外。具体来说，二者的反思在其自身，即在其自身中被规定的现实事物，即内容，作为二者的本质性的规定的理由。因此，可能性和偶然性都是自身反思，即抽象的同一性，作为根本原则。实际上，某物是否具有可能性或偶然性，全部取决于内容。

【附释】既然可能性仅仅是现实的单纯的内在性，故也仅是外在的现实性或偶然性。一般来说，偶然性是指这样一种事物，它的存在不根据其自身，而在他物中。然而，现实最开始通常是以偶然的形式出现在我们的意识之中，而这种偶然性被误认为现实本身，常常与现实自身相混淆。其实，偶然事物仅意味着现实事物的片面形式之一，仅仅是反思他物的一面。偶然性表达了对他物的片面关注，以至于丧失了自我联系的那一面。这样一来，偶然性体现为，一物的存在以及这样或那样的存在，都不取决于自己，而是取决于他物。如今，克服这种偶然性，一方面是科学认识的任务，另一方面是实践领域的任务。与此同时，行为的目的，在于不能止于意志的偶然性或任性。然而，在许多方面都出现了这样的情况，特别是在近代，偶然被提升至过高的地位，并且在与自然和精神世界的联系上，都被赋予了一种价值，而这种价值实际上并不属于它。就自然界而言，人们对自然的欣赏，主要是其形式的丰富性和多样性，这并不少见。在这个意义上，这种丰富性自身，除存在于其中的理念的展现外，并没有提供更高的理性的依据，而且在无机和有机形式的巨多多样性中，只赋予人们偶然性的直观，而不是无限的。不管怎样，由外在环境造成的动物和植物个体品种的五花八门，风和云的多种状态的变幻组合，都不能被视为高于精神的存在，这其实是偶然的现象。因此，对这种自然现象表示钦佩和赞美，指的是一种完全抽象的心理态度，人们必须从理性兴趣出发，超越这一态度，从而对自然的内在和谐和规律性有更密切的洞察力。

特别重要的是，要合理地理解与意志有关的偶然性，也就是任性。当人们涉及意志的自由的时候，也就是所谓的任性或任意，即意志在偶然性的形式。如今，任性作为规定自身，只不过是自由意志的一个基本环节，但绝不是自由自身，而最初仅仅是形式上的自由。诚然，真正的自由是对于这种任性的扬弃，充分地认识到它内容的必然性，同时知道它作为存在自身的坚定性。另外，如果意志仍然停滞在这种任性之中，那么它所决定的内容只不过是偶然、凑巧符合而已。在这个意义上，如果人们更仔细地观察，任性被证明是一个矛盾，因为这里的形式和内容仍然是相互对立的。任性是一个既定的内容，不是建立在意志自身的内容，而是建立在外在环境的内容。换言之，任性是外界强加给意志，而不是意志本身的反思，因此任性陷入了内容和形式的分裂之中。所以就这种内容而言，自由只包括选择的自由，而这种自由，只不过是对于外界给予的内容做形式上的选择，无非是一种主观形式的自由。其原因在于，你在最后的分析中会发现，意志所发现的内容所依据的那同样的外在环境，也必须归因于这样的事实，即意志正是为了任性而作出规定。

基于上述的讨论，偶然性只不过是现实的一个片面环节，不能把它和现实混为一谈，但偶然性既然是现实的形式之一，所以它在客观性仍然有相当的地位。这首先适用于自然界，在自然界到处有偶然性自由施展的地方。具体来说，偶然性在精神界也有一定的地位。正如已经指出的关于意志的问题，它以任性的形式包含偶然性，但仅仅是作为自身扬弃的环节。关于精神和精神的活动，人们也必须注意，不要让自身被寻求理性知识的好心努力所引导，想要证明其为必然的，或者像人们习惯说的那样，先验地构建具有显著的偶然性的现象界。例如，在语言中，语言是思维的主体，但偶然性无疑也起着重要的作用，除了语言，法律、艺术等的形成也是如此。诚然，哲学、科学的任务，更确切地说，指的是一般哲学的任务，试图通过偶然来认识必然，但是偶然性不是主观。因此，为了达到真理，要消除偶然性。同样地，在认识的过程之中，不能简单排斥偶然性而获得真理。单方面追求真理的哲学努力，无法逃脱对空洞把戏和僵硬迂腐的正当批判。

§ 146

偶然性是现实事物的外在性,而不是内在必然性,所谓偶然性的外在性,指的是偶然性的内容,只不过是被设定的存在,指的是没有内在理由的存在,即反思他物。然而,这种设定的存在即将被扬弃,所以偶然性作为被他物设定了的存在,它是要以他物的存在为前提。在这个意义上,它之所以如此存在,不是必然如此,而仅仅出于一种可能性,它的特殊规定要被扬弃。因而,偶然性,意味着有可能是他物的可能性,也有可能是他物的可能条件。

【附释】偶然性作为现实性的一个环节,即直接的现实性,同时作为他物的可能性,并不是前文所提到的抽象的可能性,而是作为他物得以存在的可能性,故也是同样的条件。当人们谈到一个内容实质的条件的时候,对此存在着两种定义。其一,指的是一种定在、一种实存,即一种直接的现实性。其二,指的是为了促成一个事物的实现,这种直接的内容规定将被扬弃。如今,直接的现实性,根本不是它应当存在的那样,而其本身是有限的,注定要被销毁掉,但是现实除了直接性还有内的方面,即本质性。这个内在的方面作为单纯的可能性,也将被扬弃。这种扬弃,意味着新的现实已然出现。原先直接的现实,就成为新的现实的前提条件。这就是条件概念自身所包含的变化。当人们考虑到内容实质的条件的时候,它似乎是相当不偏不倚的内容。事实上,这种直接的现实本身,就包含着截然不同的内容的萌芽。这种其他的内容起初仅仅是一种可能性,之后又对可能性的形式加以扬弃,从而转变成现实。从中产生的这种新的现实性,正是它所消耗了的那个直接的现实性所固有的内在本质。因此,这就成为截然不同的事物的形式,而非其他内容。因为第一个现实仅仅基于它的本质来确定。牺牲、灭亡和消耗了自身的条件,在现实中,实现了与自身的同一。现实的过程就属于这种情况。这不仅是一个直接的存在,而且作为本质性的存在,指的是对其自身直接性的扬弃,从而与自身进行间接性。

§147

其三，只有当现实的外在性发展为可能性和直接的现实两个范畴的时候，才是真实的可能性，即既是可能的，又有具体的条件可以实现它本身。[①] 这两个范畴相互依存，构成圆圈。与此同时，作为这样一个圆圈，它是统一的，故而就是内容，指的是在自身中并为自身所规定的内容实质。同样地，就其两个范畴在这个统一体保存的差别来说，二者就是有形式的内容，指的是形式的具体同一为自身所规定的，存在着由内在到外在、外在到内在的转化。这种转化就是能动性或活动，是内容实质的作用，是扬弃自身成为现实性的真正原因。偶然的现实性，或者条件，即二者的反思自身和二者成为扬弃的另一现实性，为实质的现实性。当一切的条件都具备的时候，包括内在的可能性与外在的条件，内容实质必定能被实现，而内容实质自身就是条件之一，因为它起初作为内在自身，仅仅只是一个前提条件。作为内和外的一体的交替，二者相反运动的交替结合成一个运动，这种内外合一的转化的运动，就是必然性。

【说明】必然性被合理地理解为可能性和实在性的统一，在这里的可能性，指的是真实的可能性。但仅以这种方式表达，这种定义必然是肤浅的，故难以被人们理解。必然性，是一个完全困难的概念，因为必然性是概念自身，但它的环节仍然是作为现实事物，也只能作为形式来把握，以作为自身的破裂和过渡的形式。由于这种原因，在下面两节中，将对构成必然性的环节进行更详尽的阐述。

【附释】当某件事被视为是必然性时，人们首先要问为什么。因此，必然性应当证明自身是一种规律，一种间接性的内容。然而，如果人们仅仅停留在间接性上，就未达到所谓的必然性的真正意义。这就意味着，相对的必然性，仅仅是间接性的内容，不是通过它自身，而是通过他物，因此它也仅仅是偶然的。相对

[①] 关于这句话的其他译法，详见尼可林和珀格勒版的黑格尔《哲学科学百科全书纲要》，第33卷（1959年），第142页，第13行的注释。

的必然性，其存在取决于他物，而不是自己的必然性。另外，人们对绝对的必然性的要求是，它通过自身成为它自身，因此，尽管是间接性的，但也能扬弃其间接过程，并把它包含在自身之内。这样一来，人们将必然性的事物认为是与自身的简单联系。不仅如此，在这种联系中，受制约的内容逐渐摆脱了对其他内容的依赖。

有人说，必然性是盲目的，这也是合乎理性的。这是由于在必然性的过程之中，目的还没有自觉地出现。必然性的过程是由偶然性开始的，必然性是通过一连串的偶然性的扬弃来实现和发展自己。就其一个个偶然性来说，它好像是不相干的，每一个偶然性，都是自己否定自己，再转变自身的否定面，作为已经实现了的实质的内容，成为一种新的现实。在这里，我们便获得了一种具有双重形式的内容：首先是作为内容实质的内容，其次是作为孤立的情况的内容。这些情况好像是一些肯定的内容，而且最初令人觉得它们好像的确是那样的肯定的内容。诚然，这种内容本身是空洞的，相应地成为自身的否定面，从而成为已经实现了的、实质的内容。直接性的存在又被扬弃，从而作为新的实质内容被保存下来。

再者，人们说，从这样的环境和条件中，产生了截然不同的内容，因此称这种必然性，也就是这种过程为盲目的。另外，如果人们考虑有目的的活动，人们在这里有一个事先已经知道的内容，因此，这种活动不是盲目的，而是看得见的。当人们说世界受天意的支配的时候，从这一点上，有目的的活动，受到目的性的指导，所以产生的内容是按照以前的认知和意愿来的。与此同时，把世界看作由必然性规定的概念和对神的旨意的信仰，绝不是相互排斥的。

不管怎样，关于世界发展的必然性和对于天意的信仰，不是互相排斥的。按照理论的思想，因为概念既是必然性的真理，又是信仰的理由，概念包含着并且扬弃了必然性，所以必然性本身是潜在的，仅仅表达了潜在概念的实现过程。在这个意义上，必然性只有在还没有被理解之前才是盲目的。如果人们把必然性的历史哲学理解为宿命论，这就大错特错了。这种批判是针对历史哲学的，因为它把自身的任务看作对已经发生的事情的必然性的认识。这就意味着，历史哲学由此获得了神论的意义，而那些自以为通过排除天意的必然性来尊重神的旨意的人，通过这种抽象的方式，实际上将神的旨意贬低为一种盲目的、不合乎理性的任性。不偏不倚的宗教意识说的是上帝的永恒和牢不可破的劝告，这里面明确承认必然性是属于上帝的本质。这就意味着，人与上帝不同，人有其特殊的意义和意志，总是心血来潮和任性行事，所以在他的行动中会出现与他的本意和愿望截然不同的结果，而上帝知道他想要什么，在他永恒的意志中，不被内在或外在的偶然所规定，而且也不可抗拒地完成他想要的内容。

一般来说，关于必然性的看法对于人们的态度和行为来说是至关重要的。如果人们把发生的事情看作必然的，那么初看起来，似乎是一个完全不自由的联系上的存在。众所周知，古代人把必然性看作命运，而近代人，则把必然性理解为一种安慰。安慰的意思是，如果我们放弃我们的目的，听从必然性的支配，那么我们就可以从这里获得某种补偿。一方面，命运是暗淡的。如果人们现在更仔细地审视古代人对命运的态度，认为命运绝非授予人们不自由的直观，而是自由的洞见。不自由是基于不能克服一种坚持的对立，以这样一种方式，人们把现在和发生的事情视为与存在和应当发生的事情相矛盾。另一方面，在古代人的心目中，有这样的看法：因为某物是这样，所以某物是这样，既然某物是这样，所以某物应当这样。因此，这里没有对立，也没有束缚，没有痛苦和悲哀。正如前文所叙述的那样，这种对命运的态度是没有安慰的，但这种意志也是不需要安慰的。为此，主观性还没有达到其无限的意义。在比较古代和近代的基督教的态度的时候，必须重视这一观点。

如果人们对主观性的理解仅仅是单纯且有限的直接主观性，以及有私人利益和特定偏好的偶然和任意的内容。一般来说，人被叫作"人"，而非"事"。在这个意义上，人们常说，重要的是"事"，这讲的是内容实质，而不是人，这是合乎理性的。这里是关于"事"的主观性。如果所谓的主观性，仅仅是人的主观性，那么我们就不得不称赞古代人在对待必然性的态度方面，比近代人更高尚。因为古代人有一种服从命运的态度，而近代人则追逐自己的梦想。而当无法谋取个人的利益时，又企图从其他方面来获得安慰，如寻求宗教的力量，求神拜佛。众所周知，基督教包含上帝希望一切的人都获得救赎的教义，这就清楚地宣称主观性具有无限的价值。然而，主观性，不仅仅指的是与客观性相对立的、那种有限的主观性。事实上，主观性内在于客观性，是无限的，因此，主观性本身就是现实自身的真理。在这个意义上，近代人明显高于古代人。基督教把上帝看成绝对的主观性，所以上帝也具有最善于安慰的力量，主观性既然包含着特殊性，就不可以把特殊性看成单纯的抽象内容。这样一来，人们的特殊性也被认为不仅是抽象地被否定的内容，也是被保留的内容。诚然，古希腊的神灵也同样被认为是有个性的。然而，宙斯、阿波罗等人的人格并不是真实存在的人格，而仅仅是一种表象的个性，或者说，这些神仅仅是化身，就其自身而言，并不认识自身，而仅仅是为人们所熟知。更为确切地说，古代诸神的这种缺陷，在古希腊人的宗教信仰中就可以寻到证据。按照他们的信仰，不仅是人，神也要受到命运限制，命运就是还没有被认识的必然性，所以它必须表象为是非人格的，是无自我的，盲目的。相比之下，基督教的上帝不是这样，它不仅是被知的内容，还是自知的内容。同样地，它不仅是人心之中的观念，还具有绝对真实的人格。

与此同时，就这里所提及的观点做进一步地阐述，指的是宗教哲学的任务。需要注意的是，一个人对于自己的遭遇，如果能够按照谚语"每个人都是他自己的命运的主宰者"来看待，那这是再好不过的了。这就是说，一切遭遇都是自作自受，不可怨天尤人。这样的人才是自由的。与此相反的观点是，人们把发生在自己身上的事情归咎于其他人，归咎于周遭的环境等。这又是不自由的观点，同时滋生了不满。另外，如果人们认识到，他所遭遇的一切仅仅是他自身的演变，他只承担自身的罪责，他就会像一个自由人一样行事，对他所遇到的一切都抱有信心，那也就不会有不公正的事情发生在他身上。不甘于自己命运的人，正是为了自身被别人冤枉的错误观点而犯下许多错误和歪曲的事情。诚然，发生在人们身上的事情有很多是偶然的。然而，这种偶然性植根于人的自然性。由于人有自由的意识，他的灵魂的和谐，他的心灵的静止，不会被他不喜欢的内容破坏。因此，它是规定人的满意和不满意，从而规定人的命运自身的必然观点。

§ 148

必要性的三个环节：条件、实质和活动。

（1）条件。第一，条件是设定起来的东西，它仅仅是相对于实质而言的，为另一个内容所需要。条件在先，是就其作为偶然的外在情况而言的，它也是直接存在的内容。不过这种偶然的实存之物经过实质，这个被设定起来的内容，就会在实质之中，结合成一个有机的整体，则此物便是一个由诸多条件构成的完全的圆圈。第二，条件是被动，作为内容实质的材料，条件被融合或扬弃在实质之中，从而过渡到实质的内容，以促成实质的发展。

（2）实质。第一，实质和条件一样，也是被设定的，这首先是一个内在的和可能的内容，相对于将来因为条件具足而实现为实在的内容来说，实质是在先的，它本身是一个独立自为的内容。第二，通过各种条件、实现其内容的确定来获得其外在的实存，它与条件相互对应。因此，它同样从条件那里证明了自己为实质。换言之，实质是由这些条件产生的。

（3）活动。第一，活动也是独立自为地实存着，同时它的可能性完全在条件和内容实质中。第二，活动是使条件和实质发生转变的运动，也是将实质转变到实存的运动。活动使潜在于条件之中的实质得以建立起来，发展起来，并且扬弃各种条件所具有的实存，从而使实质变成实存的运动。

就这三个环节具有相互独立的实存形式而言，这种过程就是外在的必然性，即相对的必然性。这种必然性对其实质的内容是有限的。因为在简单的规定性中，内容实质性就是这种整体。然而，由于同样是在整体的形式中外在于自身。因此，整体也外在于自身和它的内容，而这种对内容实质的外在性，指的是对实质内容的限制。

§ 149

因此，有限事物的必然性是相对的必然性，但是背后隐藏着唯一的、自身同一的，即绝对的必然性。这个背后的本质，显现出来是相对的必然性。在这个意义上，这种映现就是，无限的绝对所包含的不同成分、环节都具有独立的实存形态。即必然的事物，通过一个他物，它被分解为间接性的理由（内容实质和活动）和直接的现实，一个也是条件的偶然。作为通过他物的必然性自身并不存在，而仅仅是一个假定的内容。然而，间接性也是直接成为自身的扬弃；原因和偶然的条件被转成为直接的。据此，设定的存在已经成为现实的扬弃，内容实质已经与自身融合。在这种回归自身中，作为无条件的现实性。换言之，绝对的必然性是通过自己规定自己完成的，而这个整体，其实就是这样，它其实是自己规定自身。

（a）实体联系

§ 150

绝对的必然性本身是绝对的关系，就是必然和偶然、实质和条件相互转化的发展过程。更为确切地说，绝对的关系是上述的发展转化过程之中（详见上文各节所述），针对已经被扬弃而成为绝对同一性而言的，也就是成为前面所提到的无限的整体。

必然的事物，在其直接的形式中，它是实体性和偶然性的联系。这种联系与自身的绝对同一指的是实体本身，但实体作为必然性，指的却是这种内在性的否定，从而把自身确定为现实性，但也同样是这种外在事物的否定。与此同时，在否定的过程中，现实的事物具有直接性，仅仅是一种偶然性，通过这种纯粹的可能性转入另一种现实性。这个过渡，就是作为形式活动的实体统一性（详见 §148 和 §149）。

§151

因此，实体是偶性的整体，但不是偶性的机械堆积。对偶性而言，它显示为二者的绝对的否定性，即起到分化、推动作用的绝对力量，也是一切内容的丰富性。但这一内容无非是这一表现自身，因为反映在自身上，成为规定性本身，但自身仅仅是形式的一个环节，而这一环节又过渡为实体的力量[①]。偶性离开实体后就不能独自存在。这就意味着，偶性就是实体的表现，离开偶性，实体也无从表现，并且要从这个表现之中回归自身。实体性是绝对的形式活动和必然性的力量，而这一切的内容只有环节，只有环节才属于这种过程。这个过程即为形式和内容相互之间的绝对对立。

【附释】在哲学史上，人们遇到了作为斯宾诺莎哲学的原则的实体。斯宾诺莎哲学的意义和价值虽然获得了一部分支持，但也招致了一些批评。自斯宾诺莎哲学出现以来，便不乏巨大的误解，由此掀起了一场轩然大波。由于他把上帝设想为实体，且仅为实体，斯宾诺莎被人指责为无神论或泛神论。那该如何看待这些批判呢？首先，从实体在逻辑理念体系中所占据的位置出发。在这个意义上，实体是理念发展过程之中的一个重要阶段，但不是理念自身，不是绝对的理念，而是必然性的、仍然有限的形式中的理念。如今，上帝确实是一切事物的必然性，换言之，可以说是绝对的内容实质，但也是绝对的人格，这是斯宾诺莎没有阐明

---

① 依拉松本建议，在"实体的力量"后增补"到另一环节"五个字，以增强语气。

的一点。其次，在这一点上，我们必须承认，斯宾诺莎哲学尚未触及上帝的真正概念，未能构筑基督教宗教意识的相关内容。根据他的出身，斯宾诺莎是一个犹太人。他并没有真正认识到基督教的上帝的性质，并且受到了东方人的世界观影响。一般来说，东方人习惯性认为，一切有限之物都仅仅只是暂时的、易逝的现象，在他的哲学中也能找到类似的思想。最后，这种东方的实质性统一的直观，构成了当今真正的进步之源，但不能止步于此。这就意味着，它仍然缺乏西方的个体性原则，与斯宾诺莎主义同时出现的是莱布尼茨的单子论，它首次以哲学形式出现。

  从上面分析可知，如果人们对斯宾诺莎哲学的无神论批判加以回顾，就会发现这种批判是毫无根据的。其原因在于，根据这种哲学，上帝不仅没有被否定，反而被认为是唯一的真正的存在。但也不能认为斯宾诺莎把上帝视为唯一的上帝，而是说这种斯宾诺莎式的上帝不是上帝，故无法和上帝相提并论。同样地，别的哲学家都信仰上帝。这其中包括犹太教徒和穆斯林，因为他们只将上帝认作"主"。此外，还有许多基督教徒，他们只把上帝视为不可知的、至高的和其他世界的存在。在这个意义上，他们统统都被指控为无神论者。然而，对斯宾诺莎哲学的无神论批判，经过仔细地研究就会发现，在斯宾诺莎哲学中，差异性原则或有限性原则并没有出现。具体来说，按照斯宾诺莎的学说，实际上根本不存在一个积极存在着的世界，这种体系就不能被称为无神论，而是无世界论。从中，我们也可以得知如何看待对泛神论的批判。更为确切地说，如果按照通常的看法，泛神论被理解为一种将有限的事物，或将二者的结合体看作上帝的学说，那么人们就不能不克制住自己对斯宾诺莎主义哲学的泛神论的批判。根据斯宾诺莎的学说，没有任何真理可以归于有限的事物或一般的世界。因此，斯宾诺莎哲学正是基于其抽象主义才成为泛神论的。

  此方面的不足，也正是形式方面的相关缺点。斯宾诺莎将实体确定为他的学说的重中之重，并将其定义为思维和延伸的统一，而没有进一步说明，他是如何得出这种差异，以及如何将其追溯到实质统一上来的。在这个意义上，对内容的进一步研究是在所谓的数学方法中进行的。因此，首先要建立定义和公理，其次是提出一系列的命题，这些命题的前提通常尚未经过证明。在这个意义上，斯宾诺莎解决哲学问题时用的是数学方法，这种严密性，连反对他的人都感到惊叹。具体来说，这种对内容的无条件认可，实际上与对内容的无条件反驳，别无二致，都是毫无理由的。斯宾诺莎哲学的缺点恰恰在于方法和内容缺乏内在联系，形式不被称为是内在的，因此只作为一种外在的、主观的形式。这就意味着，实体，正如斯宾诺莎所直接设想的那样，没有先前的辩证法的间接性，正如普遍的否定力量的那样，仅仅是这种黑暗的、无底的深渊，它把一切确定的内容都加以吞噬，一切内容对于实体都是空无的，因为它是内在的空洞，而从自身产生的，没有任何具有积极自身持存性的事物。

§ 152

根据上述环节所讲，实体是绝对的否定性，指的是否定的自身联系，所以实体具有自我创生的绝对力量，具有内在可能性，能够从内部发出力量，因而自身能成为偶性。这样一来，正如必然性的第一种形式，实体就是主动，而偶性是被动，主动和被动的关系就构成了因果关系。

（b）因果关系

§ 153

实体是原因，因为实体在过渡到偶然性时，表现于外，再返回到自己身上。所以实体就是原始的实质，即能够起作用的内容，也就是原因。同样，实体扬弃自身反思，扬弃成为自身否定的纯粹可能性，从而产生一个结果，一种现实性，因此它仅仅是被设定的内容，但原因究其为必然性。

【说明】原因，作为原始的实质，具有绝对独立的规定性，以及保持自身与结果对抗的存在，但它仅仅是在其同一自身构成的必然性中，才过渡成为结果的。就再次谈及明确的内容而言，我们找不到一种只存在于效果里，而不存在于原因里的内容；这种同一是绝对的内容自身。然而，以同样的方式，它也是形式的规定，原因的原始性，在结果中成为扬弃，使自身成为一种设定的存在。但原因并没有因此而消逝，因此，真实的内容只会是结果。因为这种设定的存在就像直接扬弃一样，它反而成了原因自身的反思，就是它的原始性；在结果中，只有原因是真实的，指的是原因。因此，该原因自身就是自己以自己为原因，也就是自因。耶可比坚持认为间接性的、片面的表象观念（详见《关于斯宾诺莎的信》[①]，第2版，第416页），把自因（同样也即自果）这种原因的绝对真理，仅仅作为一种形式主义。同时他还指出，他反对把上帝定义为理由，而主张把上帝定义为原因，这说明他根本不懂原因的真正性质。他的目标在于，通过对原因的性质进行更彻底的反思。

即使在有限的原因和有限的表象观念中，因果关系的同一也存在于内容之中。雨作为原因，和湿作为结果，指的是同一存在的水。从形式上看，原因（雨）就这样在结果（湿润）中消逝了。随之而来的，如果原因消失了，那么结果也就跟着消失了。因为没有因，也就没有果。只留下不是原因也不是结果的内容，这是不可能的。

在通常的看法之中，就因果关系而言，因为原因的内容是有限的，如在有限的实体中，而且原因和结果是作为两个不同的独立的存在。然而，二者仅仅是在二者中的因果关系被抽象出来时才是如此。由于在有限性中，形式规定之间的差异被固定在二者的联系中，原因也被交替地视为设定的存在或结果，这就有了另

[①] 德国哲学家弗里德里希·海因里希·耶可比（Friedrich Heinrich Jacobi，1743—1819）发表论辩集《关于斯宾诺莎的学说——致摩西·门德尔松先生的信》，1785年初版，1789年增补二版，第416页。

一个原因。在这个意义上,从结果到原因的发展也产生了无限的可能性。递推的过程也是如此,在这种过程之中,结果是基于它的同一来规定的,原因自身是一个原因,同时又是另一个原因,而这种原因又有其他的结果,以此类推,直至无穷无尽。

【附释】正如知性倾向于反对实体这一概念,知性也强调因果关系,固守着因与果抽象的同一性,不承认二者内容的同一。当它将一个内容设想为必然的事实来加以研究的时候,这种抽象的理智习惯于在因果关系上大做文章,将自身归于因果关系。如今,一切事物的这种联系虽然属于必然性,但它仅仅是必然过程之中的一个方面,而必然的过程也是如此,它要取消因果关系中的间接性,并证明自身是一种简单的自身联系。这就意味着,如果人们在因果关系上止步不前,人们就无法参透这种关系的真理性,就无法看到因果的同一的一面,只能看到二者的差别。然而,因果关系的有限性就在于,因和果在二者的差异中仍然是同一的。诚然,这二者不仅是不同的,而且是同一的,这在人们通常的意识中也是如此。人们对原因说,它只有在有一个结果的时候才是这样,对结果说,它只有在有一个原因的时候才是这样。更为确切地说,在概念上,因和果都是同一个内容,二者之间的区别起初仅仅是确定和被确定的区别,然而,这种形式的区别随后又同样被扬弃,以这样一种方式,因不仅是另一个的因,也是自身的因,果不仅是另一个的果,也是自身的果。故事物的有限性就在于:虽然根据二者的概念,因和果是同一的,但二者的区别仅仅是设定和被设定的区别。因确实是果,果也确实是因,但因不是在它是因的同一联系中,果也不是在它是果的同一联系中。再者,这又给出了无穷递进的情形,其形式是一系列无穷无尽的原因,同时又显示为一系列无穷无尽的结果。

§ 154

因与果是迥然不同的。果之所以是果,就在于它是被设定好了的,这种设定性，同样是一种直接性的自身反映。换言之，这种设定是内在的，而不是外在的。如果我们执着于因与果的差别，那么，原因所设定的结果，其实也就是原因所依赖的前提，因为没有结果，也就没有原因。于是结果一方面是被动的实体，另一方面它又是主动的。它扬弃原因给它设定的后果，而反过来作用于原因，扬弃第一个实体的主动性。于是，第一个实体作用于第二个实体，而第二个实体反作用于第一个实体。因果关系由此过渡为相互作用的联系。

在相互作用中，虽然因果关系还没有达到具体概念的阶段，还没有被确定为真正的规定，但因果关系向无限的进展，就像以真正的方式扬弃的进展一样，在从因到果和从果到因的向外伸展的直线式的无穷进程中，再返回自身。然而，因果关系已经从那种直线式的无穷进程，转化为相互作用和反作用的圆圈的过程。在那无思想的重复中，只有一和同一的内容，即此一因与另一因，以及二者彼此之间的联系。然而，这种联系的发展，即相互作用，自身就是区分的交替，因果关系中的环节交替，而非原因的交替。这就意味着，每个环节对其自身而言，是独立自为的。同样地，根据同一，即原因在结果中是原因，反之亦然。在这里，原因和结果的同一性、不可分离性也就体现了出来。根据这种不可分割性，其他环节也被确定了下来。

（c）相互作用

§155

相互作用的第一个特点，指的就是有区别的因果范畴。相互作用本身是同一的；一方面是原因，是原始的、主动的、被动的；另一方面也是如此。相互作用以对方为前提和条件，以对方为结果和作用。直接的原始性和由相互作用所确定的依赖性，都是同一的。在相互作用中，原先被坚持为有差别的原因和结果是同一的，二者都既主动又被动，既是前提又是结果，既原始又依赖。因此，这两个原因之间的差异是空虚的，其实原因只有一个，这一原因在其结果中扬弃了自己的实体性，并获得了独立性。换言之，原因和结果是同一，这就是自因。

§ 156

相互作用的第二个特点，指的是相互作用的因果统一性，也是独立自为的。换言之，这种相互作用，也就是原因自己本身的设定，而且只有原因自身的定位才是它的存在。空虚性不仅是潜在的，或仅存在于人们的反思中（详见§ 155），而且相互作用自身就是这样的，要把每一个假定的规定性加以扬弃，并将其成为完全相反的规定性，从而把环节的那个潜在的空虚性假定在它自身中。在相互作用之中，作为原始性的原因本身就含有后果，原因的作用就含有反作用等。

【附释】相互作用一方面表明了因果关系的充分发展，另一方面因为抽象知性，反思习惯于从因果律的观点来观察事物，使陷入了直线式的无穷递进，故仅靠相互作用还不足以说明问题。比如，在历史研究中，我们会碰到这样的难题：一个民族的品性和礼仪是它的宪法和法律的原因呢，还是宪法和法律因素是它的民族的品性和礼仪的原因呢？因此，我们可以说，同样是二者的结果，然后从相互作用的角度来设想二者，一方面是民族的品性和礼仪，另一方面是宪法和法律，需要发挥相互作用的联系。更为确切地说，在相互作用中，原因也是结果，而在它作为结果的同一联系中，结果也是原因。

这一点不仅在社会研究之中存在，在自然界也是如此。尤其是对有生命的有机体而言，其各个器官和功能也同样被发现在相互作用的联系中，彼此结合在一起。诚然，相互作用是从因果关系中发展出来的真理，也可以说，相互作用正处在概念的门槛上，但是还没有真正纳入概念中。然而，正因如此，要想获得概念式的知识，人们绝不能满足于相互作用这一范畴。如果人们仅仅止步于从相互作用的角度来考虑一个给定的内容，那么这确实是一个完全没有概念的行为；那么人们就仅仅是在研究一个枯燥的行为的内容实质，而对于为了应用因果关系去处理事实时，首先就需要的间接性知识而言，仍然没有获得满足。这就意味着，相互作用这一范畴，其在生活中的应用差强人意。如果我们对其进行一番更为仔细的思考，就会发现，相互作用这一范畴，不能被视为概念的等价物，而是自身首先必须得到概念的理解。这是由于，相互作用不完全等同于概念，其本身还要被理解，而不能把相互作用的双方当成直接给予的内容，只可以把它们看成更高的第三者的两个环节，而这正是概念。比如，我们说斯巴达的政治制度和文化是相互作用，但实际上我们丝毫不知道斯巴达具体的制度和文化。这种观点或许是合乎理性的，但这种观点并不能使人们获得最终的满足。要理解具体的制度和风俗，就需要从产生这一切的概念去理解。

§ 157

相互作用的第三个特点，指的就是揭示出来的必然性。纯粹的自身交互作用的过程，就是实现了的必然性，而必然性本身的同一性则是掩蔽的。与此同时，这个同一性就是原因和结果的纽带，是它把原因和结果联系起来。更为确切地说，相互作用把必然性所潜藏的同一性显露了出来。于是，必然性通过实体关系、因果关系、相互作用关系这三个阶段，使得唯一的实体，设定为一种无限否定的自身联系。通常来说，这种联系之所以为否定，是因为这个同一性之中暗藏着差异性和间接性，而这一差别背后，又包含着无限的自身联系，也就是同一性。

§ 158

因此，这种必然性的真理就是自由，而实体的真理就是概念，就是独立性的概念，就是由自身的排斥而成为有区别的独立物。这是由于这种排斥与自身同一，而这种保持在自己本身之内的交替运动，只与自身本身相关联。

【附释】必然性，一般被认为是一种僵硬的内容。就必然性的直接形式而言，这话不无道理。在这里，我们有一种状态或一种内容，必然性自身是存在的，而在必然性中首先包含了这一点，使一个对象或内容不得不丧失自己的独立自存性。

因此，这就是直接的或抽象的必然性包含着僵硬的内容。于是，必然性受到了对方限制而丧失掉了自己的独立性，也就是说，必然的就意味着不自由。这就意味着，这种的必然性实际上是抽象的必然性。从这种角度来看，自由也仅是抽象的自由，只有通过扬弃人们直接存在和具有的内容才能获得拯救。如前文所述，必然性的过程，通过克服最初存在的僵硬的外在性，从而揭示出它的内在性。这就意味着，只有必然性实现了，自由才算是实现了。而这种自由不仅是抽象的否定的自由，而是具体的、积极的自由。换言之，这就意味着，人们最终意识到，那个限制自身的内容，不是外在的，而是自己设定对方来限制自身的，本质上是自己限制自己，也就是自己决定自己，于是必然性就转化为了自由。由此可以看出，将自由和必然性视为相互排斥有多么错误。在这个意义上，必然性自身还不是自由。然而，自由是以必然性为前提，并以扬弃的方式将其包含在自身之中。有道德的人意识到他的行动内容的必然性和自在自为的义务性，因此他不但不感到他的自由受到了妨害，甚至可以说，正是通过这种必然性和义务性的意识，他才收获了真正的、实质性的自由，这种自由有别于从刚愎自用的空无内容的和单纯可能性而来的自由。诚然，一个受到惩罚的罪犯可能会认为他所受到的惩罚是对他的自由的限制。事实上，惩罚并不是他所受到的外来力，而仅仅是其自身行为的表现，在承认这一点的同时，他也会表现得像是一个自由人一样。一般来说，当一个人意识到自己已彻底被绝对理念所支配的时候，他就达到了人的最高独立性。这种心境和行为，也就是斯宾诺莎所谓的对神的理智的爱。

§ 159

故而，概念是存在和本质的真理，因为返回到自身的映现（Scheinen），同时是独立的直接性，而不同的现实性的这种存在，直接地就只是一种自身内的映现。

【说明】由于概念已经表明，自身是存在和本质的真理，概念就是存在和本质的基础。这二者都已经返回到其本身之中，就像返回到二者的理由一样。由此我们也可以说，存在是概念发展的出发点，就像从它的理由的发展一样。进展的一方面可以看作存在对自身的深入，它的内在被这一进展揭示，指的是由表到里，从而深入其自身，就体现为片面向全面的发展过程。进展的另一方面，将不完美和完美的表面思想在这里表现了出来。

由于只从最后一面思考这种发展过程，哲学也因此受到批判，认为这里关于不完美和完美的思想比较肤浅。更为确切地说，作为与自身直接统一的存在，与作为与自身自由间接性的概念有所区别。由于存在表明自身是概念的一个环节，它也因此表明自身是存在的真理；作为它的反思自身和作为间接性的扬弃，它是直接的设定，一个与返回自身同一的设定，它的同一构成自由和概念。因此，如果环节被称为不完美，那么概念被称为完美，所以概念是从不完美到完美，再从不完美中发展自身，因为它本质上是其前提的这种扬弃。与此同时，只有概念自身在于扬弃了他的前提，达到了自身反思而言，便是存在的前提，但是前提也就是存在返回自身。这种同一性，就构成自由和概念。正如在因果关系中和相互作用中所显示出的那样。

因此，就其概念和本质的关系而言，概念是在与存在和本质的联系中确定的，本质已经返回到了作为简单直接性的存在，其映现所以具有现实，其现实也是在自身中自由的映现。换言之，在概念之中，本质的映现不再是虚假的，而具有了真实性，自己本身在自身之中得以自由映现。这就意味着，概念以这样的方式具有了现实性，作为它与自身的简单联系或作为它在自身中的统一性的直接性。存在是这样一个较为贫乏的范畴，甚至说，它是在概念变化中最不能被显示的内容。

从必然性到自由的过渡，从实在到概念的过渡，即从客观逻辑到主观逻辑的过渡，是最艰难的。独立的实在应当被认为是过渡，因为其实在性，仅仅在于它的其他独立现实的同一性，这样才具有实在性；所以概念也是最坚硬的东西，它自身正是这种同一。然而，真正的实体自身，在它的自为存在中，不希望有任何内容渗入，即独立自存，独一无二的无限的自因，它完全是受必然性的支配，并由此成为有依赖的内容。因此，概念就是这种坚硬不变的同一性或整体。另外，必然性的思维，指的是对这种坚硬不变的同一性的消解。这也就意味着，因为思维是自身在他物中与自身的融合，指的是解放，这不是抽象的事物，而是在另一现实事物中，真实与必然性的力结合在一起，使自身不是作为他物，而是存在于它自身的存在和规定。作为自身的存在，这种解脱被称为"我"。作为其同一的自由精神的发展，作为感觉的爱，作为享受的幸福。斯宾诺莎主义的伟大直观的实体自身，仅仅是从有限的自为存在中解放出来。然而，概念自身，指的是自在自为的必然性和现实的自由。

【附释】在这个意义上，概念被称为存在的真理和本质的真理，那么人们就必然提出一个问题，即我们为什么不把概念论放在最开端进行讨论呢？对这一问题的回答是，逻辑尽管出于寻求概念式知识的目的，但是不能一开始就从真理谈起，真理不能为其自身而开始。因为一开始谈出的真理，只不过是一些纯粹的结论，缺乏一个过程，所以这就需要思维自己来论证自己，这就是整个逻辑学的发展历程。此外，如果我们将概念论放在逻辑学的最开端，并定义为存在和本质的统一，这在内容上是完全合乎理性的，那么问题来了，什么是由存在来理解的，什么是由本质思维来理解的，以及这二者如何被结合到概念变化的统一中。然而，这只是从概念开始，而不是从概念的内容实质开始。实际的开端将与存在一起产生，正如本书的叙述顺序一样。二者唯一的不同之处在于：一般来说，存在以及本质的种种规定或范畴，直接来自表象观念；而在本书中，从存在论出发，在存在与本质自身的辩证发展中，就已经对存在和本质加以分析了，并认识到存在和本质是如何扬弃自身以达到概念统一的。

第三篇　概念论

§ 160

概念是自由的内容，是独立存在的实体力量。概念又是一个全体，因为每一个环节都是构成概念的整体，所以被设定为与概念有着不可分割的统一性。因此，在它与自己的同一性中，概念是自在自为被规定了的东西。

【附释】一般来说，概念的观点就是绝对唯心论的观点。哲学是概念性的认知，因为哲学将其他意识视为独立自存的内容，并具有直接性。此外，在绝对唯心论看来，都只不过是概念所包含的不同的环节。诚然，这些概念的环节，不是原封不动地就进入了概念的统一体，而是作为概念理想性的环节出现。与此同时，在知性逻辑内，概念往往被视为思维的纯粹形式。更为确切地说，概念是一种普遍的表象观念，而感觉和心灵方面则是老生常谈的观点，正是这种概念的从属概念，即概念本身是死的、空洞的和抽象的内容。然而，事实恰恰相反，只有概念才是完全具体的内容，概念指的是推动一切的力，是一切生命的原则。这是迄今为止整个逻辑运动发展的结果，故在此无须证明。这就意味着，就对立的形式和内容所坚持的概念而言，作为所谓唯一的形式，这种对立，它与反思所持有的所有对立面，全都被辩证地克服了，即被自身所克服，而恰恰是概念包含了思维作为扬弃在自身中的一切早期的思维范畴。在这个意义上，概念都应被视为形式，即一种无限的、创造性的形式，它将一切内容充分性地总结在自身中，同时将其从自身中表现出来。换言之，概念不仅是主观形式，而且是具有无限创造的范畴，并且扬弃了前面的环节。同样地，概念仍然可以被称为抽象的变化，如果人们对具体事物的理解仅仅是感性的具体事物，一般来说便是直接可感知的；概念自身是无形的。一般来说，如果是概念的问题，听觉和视觉就无法派上用场了。与此同时，正如前文所叙述的那样，从认识的角度来看，仿佛感性才是最具体的，实际上真正具体的内容是概念，因为概念是存在和本质的统一，它包含着感性和知性的丰富内容。

正如前文所叙述的那样，逻辑理念的各个阶段都可以被看作一系列对绝对规定的定义，因此人们可以说，绝对就是概念。诚然，在这一点上，思辨逻辑和知性逻辑在理解概念上是不同的。思辨逻辑，指的是从更高的角度去理解概念；而根据知性逻辑，概念仅仅被看作人们主观思维的一个空洞形式。或许有人会问，如果在思辨逻辑中，这种词的含义与通常的表达方式截然不同，那思辨逻辑又何必要沿用概念这个词呢？难道不会引起误解和混淆吗？对于这样的疑问，必须指出，只要仔细地观察就会发现，概念的更深刻含义与语言里一般用法并不像乍看上去这么迥异。人们常常从概念去推演出内容，例如关于财产的法律条文来自财产的概念，反过来说，从这种内容去追溯到概念。然而，通过这种方式，人们承认概念不仅仅是一种本身就空洞无物的形式。这是由于，一方面，没有任何内容可以从这样的概念中获得，另一方面，通过将一个给定的内容追溯到概念的空的形式，后者只会被剥夺其规定性，也就无从理解了。

§ 161

概念的进展，不同于存在论中的过渡，也不同于本质论的反思或映现于他物，而是一种发展。在这一过程中，在概念里有区别的东西，被视为与彼此和整体同一的内容，而每个被区分开来的东西的规定性，又是整个概念的自由存在。

【附释】向他物的过渡是"存在"中的辩证过程，而在"本质"中则被映现为他物。另外，概念的运动是发展，通过发展，只确定已经存在于自身的内容。在自然界中，与概念阶段相对应的是有机生命。举例来说，植物从它的胚芽开始发育，这自身已经包含了整个植物，但方式又有所不同。因此，它的发展不能理解为植物的各个部分，如根、茎、叶等，已经存在于胚芽中，但仅仅是理想的、潜在的方式。这就是所谓"原形先蕴"的假设。然而，其缺点在于，只以一种理念性的方式存在的内容被视为已经存在。这一假设的合理之处在于，概念在其发展过程之中，仍保持着自身，而且就内容来说，通过这一过程，并未增加任何新的东西，仅仅是带来了一种形式上的变化。概念的这种性质，即在其过程之中作为自身的发展来证明自身，也就是人的先天理念，或者柏拉图所提出的，所谓的学习就是回忆。然而，这同样不能是理智的变化，就好像构成意识的内容已经在其明确的发展中，事先存在于同一意识中。

概念的运动应当被看作一种游戏，概念在运动之中所建立起的对方，其实不是真的对方，而是其本身。在基督教的教义中，这一点被表述为：上帝不仅创造了一个与之相对立的世界作为一个与他对立的他物，而且永恒性地有了一个儿子。在儿子这里，上帝作为精神与自己同在。

§ 162

概念学说可以分为三部分：（1）论主观或形式的概念；（2）论直接性的概念或客观性；（3）论理念、主体和客体、概念和客观性的统一性、绝对真理。

【说明】普通逻辑仅仅只涉及第三部分的内容，即仅仅把概念理解为思维的主观形式。诚然，其中还包括前文所提到的所谓的思维规律。在应用逻辑中，还有一些关于认识论、心理学、形而上学和其他经验的材料。这是由于思维的形式单凭自身是远远不够的。然而，有了这些内容，逻辑科学就失去了固定的方向。而那些至少属于逻辑学的实际领域的形式，却只被当作知性思维的范畴，而非理性思维的范畴。

前面所讨论过的存在论和本质论的范畴，诚然不仅是主观的范畴，也是客观的范畴。与此同时，二者在自身的演化过程中，证明了自身就是概念，但二者仅仅是特定的概念（详见§84和§112），还是自在的概念，或者说，对人们来说是同一的。这是由于每一个所过渡的或假象的范畴，作为了一个相对物的他物，而非一个特殊的内容，成为二者的结合；一个第三方，也并非作为被规定的个体或主体。每一方，也没有像是概念论那样，被规定为在对方那里获得了自由，获得了同一，也就是还没有自觉到是自己于自己的限制。通常一般人所了解的概念只是一些理智规定，或只是一些一般的表象。因此，总的来说，只是思维的片面规定罢了（详见§62）。

诚然，概念的逻辑通常被视为仅仅是一种形式上的科学，它不取决于概念的形式，也不取决于判断和推论，而完全取决于特定的内容是否真实可靠，即完全取决于内容。这意味着，如果概念的逻辑形式是死的、无效的和无关紧要的表象观念或思想的容器。对于真理而言，这些形式的知识就是一个完全多余的和可有可无的内容。但事实上，反过来说，作为概念的形式，二者是现实的有生命的精神。然而，对于现实来说，只有凭借这些形式、通过概念，才被证明为真理，但是概念的各种形式的真理性和它们之间的必然联系，还没有获得考察。

A. 主观概念

（a）概念自身

§ 163

概念自身包含了三个环节：一是普遍性，指的是它在规定性之中和它自身有自由的等同性。二是特殊性，指的是在规定性之中，普遍性持续不变的各个具体的规定性。三是个体性，指的是普遍性和特殊性都返回到概念自身之中。这种自身否定的统一性是自在自由的东西，同时是与自身同一体或普遍性的存在。

【说明】个体与现实是同一事物，二者都是独立存在的。仅仅是个体产生于概念，并正因此被确定为普遍性，且作为自身否定的同一。现实，因为它只在自身身上或直接身上是本质和实存的统一，即是存在和本质的直接统一，所以可以发生作用。然而，概念的个体性所起的是严密的作用，也不再像原来那样带有对他物产生作用的假象，而是对自身起作用。然而，个体性不应当被理解为只有直接的个体性，比如个别的事物，或者个别的人，即并不能被理解为具体的个别存在。这种个体性的意义只出现在判断之中。概念的每个环节自身就是整个概念（详见 § 160），但个体、主体，指的是作为同一的概念。

【附释1】当谈到概念的时候，人们通常只想到抽象的普遍性，因此，概念也倾向于被定义为普遍性的表象观念。这样一来，人们会谈到颜色、植物、动物等的概念，而这些概念的产生是通过排除各种颜色、植物、动物等特殊性，并坚持其共同之处。这就是以知性概念的方式，这种概念在情感上是空洞和虚空的，仅为一种抽象形式，想来也能理解。然而，概念的普遍性并非单纯是一个与独立自存的特殊事物相对立的共性的内容，而毋宁是不断地在自己特殊化自己，在它的对立面内，仍然明晰地保持它自己本身的东西。无论是对认知还是对人们的实际行为而言，最重要的是，不能把纯粹的普遍性与真正的普遍性混为一谈。一切通常对思维的批判，或从情感的角度，对哲学思维的更尖锐的批判，以及一再出现的关于思维遥远、空疏的危险性的观点，都是在这种混乱之中获得的。

与此同时，普遍性在其真正的和全面的意义上是一个概念。具体来说，一方面，人类花了几千年的时间，才认识到真正的普遍性，直到基督教时期，思想才达到对普遍性的充分认识。接受过高等教育的希腊人，既不认识上帝的真正普遍性，也不认识人的真正普遍性。古希腊的神灵，仅仅是精神的特殊力量。在另一方面，一个具有真正的普遍性的上帝：一个可以被全人类所信奉的上帝，对雅典人来说，仍然是一个隐蔽的上帝。因此，对希腊人来说，他们和野蛮人之间也存在着绝对的鸿沟，而人自身的无限价值和无限权利还没有获得承认。经常有人问，奴隶制在近代欧洲逐渐消逝的原因，然后提出了这样或那样的特殊理由来解释这一现象。在信仰基督教的欧洲，不再有奴隶的真正原因就在于基督教自身的原则。基督教是绝对自由的宗教，只有对基督徒而言，人才是人，具有无限性和普遍性，才算得上真正意义上的人。奴隶缺乏的是自我意识，即对其人格的认可，而人格的原则就是普遍性。奴隶主不把奴隶当作人来看，而是当作一个没有自我的所有物。与此同时，奴隶本身也未将自身视为"我"，对奴隶而言，他的"我"就是他的主人。

前面提到的，仅仅是纯粹的普遍性和真正的普遍性之间的区别，在卢梭著名的《社会契约论》中，对此已进行了恰当的表述。在书中卢梭指出，一个国家的法律，必须诞生于公意。公意，并不是整体公民的意志。如果卢梭始终牢记这一差异，他在国家法律方面会取得更彻底的成就。公意是指普遍的意志，即是意志的概念，而在法律上，指的是建立在这种概念上的意志的特殊规定。

【附释2】关于知性逻辑中关于概念的起源和形成的通常讨论，应当指出，人们根本没有形成概念，概念不应当被视为已经产生的内容。这意味着，概念不仅是单纯的存在或直接性，而且间接性也属于概念。换言之，概念也包括间接性，而概念是由它自身和与它自身的间接性组成的。假设首先有构成人们的表象观念的客体，随之而来的是人们的主观活动，通过前文所提到的抽象，并概括客体的共同之处，由此形成二者的概念，这一观点是错误的。反之，概念才是真正在先的。

事物之所以是事物，是因为其内在于事物，并且借事物显现自身的概念活动。具体来说，这种想法出现在人们的宗教意识中。按照基督教的观点，就是上帝从无中创造了世界。换言之，世界和一切有限事物，都是从神圣思想和命令之中产生的。因此，人们承认思想，更为确切地说，概念指的是无限的形式，指的是自由的、创造的活动，无须一个存在于它之外的物质来实现自身。

§ 164

概念，指的是绝对具体的内容，因为它与自身的否定统一性是在自身中并为自身所规定的，这就是概念的特殊性，它自身就构成了它与自身的联系，即普遍性。在这个意义上，概念的各个环节不能被分离开；每一个反思的规定都要被理解为变化，并对自身有效，且孤立地对其进行理解。然而，由于二者的同一性被规定在概念中，它的每一个环节只能从其他的变化中直接被理解。

【说明】抽象地说，普遍性、特殊性和个体性，就是同一性、差异性和理由。但普遍性是自我同一的，明确地说，它同时包含着特殊性和个体性。与此同时，特殊性是有区别的，且具有规定性，但在它本身和作为个体的意义上是普遍存在的。同样地，个体作为概念的主体和基础，它包含了种和类，它本身就是实体性的内容。这就意味着，概念的各个环节之间互有差异性、互有同一性，这是于差异中所确定的不可分离性（详见§160），这也被称为概念的清晰性。概念中的每个差异都不会中断或变得模糊,但同样是透明的。

人们最常听到的说法是,这种概念无非就是抽象的内容。这一说法,在下列两种意义上说,是合乎理性的。一方面意义上是指,就一般的思维而非经验上具体的感性存在环节而言,概念指的是一般的思维,指的是消除了经验的内容。另一方面意义上是指,概念还没有发展到作为主客统一的理念阶段。在这个意义上,主观的概念还是形式的,但这并不是说它会得到或者具有自身以外的内容。实际上,就概念作为绝对形式而言,它是一切规定性,但概念是这些规定性的真理。因此,虽然概念同样是抽象的,但它是具体的,指的是绝对具体的内容,即主体自身。绝对具体的内容是精神(详见 §159 说明)。概念,只要它作为实存而存在着,就把自身与它的客观性区分开来。然而,概念和客观性有所区别,但是有这样的区别,客观性仍然不脱离于概念,仍然是存在。与此同时,其他一切具体的事物,无论其内容有多么丰富,都没有与它自身如此密切地同一,因此自身也不那么具有具体性,更不用说那些通常被理解为概念的具体内容,即将外在保持在一起的杂多性,而不具有内在的同一性。在日常生活中,人们所提到的概念,确实是特定的概念,例如人、房子、动物等,指的是简单的规定和抽象的表象观念,指的是抽象的内容,指的是只从概念中抽取一般的环节,而扬弃特殊性和个体性,所以没有获得发展,因此,正是从概念中抽象出来表现观念。

§165

个体性这一环节,首先得把概念的环节确定为差异。这是由于个体性是它的否定的反思自身,也就是否定的自身同一。因此,首先将个体性视为概念的自由区分活动,或者自我分化的活动。这样一来,概念的规定性,作为特殊性被建立起来,就是对概念整体的第一否定。这就意味着,一方面,通过否定性活动建立起的分化产物,只不过是概念的各个不同环节。另一方面,各个环节的同一性,也同样得以建立起来,这种设定概念的特殊性就是判断。

【说明】 一般来说，把概念分为清楚的、明晰的和合乎理性的三种，这不属于思辨哲学所提到的概念范围，是心理学的范围。在心理学范围中，清楚和明晰的概念指的是普遍的表象观念，清楚的概念指的是抽象的、简单的规定表象观念。而明晰的概念，除具有简单性的特征外，规定性仍然被列举出来作为主观认知的标志。没有其他的特征能像规定性那样受人欢迎，其自身就标志着逻辑的外在性和衰败性。正确的观念，比较接近概念，甚至比较接近理念，但仍然只表达了一个概念或甚至一个表象观念与它的客体之间的形式，呈现一个外在的事物而存在。与此同时，所谓的从属的概念和对等的概念，指的是基于普遍性和特殊性之间的无意义的差异，以及普遍性和特殊性在外在反思中的联系。然而，恰恰相反，列举的概念是诸如矛盾的、肯定的、否定的概念这类的现象观念，只不过是随意地看待思想的规定性，而这些规定性自身，属于前文提到的存在或本质的范围，与概念的规定性本身没有任何联系。在这个意义上，概念的真正差异，即普遍性、特殊性和个体性，这是概念整体的三个环节，但只有在三者与外在的抽象思想区分开的时候，才可以这么说。对概念的内在区别和确定，就是判断。因为做判断就是规定概念。

（b）判　　断

§ 166

判断，指的是概念在自己的各个特殊性或规定性领域里的表现。判断，即对概念的各个环节加以区别，由区别而加以联系。在判断里，概念的各个环节被确定为是为自身而存在的，同时是与自身有关的，而不是彼此同一的。

【说明】 一般而言，当人们想到判断的时候，人们首先想到判断选项之中的两个极端的独立性，即主词和谓词的独立性。具体来说，主词是一种实物或独立的规定，而谓词是一种普遍的规定。谓词的独立性是一个事物或对自身的规定。同样地，谓词也是一个脱离主词的普遍规定，例如在人们的主观意识中，将主词和谓词结合在一起，并在此做出判断。更确切地说，这种看法是表面的，实际上，连接主词和谓词的"是"，就代表谓词是属于主词的，这就充分地说明二者不是主观的综合关系，而是以对象自身主词的规定加以陈述。而外在的、主观的连接，再次采取扬弃和判断的方法，作为客体自身的一个规定。判断在德语中的词义更深，原始的判断表明概念是统一性，而概念的区别性是对原始内容的划分，这就是判断的真实含义。抽象的判断可以用这一命题来表述"个体的事物具有普遍性"，即"个体即普遍"。

个体性与普遍性，指的是主词和谓词最初的对立存在，这是因为概念的环节，是在它的直接的规定性或抽象的形式中获得的。在这个意义上，诸如命题"个体即特殊""特殊即普遍"等，属于判断的进一步延续。与此同时，如果在逻辑学中没有发现这样这一观点，即在每一判断之中都有这样的命题，如"个体即普遍"，或者更为确切地说，"主词即谓词"（再如"上帝是绝对的精神"），这将被视为一种令人值得惊异的缺乏观察力。诚然，个体性和普遍性，主词和谓词，也是有区别的，但由于这种原因，每个判断都将二者视为是同一的，这也是相当普遍性的事实。

连接主词和谓词的"是"，来自概念的本质。这就意味着，概念在它的外在化里，即是在它自身之中，它的每个环节都和其他环节，包括个体性与普遍性，并不是彼此孤立的规定性，都是内在地联系在一起。在这个意义上，前者的反思范畴，也在二者的联系中彼此联系，但二者的联系仅仅是"有"的关系，而非"是"的关系，指的是同一的结合体或普遍性。因此，判断仅仅是概念的真正特性，这是因为其中建立着同一性和有区别性，但仍然具有某种相对独立性，意味着彼此的内在联系是需要指明的，而不是自觉认识到了这种同一性和普遍性。换言之，判断是概念自身的特殊性或规定性的表达现象。在这种表达之中，普遍性已经包含在其中了。

【附释】判断常常被视为概念的统一体,实际上是不同种类的概念的统一体。这种观点没有不对之处,其原因在于,一切事物的概念构成了判断的前提,并在判断之中出现了主词和谓词的差异形式。但如果因此就说有了不同种类的概念,那这就是错的。因为概念自身虽然是具体的,但本质上仍是概念。与此同时,概念的表现形式可以是多种多样的,但是概念就其本质来说是同一的,同时不可能把概念各个环节看成不同种类表现形式。同样地,谈论判断仅仅是主词和谓词的连接也是错误的,因为一提到连接,会让人误以为被连接的主词和谓词是自身存在的。当人们涉及判断的时候,这种外在概念变得更加明确,因为它是通过将一个谓词附加到一个主词上而产生的。在这里,主词被视为存在于概念的自身之外,而谓词则在人们的头脑中产生。也就是说,我们不能把这看成谓词强加给主词的方式。

然而,这种把主词和谓词区别开来,用主观思维联系在一起,"有"与"是"相矛盾。当人们说"这朵玫瑰花是红色的"或者说"这幅画是美丽的"的时候,不是指把红色这个特性现象强加给这朵玫瑰花,或把美丽这个特性现象强加给这幅画。而是说,红色和美丽是玫瑰花和画这些客体自身特有的内容。通常来说,判断概念的另一个缺陷,即形式逻辑。根据形式逻辑,判断一般仅仅是偶然的现象,从概念到判断的进展没有被证明。如今,概念自身并不像知性所想的那样,不仅是外在的,而且是静止的,但其实不然。更为确切地说,在思辨思维看来,一切都是可以发展的,概念具有能动性和创造性,处于自身与自身的区别和同一之中,指的是概念自己分化自己,把概念自身区别为各个环节,这就是判断的实质性。

诚然,概念自身是潜在的特殊性。然而,在概念之中,特殊性还没有被彻底发挥出来,而是仍然与普遍性有着明显的同一。举例来说,如前文所述(详见§160附释),植物的胚芽已经潜在地包含了根、枝、叶等植物部分,但这种特殊性只存在于种子自身,并且只由胚芽自身的发展,特殊性才得以实现。种子自身的发展，应被看作植物的判断。同时，这个例子说明，概念和判断都不是我们脑子里面的主观内容，而是客观内容。总之，概念是事物的本质，而事物之所以为事物，完全由这一事物的本质所决定。因此，理解一个客体，就是意识到这一客体的概念。换言之，当我们进行判断或评判一个对象的时候，并不是从我们的主观活动出发，强加给客体以这个"谓词"或那个"谓词"，而是我们在观察由对象的概念自身所发挥出来的规定性。

§167

一般来说，判断仅仅被看成一种具有主观意义的意识活动，而是把判断看成在我们脑子之中出现的思维。但是在逻辑中，不曾出现过这种看法，因为这一看法无法反映出个别与普遍的辩证关系。众所周知，判断应被这样理解，"一切事物都是一个判断"，也就是说，一切事物都是个别的，而一切个别的事物都具有普遍性或内在个体性，又或者说，个体化的普遍性。个别性和普遍性既是同一的，又是有差别的。

【说明】按照判断的单纯主观的解释，就好像我把一个谓词附加到一个主词上，这与判断的客观表述相矛盾。比如对"玫瑰是红色的""黄金是金属"等判断，实际上，并不是我首先把内容附加到二者身上，所以如果把它看成单纯的主观认识，这自然是说不通的。判断与命题是有区别的。命题对于主词也有规定，但是命题所规定的与主词并没有普遍关系，仅仅是一种特殊状态，一个行为等。"恺撒于某年某月出生于罗马，在高卢进行10年征战，渡过了卢比孔河"等是命题，不是判断。又如，"我昨晚睡得很好"或者"举起枪来"等是语句，这些充其量可以算作判断，只不过是些相当空洞的内容。再如"一辆马车经过"这句话，如果有人怀疑存在的是不是一辆马车，抑或是客体是否在移动，那么就可以被视为是一个主观的判断。总的说来，只有当我们的目的是在对一个尚没有适当规定的表象之中加以规定时，才是在做判断。

§ 168

判断所表示的观点是有限性的观点,即从判断的角度看问题,事物总是有限的。这是由于事物是一个判断。而事物的有限性,就在于它的定在和它的普遍本性(它的身体和灵魂)虽然确实是结合在一起,(否则事物就无法存在),但它们的这些环节都已经是不同的,可以完全分离。更为确切地说,判断的特点又意味着这些环节又有区分。二者是区别之中有同一,同一之中有区别。

§ 169

在抽象的判断"个体是共体"中,一方面,主词,作为否定地自身联系的内容,直接地是包含否定性在内的具体内容。另一方面,谓词,则是抽象的、普遍的,因而也是无规定性的。另外,由于主词和谓词是通过"是"联系在一起的,谓词也必须在其普遍性中包含主词的规定性,因此它是特殊性。于是,特殊性被设定为连接主词和谓词的同一性。特殊性既非单纯的主词,即个体性,也不是单纯的谓词,即普遍性,而是主词的内容。总之,特殊性指的是确立了的主谓词的同一性。

【说明】只有在谓词中,主词才有其明确的规定性和内容。因此,对其自身而言,主词仅仅是一个表象观念或空洞的名词。这就意味着,在"上帝是最真实的"或"绝对是自身同一的"等判断之中,上帝、绝对,仅仅是一个单纯的名词。然而,如果离开谓词的辅助,主词就是空洞的,而且对于具体事物,判断仅仅是表述单一的内容,不涉及其他内容(详见 § 31)。

【附释】如果有人说:"主词是被说的内容,而谓词则是说出来的内容。"这种琐碎的解释并不能区分出二者的差别。从思辨的角度来说,主词是个别性,谓词是普遍性,但是在判断的进一步发展之中,主词便不再仅仅是直接的个别性,而是获得了特殊性和普遍性的意义。谓词也不是抽象的普遍性，而是获得了特殊性和个别性的意义。这就意味着，判断是不仅仅限于个体是普遍这种判断，而且能发展为，以特殊性和普遍性为主词，以特殊性和个体性为谓词。

§ 170

至于主词和谓词的特殊性，主词，作为对自身的否定联系（详见 § 163 和 § 166 说明），是包含否定性于自身之中的具体的同一，是谓词存在的基础。一方面谓词，指的是蕴藏于主词中的一个组成部分。在这个意义上，主词大于谓词。在另一方面，主词，从本质上来说，是具体的，而且是直接的，指的是主词所包含的规定之一，而且这比谓词更丰富、更广泛。与此同时，谓词，指的是普遍的内容，可以脱离主词而独自存在。在这个意义上，谓词大于主词。谓词超越了主词，将主词归入自身之下，反过来又比主词更宽广。仅仅是谓词（详见 § 169）的特定的内容，才构成了二者的同一性。

§ 171

主词、谓词和特定的内容，主客之间的同一性的内容，首先在判断之中被确定为不同的关联，因为它们三者是彼此分离的。但就其自身而言，即根据概念的观点，三者又是同一的，因为主词的具体同一的整体，不是对存在的一些无规定的杂多性，而是单独的个体性、特殊性和普遍性的同一，这种同一性正是谓词（详见 § 170）。此外，主语和谓语的同一性内容确实存在于系词中，但最初只是作为抽象的"是"。按照这种同一性，主词应当被设定在谓词的规定性之中，从而使谓词获得主词的规定性。只有通过这种方式，才能真正发挥系词的作用。在判断的过程中，主词和谓词的同一性需要不断充实内容，从而进展成为推论。只有通过判断从低级向高级的进展，同一性才能被明显地表达出来。判断的进展，最初是对主词进行感性的、普遍性的规定，将普遍性确定为全、类、种。而高级的判断，则是概念式的普遍性。

【说明】对判断的进一步规定的认识，首先给通常列为判断的事物提供了联系和意义。从中可以看出，判断的列举，除看起来很偶然外，差异的表述也显得有些肤浅，甚至有些杂乱无章。区分积极的、绝对的不同种类的判断十分有必要。各种判断要被看作是必然的，指的是概念的延续，因为判断本身不过是确定的概念。

关于前文所提到的存在和本质这两个领域，判断的确定概念是这些领域的再现，但仍然处于概念的简单关系中。

【附释】不同种类的判断，不是外在的杂多体，而是由于思维所规定的整体。换言之，各个不同种类的判断构成是有机的整体。在这个意义上，康德的一大功绩是，他的范畴表和判断表其实就已经包含了这种观点，判断包括对质、量、关系和样式的判断，然而，他还没有明确地揭示出内在联系。但是基于真正的直观，决定不同种类判断的是逻辑学本身的一般形式。据此，我们首先获得三种主要的判断类型，它们分别对应于存在、本质和概念的各个阶段。这些主要判断类型中的第二种有双重含义，相当于本质的性质，也相当于差别的阶段。这种判断体系性的内在原因，由于概念是存在与本质的理想统一，其在判断之中的发展也必须在概念的过渡中再现这两个阶段。概念本身随之就会含有对真正的判断具有决定性作用。不同种类的判断不应当被认为是同等价值的并列存在，而是形成一个层次值价，它们之间的区别在于谓词的逻辑意义，这也可以在普通意识中找到。比如一个人只会做出"这面墙是绿的""这个炉子很热"这类的判断等，我们可以毫不犹豫地说，他缺少判断力。另外，一个人是否真的会判断，取决于某件艺术品是否美丽，某一行为是否良善等现象判断。在上述第一种判断的情况下，其内容仅仅是一种抽象的性质，其存在仅需直接感知足矣。反之，而说一件艺术品是美丽的，或者一个行为是善的，所提到的对象要与二者应该的样子，即与二者的概念相比较。

（1）质的判断

§ 172

直接判断是针对定在的判断。主词被规定在普遍性中，而普遍性作为它的谓词，这是一个直接的质，因此也是感性的质。质的判断分为两种：其一，肯定的判断。即个体是普遍的，但个体并不是特殊性。更为确切地说，这种特殊性并不符合主词的具体本质。其二，否定的判断。

【说明】诸如"玫瑰是红色的"或"玫瑰不是红色的"这样的质的陈述其中包含真理，这是最基本的逻辑成见之一，是一个形式逻辑的错误。因为在这里，存在着有限的表象和思维，顶多说这类判断是不错的。是否正确，则取决于其中的内容，这同样是一个有限的内容，自身是不真实性。但真理只取决于它的形式，即集合概念和与之相对应的现实。然而，这种真理并不存在于对质的判断之中。

【附释】"不错"和"真理"，在日常生活中，经常被视为同义词，因此，当我们想说某句话不错的时候，便常说那句话是真理。一般来说，这只涉及人们的表象观念与它的内容的形式一致理解，不管这种内容以什么内容存在。另外，真理包括客体与自身的一致，即与它的概念一致。有人生病或有人偷窃，这些话或许是不错的。然而，这样的内容并不真实，因为生病的身体并不符合身体特征的概念。同样地，偷窃的行为也是一种不符合人类活动概念的行为。从这些例子可以看出，一个直接的判断，其中一个抽象的质是由一个直接的个人所陈述的话，无论它是如何不错，都不能代替真理，因为这个判断里的主词和谓词并不是实在和概念的关系。

与此同时，直接判断是否合乎理性就在于它的形式和内容并不相互对应。当我们说"这朵玫瑰是红色的"，在这个意义上，连接主词和谓词的"是"表示主词和谓词相互一致。如今，玫瑰作为一个具体的内容，不仅是红色的，而且它有气味，有一定的形式和许多其他的特殊性，这些都不包含在谓词"红"之中。另外，这种谓词，作为一个抽象的普遍性，并不只属于这种主词。还有其他的花和其他一般的物体，也同样是红色的。因此，主词和谓词在直接的判断之中，只在一个点上相互接触，就像此处一样，但二者并不相结合。这与概念的判断不同。当人们说"这个行为是善意的"，这是对一个概念的判断。人们马上会注意到，在直接判断之中，主词和谓词之间并没有像在直接的判断之中那样，有这种松散自由和外在的联系。在直接判断中，谓词包括一些可能属于或不属于主词的抽象的质，而在概念的判断之中，谓词就像主词的灵魂，而主词作为这种灵魂的载体，是彻头彻尾地为灵魂，也就是谓词所决定的。

§ 173

这种质的否定也是初次否定阶段，主词与谓词的联系仍然存在。谓词因此是一种相对的普遍性，只是它的规定性是被否定了。我们常常说"玫瑰不红"，这就表明玫瑰仍然是有颜色的，却呈现另一种颜色，然而，这只会再次成为一个肯定的判断。但个别的事物也不是具有普遍性的事物。因此，判断分裂为两种形式。第一，空洞的同一关系，个体是个体，这是所谓的同一的判断。第二，主词和谓词毫无关联的判断，这是所谓的无限的判断。

【说明】无限判断的例子有"精神不是大象""狮子不是桌子"等。没错而矛盾的命题，就像同一律："狮子是狮子""精神是精神"。这些命题确实是直接、所谓对质的判断、真理，这些命题根本就不是判断，只能出现在任何一个不真的抽象观念的主观思维。客观地说，这些判断表达了存在或感性事物的性质，即它是一种能够分裂的同一性，成为空洞的同一和内容丰富的联系，然而，这种联系是有彼此的质差异，指的是彼此毫不相干的事物。

【附释】主词和谓词之间不再有任何联系的否定的无限判断，在形式逻辑中被视为是毫无意义的。事实上，这种无限的判断不应仅仅被视为主观思维的一种偶然形式，而是作为引出前面的直接判断（肯定和简单的否定）的最直接辩证发展的结果出现，其有限性和非真实性在其中被明确地揭示。关于否定的无限判断，犯罪可以被作为一个客观的例子。犯了罪的一方，如偷窃，不仅像民事诉讼所争执的，否定了他人对该特定内容实质的特殊权利，而且否定了犯法一方的一般权利，因此不仅要归还他所偷窃的财物，还要受到惩罚。原因在于，一方面，他触犯了法律条文，在另一方面，民事诉讼是一个简单的否定判断的例子，因为犯法的一方，只有在这种特定的法律条文被否定，因此这种权利被普遍承认。这与"这朵花不是红色的"的否定判断是一样的，它只否定了这种特定的颜色，而不是花的其他颜色，因为花同样也可以是蓝色、黄色等其他颜色。死亡与作为单纯的否定判断的疾病不同，指的是一种否定的无限判断。在死亡中，正如人们常说的那样，身体和灵魂分离，换言之，主词和谓词完全分开。

（2）反思的判断

§174

作为个体，是反映在自身中，被设定为判断之中的个体，有一个谓词，主词作为指代自身的谓词，同时是一个谓词的对立面。在事实中，主词不再是直接质的体现，而是处于与他物、与外在世界的关系和联系中。谓词的普遍性在此获得了这种相对性的意义（如有用的、危险的，重量、酸性，以及本能等）。

【附释】反思的判断与质的判断截然不同，因为反思的判断不再是一种直接的、抽象的质，而是主词通过同样的内容证明自身与他物有关联。例如，一方面正如人们说"这朵玫瑰是红色的"，人们将主词置于其直接的特殊性中，与他物没有联系；另一方面，人们做出判断："这株植物是可以治愈疾病的"，人们将主词，即这株植物，通过存在的谓词治愈与他物（借助植物来治愈疾病）相联系。更为确切地说，这与"这一物体是有弹性的""这种工具是有用的""这种惩罚有震慑作用"等判断是一样的。这种判断的谓词一般都是反思的规定,通过这些规定,虽然谓词超越了主词的直接的特殊性,但主词的概念还没有被表现出来。通常的推论主要用于判断抽象的理性的思维方式。所讨论的对象越具体,对象为反思提供的观点就越多,然而通过这些观点,它的特殊性质,即它的概念,并没有被穷尽。

§ 175

其一,主词,作为个体的个体(在单一判断之中),指的是一个共体。其二,在这一观点上,它被提升到了其他个体性之上。主词的这种延伸是一种外在的延伸,即主观反思,首先是无规定性的特殊性。在直接的判断之中,同时具有否定性和肯定性;个体被划分为两部分,一指的是自身,二指的是他物。其三,有些事物具有普遍性,所以特殊性被扩展到普遍性;普遍性由主词的个体性规定,指的是全体性,即共同性,通常为反思的普遍性。

【附释】主词,因为它在单一判断之中被确定为普遍性,从而超越了自身,作为这种纯粹的特殊体。当人们说"这种植物是可以治愈疾病的",这是因为不仅是这种单一的植物是可以治愈疾病的,而是几种或一些植物都能够治愈疾病,由此产生了特殊判断("一些植物是有益健康的""一些人是有创造力的"等)。通过特殊判断,直接的个体性失去了其独立性,过渡到了与别的事物的联系。个体,作为个体,不再仅仅是这种特殊体的人,而是与其他的人站在一起的个体,因此是人群中的一个。正因如此,个体具有普遍性,并因此获得了提升。特殊的判断既是肯定的,也是否定的。如果只有一些物体是有弹性的,那就意味着,其余的物体就没有弹性。

因此,这里又进展到了反思判断的第三种形式,即个体性判断("一切人都是凡人""一切金属都是电导体")。全体性是指反思常常首先落在其上的那种普遍形式。个体性构成了反思的基础,即人们的主观的思维活动,它们因此结合在一起，被确定为"全体"。普遍性现象在这里仅仅作为一种外在的纽带，它包含了为自身而存在的个体的事物。事实上，普遍性是个体的理由、基础、根基和实质。例如，如果人们考虑到卡尤斯、提图斯、桑普罗尼乌斯以及一个城市或国家的其他居民，他们全体都是人这一事实，不仅是他们的共同点，还是他们的普遍性、共性。一切个体如果没有这种共性，就根本不会存在。另外，它与那种表面的、仅仅是所谓的普遍性是不同的，这种普遍性实际上仅仅是出现在一切个人身上的、为他们所共有的内容。这就意味着，人们注意到人类与动物不同，他们的共同点是有耳垂。显而易见的是，即使一个人没有耳垂，这也不会影响他的存在、品德的存在、能力的存在等。而假设卡尤斯不可能是人，却说他是勇敢的、有学问的等，那便是毫无意义的。在这个意义上，人类个体的特殊性，仅仅是因为人在一切的事物之前是人类自身，并且是具有普遍性，而这种普遍性，不仅是与其他抽象的质，或纯粹的反思的规定相分离的内容，而且是渗透到一切的特殊性中，并将普遍性和特殊性结合在自身中。

§ 176

全称判断的主词，既然具有普遍性，那么它就与作为普遍性的谓词有了明显的同一性，也就是被建立起的同一性。只要主词和谓词，在具体普遍性之上统一起来，那么主词和谓词指的都是事物的内在本性，那么判断的联系就会成为必然的联系。

【附释】从反思的全称判断进展到必然判断，这已经可以在人们的普通意识中找到了，因为人们说，属于全体的内容属于类，因此是必然的。当人们说，所有的植物、所有的人等。这与人们说，植物、人等事或物，是一样的。

（3）必然的判断

§ 177

必然的判断，指的是主词和谓词，在内容上虽然有差别，但又有同一性的判断，这种判断可以分为三类。

第一，直言判断。在这类判断的谓词中，就包含着主词的实质、本性或具体的普遍性，也就是类。与此同时，这类谓词，也将特殊的规定作为否定性的内容包含在其中。比如，种，指的是排他性的本质规定，它具有排斥其他植物的特性。这就是直言判断。

第二，假言判断。在直言判断中，主谓词还是独立的，其同一性和相互依赖性还仅仅是内在的，这种必然联系表现在事物的实在性，在于对方的存在。但在假言判断之中，这种同一性或必然联系才明显起来。这就是假言判断。

第三，选言判断。在假言判断之中，主词和谓词的内在同一性得以被建立起来。在这个意义上，这里的普遍的内容是类，而类在它所属的个体性的事物是自身同一的，也就是类作为内在本性贯穿于个体性事物之中。这就说明，类不仅依赖事物其中的一个种，还包含着别的种。但是假言判断仅仅说出了其中一种的可能性，而没有说出类对于所有种的依赖性和必然联系，这就迫使假言判断进展到其他的判断阶段。更为确切地说，在这个新的判断之中，主词和谓词都是普遍性的整体。这种普遍性的内容，即共性，有时是作为普遍性本身，即类。有时是作为互相排斥的特殊性的整体，即种的整体。这就是选言判断。

【附释】绝对的判断，例如"黄金是金属""玫瑰是植物"等，指的是必然性的直接判断，与本质论点中的实体与偶性的关系相对应。一切事物都是一种绝对的判断，即一切事物，都有其构成的基础或实体本性。只有从类的角度来观察事物，并由其规定的必然性，判断才开始成为一个真正的判断。更为确切地说，如果像这样的判断"金子很贵"和"金子是金属"被认为是平列在同一水平,那就表明他一定是缺乏逻辑教育。黄金昂贵涉及人们的喜好和需求的外在联系,以及黄金开采成本的联系等,即使这种外在联系改变或消逝,黄金却仍然保持它的样子。另外,金属特性构成了黄金的实质本质。如果没有金属特性,它所具有的,或者被赋予的意义,就不能与黄金一起存在。当人们说"卡尤斯是一个人"时也是如此。因此,不管怎样,与作为人存在的实体本质相一致的时候,它们才有价值和规定性。

在某种程度上,直言判断仍有缺点,特殊性的环节还没有过渡到它自身,没有获得其应有的重视。举例来说,黄金是金属,然而,银、铜、铁等也是金属,而金属特性自身,与具体的特殊金属是无关的,指的是针对二者的类的特殊性。因此,就需要从直言判断之中过渡到假言判断。

在这个意义上,从直言判断到假言判断的进展,可以用这样的公式来表达:如果存在甲,那么也就存在乙。这与前文提到的,从实体性的联系到因果性的联系,其矛盾的进展是一样的。在假言判断之中,内容的规定性,作为间接性,依赖于另一方,而存在真正因果联系。如今,假言判断的规定性在于,一般来说,通过假言判断,普遍性在它的特殊性中被假设出来,人们因此获得了作为判断的第三种形式的必然性的分离性判断。一方要么是乙,要么是丙,要么是丁;艺术的诗歌作品要么是史诗,要么是抒情诗,要么是戏剧;颜色要么是黄色,要么是蓝色,要么是红色;等等。选言判断的两方面是同一的。类是种的全体,种的全体是类,在选言判断之中,这种普遍性(类)与特殊性(种)的整体的统一就是概念。所以概念现在就构成了判断的内容。

(4)概念的判断

§ 178

概念的判断有概念,简单形式中的同一为其内容,普遍性有其全部的规定性。

概念判断里的主词，(1)这种判断以个体的内容为主词，以特殊定在返回到其普遍性，即特殊定在反思他的普遍性，换言之，以普遍性与特殊性是否一致为谓词，如善、真、正确等判断。这就是所谓的确然判断。

【说明】只有这样的判断，一个物体、行为等是好是坏，是真实的，是美丽的，在日常生活中也被称为判断。更为确切地说，一个人如果仅仅知道肯定判断和否定判断（质的判断），例如"这朵玫瑰是红色的""这幅画是红色的、绿色的，有灰尘"等，那么人们就不会称某人具有判断力。

确然判断，在社会中，如果它自称具有独立的可靠性，反而会被认为是不合理的，因为近年来主张通过直接知识和信仰的原则进行判断。甚至在哲学中，确然判断，也被称为是独特和重要的形式。我们在主张这一原则的所谓哲学著作中认为，人们经常会读到成百上千次关于理性、知识、思维等的论述，由于外在的权威，这些论述不再具有约束力。然而，这些论述通过无休止地重复同一的内容，从而试图获得人们的肯定。

§ 179

确然判断之中，谓词表达的是特殊性与普遍性的联系，但是确然判断的主词却并没有把这种联系表达出来。

因此，这种确然判断，仅仅是一种主观的特殊性，这就需要找出理由，即找出主词符合普遍性的理由。在这个意义上，当主词之中，确立起某种特殊性的时候，主词就与普遍性的理由相符合，因此，它就是必然判断。但是当客观的特殊性被规定在主词中，主词的特殊性成为它的规定本身的性质的时候，主词表达出同一的联系，客观的特殊性，它的本身性质，它与类的联系，在此也表达出构成谓词内容的概念（详见§178）。比如，这间房子，即个体性，具有一定的性质，即特殊性，是好的或坏的，即普遍性。这就是必然判断。也就是个体通过特殊，而与普遍相同一的联系。这就意味着，所有的事物都是一个类，二者的规定和目的，在一个特殊性质的个别的现实中。然而，二者的有限性，在于它们之间的特殊性可以符合普遍性，也可以不符合普遍性。

§ 180

于是，主词和谓词自身就是对各自的整体的判断。主词的直接性质，首先显示为现实事物的特殊性和普遍性之间的间接性，以此作为判断的基础。实际上，这里被设定的，指的是主词和谓词的统一，也就是作为概念自身统一。这样一来，原来空洞的"是"在这里被充实化，即作为特殊性，成为两者的间接性。更为确切地说，个体性和普遍性，主词和谓词，通过特殊性作为间接性把四者联系在一起，这就是推论。

（c）推　　论

§ 181

推论是概念和判断的统一。推论是作为简单的统一的概念，判断的形式差异已经返回到其概念自身，而判断则同时被规定在现实中，即在其诸规定的差异中，推论是合理的，而且一切事物都是合理的。

【说明】推论，即三段论式，通常被视为是理性思维的形式，但作为一种主观的形式，并没有显示出它与其他任何理性思维的内容之间的联系，例如理性的原则、理性的作用、理性概念等。一般来说，我们经常谈论理性，呼吁理性，而没有任何迹象表明理性的规定性。与此同时，很少有人会谈论到推论和理性的关系。

事实上，形式上的推论，指的是以这样一种无规定性的方式去表述感性，推论与感性的内容毫无联系。然而，由于这样有理性的内容，只能通过规定性存在，而思维就能够成为理性，所以只有这种内容能通过形式存在，也就是推论，即三段论式，来做到这一点。但推论无非是形式上的真实的概念。因此，推论是一切真实事物的基本依据；如今，绝对是推论，或者用一个命题来表达这个原则：一切事物都是推论。那么，一切事物不仅是一个判断，而且是一个推论，也是一个概念，在这个意义上，就其本性来说，指的是普遍性和特殊性统一。概念的特定存在，指的是统一的三个环节的分化。在这里，普遍性、特殊性最终呈现为个体性，就是三个环节分化整体的过程。首先是概念的普遍性，通过特殊性，而使自身成为具有外部现实性，从而使概念扬弃原来抽象的普遍性，然后成为否定的自身反思，从而使自身成为个体性的内容。换言之，现实事物是个体，通过特殊性，将自身提升到普遍性中，并使自身与自身同一。现实事物是"一"，且是概念的各个环节是"多"，推论是各个环节的间接性的圆圈式的过程。总之，推论是三个论式环节相互依赖，既分化，又回到统一，以实现自己的统一的过程。

【附释】与概念和判断一样，推论也常常被视为主观思维的形式。因此有人说，推论是判断的基础。如今，判断都在朝着推论的方向发展。从判断到推论，不仅是主观活动，也是因为判断自身发展的必然结果，并在推论里返回到概念的统一性。与此更接近的是必然判断，它形成了推论的过渡的桥梁。在必然判断之中，还存在一个特殊的内容，它与存在的普遍性有关，即与它的概念有关。在这里，特殊的现象作为个体性和普遍性之间的间接性，这是推论的基本形式，推论的进一步发展，则是以个体性和普遍性为中项作为间接性，由此形成从主观性到客观性的过渡。

§ 182

在直接的推论中，概念的定义作为抽象的定义，仅仅是彼此之间的外在联系，所以两个极端体现特殊性和普遍性，然而，概念作为连接二者的中项，同样仅仅是抽象的特殊性。因此，两个极端是相互对立的，就像与其中项的概念毫不相干，都是为自身存在的。因此，这种推论，就是形式的知性推论，仅仅具有理性的形式，却没有达到真正的具体的同一。这就意味着，主词在其中与另一个规定性相连接。或者说，普遍性通过这种间接性将一个外在的主词纳入其中。而与知性推论相反的方向，是理性推论。在这个意义上，理性的推论，主词通过间接性将自身与自身结合起来。不是通过普遍性、个体性连接，而是通过抽象的特殊性连接起来，通过中项，将自身与自身结合起来。只有这样，它才成为真正的主体。换言之，主体本身才成为理性的推论。

【说明】在后文的讨论中，理性的推论将按照其通常的、常见的含义来分类，以其主观的方式来表达，即根据人们做抽象的理智的推论的方法，所采取的那种主观方式去表述。事实上，这仅仅只是一个主观的推论。然而，同样这也有客观的含义，即它只表达了事物的有限性，不过是根据思维形式在这里以达到的特定方式去表达出来罢了。在有限的事物里，主观性作为单纯的事物，与它们的特质及其特殊性是可以分离的，同样地，主观性与它们的普遍性也是可以分离的，只要这种普遍性仅仅是事物单纯的特质，事物与他物的外在联系，那么作为事物的类和概念也是可以分离的。

【附释】根据前文提到的推论是理性的形式，理性自身被定义为推论的能力，而知性则是形成概念的能力。这种说法只是对精神作用做了肤浅的理解，这就是康德的理解。更为确切地说，除将精神作为共存的力量或能力的总和的表面表象观念外，对于知性与概念的结合以及理性与推论的结合，人们应当注意到，正如概念不能仅仅被视为知性的规定，推论也不能不假思索就被视为是合乎理性的。这是因为一方面，在形式逻辑中，常常在推论中所研究的内容实际上无非是对单纯的知性的推论。具体来说，这种推论实在不能与理性形式的尊荣相提并论，更不能享受代表一切理性的美称。另一方面，概念自身是单纯的知性形式，以至于它仅仅是抽象化的知性形式，抽象的理智在其中发挥着作用。因此，人们也习惯于去区分单纯的知性概念和理性概念，然而，这里并无两种概念，而是应当这样理解：人们仅仅停留在概念的否定和抽象的形式上，或者根据其真正的特征，将其同时设定为肯定的和具体的。举例来说，当自由被视为抽象的对立面的时候，它是单纯的知性的自由概念，而真正的理性的自由概念本身，就包含了作为扬弃的必然性。同样地，所谓的神灵论所确立的上帝，其定义是单纯的知性的上帝概念，而基督教认上帝是三位一体的概念，就包含了上帝的理性概念。

（1）质的推论

§ 183

第一种形式的推论，指的是定在的推论或质的推论（详见 § 182）。其形式的推论，是E—B—A，即个体性—特殊性—普遍性[①]。换言之，作为个体的主词通过一种质，即特殊，与一种普遍的规定性相结合。

【说明】主词，即小项，除个体性外，还有其他的特性。同样地，另一个极端，即结论的谓词或大项，除被指出的特殊性外，还有别的特性，这里不予考虑，也就是推论的那些外在的形式。

【附释】定在的推论，仅仅是知性的推论。在这种推论中，这里的个体性、特殊性和普遍性是相当抽象的，而且是相互对立的。因此，这种推论是概念的最高外在化。更为确切地说，在这里，人们有一个直接的个体事物作为主词。在这种主词中，我们会发现一些特殊的方面有一种特质。通过这种特质，个体证明自身是一个普遍性。举例来说，当人们说，这朵玫瑰是红色的，红色是一种颜色，所以这朵玫瑰是有颜色的。

通常来说，推论的这种形式主要是在逻辑学中进行研究的。在过去，推论被认为是一切认知的绝对规则，一个科学结论只有获得证明，在由推论间接性的情况下，才被认为是合乎理性的。如今，人们几乎只在逻辑学中会遇到三段论法的各种形式，关于它们的知识被视为空洞的智慧，无论是在实际生活中，还是在科学的研究中，都没有进一步的用处。首先，应当注意的是，尽管每一次认识的出

[①] 在本书中，E表示个体性（Einzelnes），B表示特殊性（Besonderes），A表示普遍性（Allgemeines）。

现都偶有全套的推论,这将是多余的和迂腐的,但推论的各种形式,还是不断地在人们的认识中发挥作用。例如,如果有人在冬天的早晨醒来,听到马车在路上碾轧的声音,从而判断认为昨晚的雪一定下得很大。由此,他进行了推论的活动,而在日常生活中,人们每天都在重复这些推论活动。因此,作为一个有思维的人,明确意识到人们的这种日常活动,至少应当是不折不扣的存在,就像不仅意识到人们的有机生活的功能,如消化、造血、呼吸等功能,而且意识到人们周围自然界的变化过程和形成,也是公认的问题。在这个意义上,无疑必须承认的一点是,就像正确的消化和呼吸不需要事先学习解剖学和生理学一样,为了得出正确的推论,也不需要事先学习逻辑。

亚里士多德首先观察并描述了三段论法的各种形式,即所谓诸式的主观意义,是严密和确切的,以至于基本上没有什么可以对他的研究成果做进一步补充的。无论这一成果是否为亚里士多德带来了巨大的荣誉,需要记住的是,亚里士多德的哲学并不是以知性建立起来的,恰恰是以自以自为的概念建立起来的(详见§189说明)。

§184

其一,这种推论就其规定而言是相当偶然的,因为中项作为抽象的特殊性,仅仅是主词的众多特性之一。然而,作为直接的主词,因此是经验的具体的主词。这样一来,它就可以与别的一些普遍性联系结合在一起,就像个别的特殊性可以有不同的特性的一样,所以主词可以借助这同一的中项,与许多其他不同的普遍性联系在一起。

【说明】人们不光已经意识到了它的不正确性,并想以此来证明弃之不用是正当的,实际上,形式的推论已经是无效的了。这一节和下一节的叙述表明,这种对真理的推论是非正确的。如前文所述,通过这样的推论可以证明许多不同的结论。我们只需要找到一个中项,从中可以实现任何想要的结论。然而,借助另外一个中项，其他完全相反的结论就能被证明。这就意味着，一个客体越是具体，它就有越多的方面可以作为间接性的中项。这些方面中的哪一个方面比另一个方面更重要，必须再次基于这样一个知性的推论才能得知，即坚持个别的特性，同样地，可以很容易地找到一个方面以及重要的理由，据此来证明它是至关重要的，也是必不可少的。

【附释】在日常的生活中，尽管人们很少想到理智的推论，但它还是不断地在生活中发挥着作用。举例来说，辩护律师在民事诉讼中所做的工作，进行的强调有利于当事人的法律条文，为当事人争取更多合理权益。然而，从逻辑上讲，这样的法律条文，不过是中项的两个极端。不止如此，同样的事情也发生在外交谈判中，例如，当各个大国都要求占领同一个国家时，在这个意义上，继承权、土地的地理位置、居民的祖籍和语言，或任何其他原因，都可以作为中项而加以强调。

§ 185

其二，这种推论的另一个缺点是，各项联系中的形式也是偶然的。同样地，根据推论的概念、真理，通过中项，把两个事物联系起来。但如果大前提和小前提之间，只有一种中项的联系，那么这个中项的联系实际上指的就是形式上的直接联系，具有直接性。

【说明】推论的这一矛盾又通过一种无限进展被表达出来，即两个前提的每一个，同样要由一个新的推论去证明。然而，由于后一个推论，有两个直接的前提，因此又需要两个推论进行证明，而且需要经过两次推论进行证明，以此类推，无穷无尽。

§ 186

在此需要指出的是，为了表达经验的重要性而指出的推论的缺陷（虽然推论以其形式被赋予了绝对的正确性），在推论的进一步规定中必定会自己摒弃其自身。如今，在概念的范围内，就像在判断一样，相反的特性，不仅仅是存在于它自身，是潜在的，而是被建立起来的。因此，为了进一步规定推论，我们需要接受或承认的是，推论在每一阶段里通过自身建立起本身的过程而呈现。

通过直接的推论的第一种形式，即个体性—特殊性—普遍性。换言之，个体性以特殊性发挥出间接性的作用，与普遍性相结合，由此形成一个推论。在这个意义上，主词的个体，作为普遍性自身，现在是两个极端和间接性的统一。这就过渡到第二种形式的推论，即普遍性—个体性—特殊性。这也就意味着，仅仅在个体性之中，产生的结合是偶然的内容，而这就是第一种形式的特点。

§ 187

第二种形式是普遍性以个体性为中项，与特殊性相结合。在这个意义上，通过中项的个体，普遍性从第一种形式过渡到第二种形式。中项的个体性成为普遍性和特殊性的抽象汇合点，而不是作为具体的个体内容发挥作用。也就是说，在这个意义上，作为极端的间接性，其地位现在被个体性所取代。那么，这里的个体性就成为抽象的普遍性，也就过渡到了第三种形式的推论，即特殊性—普遍性—个体性。

【说明】推论所谓的各种形式（亚里士多德准确地举出了其中的三个形式；第四个形式是多余的，甚至是对新形式的冗余补充），在通常的研究中只是被依次地列举了出来，丝毫没有想到指出其必然性，更别提考虑其意义和价值了。因此，这些形式后来被当作一种空洞的形式主义来对待。但它们有一个至关重要的意义，那就是基于每个环节作为一个概念性的规定自身成为整体和间接性的必然联系。然而，命题具有何种形态，比如是普遍命题或否定命题，以便我们在各种形式中能得出适当的推论。这是一种机械的考察，由于其无概念的机械性和内在的意义，已经被遗忘了。最不可能的是，人们可以向亚里士多德呼吁这种考察和一般的理智的推论的重要性。在这个意义上，可以肯定的是，亚里士多德描述了这些推论形式，以及其他无数的精神和自然的形式，并寻找和表明这些形式的特性。更为确切地说，在他的形而上的概念以及在自然和精神的概念中，与把理智的推论形式作为基础和标准的想法相去甚远。因此，人们可以说，如果它受制于知性法则，那这些概念中甚至没有一个可以保持不变。亚里士多德基本上以他自己的方式传授了许多分类描述和抽象分析的内容，但在哲学中，占主导地位的内容始终是思辨的概念出现，他不允许那种他最初如此确定的理智的推论过渡到这种领域中。

【附释】推论的三种形式的客观意义，在于任何理性的原则都被证明是三种的推论，而且是以这样一种方式，即它的每一个环节都取代了一个极端以及中项的地位。哲学中的三个重要部分，即逻辑学、自然哲学和精神哲学。第一，自然哲学，指的是一个中项，指的是统一的环节。自然，指的是这种直接的同一，展开为逻辑学和精神哲学的两个极端。然而，精神之所以是精神，只是因为它以自然为中介。第二，为人所熟知的精神哲学，亦即我们所知道的那种个体性、主动性的精神，作为一个中项，而自然哲学和逻辑学是它的两个极端。正是精神，认识到自然中的逻辑学，从而将其提升为本质。第三，逻辑学自身也可以成为中项。它是精神哲学和自然哲学的绝对实体，指的是普遍性，是贯穿其中的。总之，这三者就是绝对推论中的诸环节。

§ 188

既然在每个环节中都可以作为中项和极端，那二者彼此之间的明确差异就获得了扬弃，推论首先在各个环节的不可区别的推论中，对其联系有了外在的理智，即同一；定量或数学的推论。如果两个事物都等于第三个事物，那么这两个事物与第三个事物就是相等的。

【附释】众所周知，这里提到的量的推论，作为公理出现在数学中。对于这种公理而言，与其他公理一样，据说它是不证自明的。诚然，这种公理，是不需要证明的，因为它是直接可视化的。事实上，这些数学公理不过是逻辑命题，就其中所表达的特定和明确的思想而言，这些命题都来自普遍性和自我规定的思维，然后被视为是对公理的证明。更为确切地说，数学中作为公理所提出的对量的推论，情况就是如此。量的推论实际上是质的或直接推论的最显而易见的结果。与此同时，量的推论是相当无形式的推论。其原因在于，在量的推论中，由概念规定的各环节的差异是扬弃。这里的命题作为前提存在，取决于外在环境，因此，在应用这种推论的时候，人们就以已经在其他地方确立和证明的理论作为了前提条件。

§ 189

通过这一点来看，首先，在形式上出现了两个结果。其一，每个环节都获得了中项的特征和地位，也就是获得了一般规定性上的特征和地位，从而失去了它的抽象的片面性（详见 §182 和 §184）；其二，每个形式的前提不是武断的结果，而是间接性的（详见 §185），而这个间接性的过程是自在的。也就是说，每一种形式都以另外两种形式为前提，就像彼此相交的两个圆一样。比如说，第一种形式是"个体性—特殊性—普遍性""个体是特殊的"和"特殊是普遍的"，这两个前提还没有被间接化。

在三种形式中，每一个前提都需要在前一个形式中获得间接化作用。因此，为了达到这一目的，需要在前两种形式中，发挥间接性的作用。这样一来，概念的间接性的统一性，不再仅仅被视作抽象的特殊性，而是作为特殊性和普遍性的发展统一性，实际上，首先是作为这些规定性反思的统一；个体性同时也被确定为普遍性。以此为中项的推论，就是反思的推论。

（2）反思的推论

§ 190

中项首先不仅作为主词的抽象的、特殊的规定性，而是同时作为一切个别的具体的主词。与其他的主词一样，规定性也属于这一主词。在这个意义上，第一种形式是对全称的推论。但这种推论的前提，指的是以某个特性作为中项，即作为全体性的两个极端，作为其主词，其自身就假定了推论的结论，结论已经包含在大前提之中，即普遍性和个体性达成了同一。与此同时，全称的推论，是通过归纳而来的。更为确切地说，在归纳的推论的中项，指的是所有个体的完全列举。这里的问题在于，其列举是不完整的。

这样一来，归纳推论就会引起向类推推论。类推推论的中项是一个特殊性，但被视为是在其本质的普遍的规定性，即其类或本质的规定性，就要过渡到必然的推论。为了发挥间接性的作用，全称推论又会导致归纳推论，即类推。在这个意义上，个体性和普遍性，这两种外在联系的体现形式，在反思推论的各种形式中，在其自身中将自身确定为一个普遍性，或作为类的特殊性。

【说明】通过全称的推论，§184中所指出的理智的推论，其基本形式的缺点已经获得了改善，但仅仅是以另一种方式出现了新的缺点。即在大前提中已经假定了结论的内容，并且事先假定了结论是一个直接的命题，如"所有人皆有一死，因此卡尤斯也有一死""所有金属都能导电，因此铜也能导电"。这里的大前提中用"所有"表达出了直接的个体范围，并在本质上是经验的命题，为了明确这些大前提，首先必须证明关于卡尤斯个人以及个别事物铜的命题是正确的。人们不仅对"所有人皆有一死，卡尤斯是人，因此卡尤斯也有一死"等这样具有学究气质的结论感到震惊，还会觉得形式主义是毫无意义的。

【附释】全称的推论会导致归纳的推论，在归纳推论之中，它的中项是由无数个体性联结起来的。在这个意义上，当人们说："一切金属都能导电"，这是一个实验的命题，指的是对一切个体金属进行实验的结果。人们在此结果中获得归纳的推论，其形式如下：

特殊性——个体性——普遍性
　　　　　个体性
　　　　　个体性
　　　　　　⋮

金是金属，银是金属，铜、铅也是金属，等等。这是大前提。然后是小前提"一切这些物体都能导电"，并由此产生推论，即"所有金属都能导电"。那么在此作为全体性的个体性发挥出间接性的作用。这种推论现在也再次引出了另一个推论，以全部个体作为它的中项。这预示着在某一领域内的观察和经验是完整无遗的。但由于这里涉及的是个体事物，这又过渡到无限的进展（个体性—个体性—个体性）。在其归纳中，个体事物永远无法详尽。当人们说：所有的金属，所有的植物等，这都只意味着，到现在为止已知的所有金属和所有植物。因此，每种归纳都是不完整的。人们已经做了很多观察，但不可能做到事无巨细，观察到一切的情况，不是所有的个体都会被观察到。正是这种类推的缺陷导致了类推形成。

在类推的推论中，从某类的事物具有某种特性这一事实中得出结论，同类的他物也具有同样的特性。举例来说，这是一个类推的推论。当有人说，到目前为止，在所有的行星上发现了这一运动规律，所以新发现的行星运动肯定会按照同样的规律而运动。更为确切地说，类推的推论在经验科学中理所当然地受到了高度的推崇，科学家也正是通过这种方式得出了至关重要的结果。类推是理性的本能，它使人预感从经验中发现的这种或那种规定，即建立在一个客体的内在性质或类上的，并在此基础上更进一步的推论。与此同时，这种类推的推论可能更肤浅，也可能更彻底。例如，如果有人说：卡尤斯是一个学者；提图斯是一个人，所以提图斯可能也会是个学者。不管怎样，这是一个完全肤浅的类推推论，而且是为了类推结果而类推的推论，因为人们的学识根本就不能建立在这种类之上。然而，这种肤浅的类推推论却还是经常发生。

例如，人们习惯说：地球是一个星球，上面有人类居住；月球也是一个星球。因此，月球上可能也有人类居住。这种类推并没有前面提到的类推好。地球上有人类居住，不仅是因为地球是一个星球，还有许多其他的条件，如被大气层包围、有水的存在等条件，而这些条件正是月球所缺乏的不能满足人类需求。近代所谓的自然哲学，在很大程度上，其内容包括对空洞的、外在的类推的推论，这些类推的推论却被认为是深刻的，甚至是高深的。这样一来，自然哲学就这样陷入了批评之中。

（3）必然的推论

§ 191

必然的推论，单单就抽象的特性的角度而言，普遍性是它的中项，就像反思推论一样，以个体性为中项。后者的推论是推论的第二种形式，而前者的推论是推论的第三种形式（详见 § 187）。普遍性被确定为在自身本质上具有特殊性。第一种，即直言推论。这种推论被视为特定的属或种，这种推论的中项是本质的普遍性，在整个推论之中都占据着特殊性的地位，由于它是类的本质，所以不再具有偶然性。第二种，即假言推论。在这种推论之中，个体作为直接存在，既是中项，又是发挥间接性的极端作用。第三种，即选言推论。在这里，发挥间接性作用的普遍性，被视为是特殊环节的全体，并被视作个别的特殊性，它们之间是互相排斥的。选言推论中的各项，指的是同一的普遍性的不同形式。

§ 192

推论是根据它所包含的差异而相一致的。在经过了上述的发展过程后，从中获得的普遍的结果,在于差别和概念的外在性,即概念在自身之外的存在,都被扬弃了,因而返回到概念的内在同一性具体来说,一方面,概念的三个环节,都表明自己是另外两个环节的统一,因而为整体的推论。所以它们(各个环节)彼此是自在同一的。另一方面,各个环节之间的差异的否定性,以及它们的间接性的否定,构成了自在自有。因此,在这些形式中的同一的普遍性,作为它的同一,它也在此被设定。与此同时,在环节的这种理想性中,推论的活动在本质上获得了包含规定性的否定规定。在这个意义上,推论就是各个环节由分化走向同一的过程。扬弃间接性,这也就意味着,主词和谓词相结合的过程,不再是与一个外在的他物相结合,而是与自身相结合。

【附释】通常来说,在逻辑学中,所谓词的第一部分,也就是基本理论部分,通常以推论学说的论述结束。接下来的第二部分,即所谓词的方法论。方法论要说明的是,把前面的研究理论应用在实存的对象上,试图得出科学知识,从而实现整个科学知识的发展。但目前这些客体来自哪里?思维的客观性的概念又是什么?对此,知性逻辑没有给出任何进一步的解答。思维在这里被看作一个纯粹的主观和形式的活动,而客观的事物,与思维恰恰相反,指的是一个固定的内容,并为其自身而存在。但这种二元论并非真理,如此武断地接受主观性和客观性这两个规定,而不去探究二者的起源,乃是一种没有思想的规定。然而,主观性和客观性都是思想,而且是确定的思想,必须证明是建立在普遍性和自我规定的思维之上。针对主观性而言,这一点首先就做到了。这种概念或主观的概念,包含了概念自身、判断和推论,人们已经认识到它是逻辑学的前两个主要阶段,即存在或本质的辩证结果。当人们说概念是主观的,而且仅仅是主观的,那这就是对的,因为概念是一切事物的主观性自身。与概念自身一样主观的,还有判断和推论。再则,这些判断与所谓的思维规律,如同一律、相异律、充足理由律等规律,在普通逻辑学中构成了所谓初步理论的内容。与此同时,这里提到的这种主观性及其诸规定的内容,即概念、判断和推论,都是概念自己分化统一的过程,即本质论和存在论辩证发展的解构。因此，概念是主观的，但这里的主观性并非空洞的逻辑形式，而是在自身发展之中会打破自己的限制，进而继而进展到客观性。

§ 193

在这种概念的实现过程中，共相指的是这一个返回到自身的全体。全体的各个差异就是全体，它通过扬弃其终结性被规定为直接的统一性。这个概念的实现就是客体。

【说明】这种从主体，到一般概念，更为确切地说，以及从推论中的过渡的角度，初看起来甚是奇怪，特别是当我们只看见理智的推论，并且把推论只当作一种意识的活动时，我们就会越发觉得奇怪。但我们不能因这种奇怪之感，而让通常的表象观念觉得这种过渡是正确的。值得注意的是，人们对所谓的客体的普通表象观念是否与这里的客体的确定内容大致相符。然而，通过客体，人们不习惯于将其理解为一个抽象的存在，或实存的内容，或一般的真实的事物，而是理解为一个具体的、自身完整的独立事物。在这个意义上，这种完整性是概念的全体性。客体也是一个客体，并且外在于另一个客体，对这一点将在后文详尽阐明。因为概念在对立观中规定了自身的主观；诚然，客体和概念也是有差异的，概念只有经过与客体的对立，从而达到主客统一之后，概念才具有主体的规定性，这才达到理念。在这里，最初作为概念从其间接性中过渡的内容，它仅仅是直接的、朴素的客体，同样地，概念在随后的对立观中只被确定为主观。

除此之外，目前所提到的客体是未经规定的客体、整个客观世界、上帝、绝对的客体。然而，客体中也有差异，在自身中也分解为无数不确定的杂多性，而且它的每一个个体化了的部分也仍是一个客体，一个本身具体的、完整的、独立的客体定在。

由于客观性不是存在、实存和现实性，因此朝向实存和现实性的过渡（因为存在是最初的、相当抽象的直接内容）也可以与向客观性的过渡相比较。实存处于本质论的范畴，所产生的理由，以及扬弃为现实的反思关系而得来，无非是尚未完全实现的概念，或者说二者仅仅是概念的抽象方面，理由是概念唯一的本质统一体，关系仅仅是返回自身的真实方面的联系。概念是二者的统一，而客体不仅是本质的另一面，而且自身就是普遍性的统一，不仅包含着真实的差异，而且自身就包含着各种差别的整体。

显而易见的是，所有这些过渡过程，不仅仅显示了概念或思维，与存在不可分割的关系。人们常说，存在只不过是与自身的简单联系，而这种狭窄的范畴，当然也包含在概念中，或也包含在思维中。这些过渡的意义，不仅将包含在里面的规定或者范畴予以接受（就像在上帝的定在进行的本质论论证中，认为存在是许多实在中之一）中，而是首先把概念当作它自身，概念作为概念本身所应有的规定性，与这种抽象的存在或客观性还没有任何联系，这与这里的概念所应有的规定性是完全不一样的，并过渡到一种不同于属于概念，并表现在概念中的规定性形式。

如果这种过渡的产物，即客体，与概念息息相关，而概念又根据其特有的形式在客体中消失，那么结果就可以合乎理性地表达出来，以概念和客体，或者说主体和客体，可以说潜在地是同一的。但同样也可以说，二者是不同的。但既然这两种说法都是片面的，那这样的说法自然就无法代表真实的关系。潜在的同一是一个抽象的概念，甚至比概念自身更片面。其片面性在一般情况下可以看到，概念成为客体，即恰恰相反的片面性。因此，必须否定其自身，扬弃自身，来确定自身的自为存在，而被规定为实在性。由此可见，思辨的同一，不同于抽象的同一。无论怎样，思辨的同一，都不是肤浅的主体与客体的潜在的同一。这种说法已经被重复过很多次了，但想要结束对这种肤浅思辨同一的陈旧的论点，甚至是完全恶意的误解，无论重说多少遍也不足够，因为要想消除这种误解，几乎是毫无希望的。

与此同时，在不考虑潜在的存在的片面形式的情况下，主体与客体的抽象同一具有普遍性。众所周知，这种同一性，指的是上帝存在的本质论为论证的前提，而且的确是最完善的同一性。与此同时，在首先提出本质论这一非常引人注意的论证证明之人——安瑟尔谟（Anselm）看来，一开始仅仅是研究的内容是否只在人们的思维中。用他的话简单来说："毫无疑问的是，就一个事物而言，如果我们无法设想比它更伟大的内容，那么这个事物就仅仅存在于我们理智之中。因为，如果它仅仅存在于理智之中，那么那个在现实中还存在的上帝，就比理智的上帝要更伟大，这一观念是不可能的。这样一来，那个无法设想的更伟大内容，肯定既存在于理智之中，又存在于实在之中。"① 有限的事物，其客观性不符合它的思想，即它的普遍性的确定，也不符合它的类和它的目的。笛卡尔和斯宾诺莎等人支持这一论证客观的统一性。在这个意义上，直接的确定性，或信仰的原则，更多的还是按照安瑟尔谟的主观方式来看待。换言之，与上帝的表象观念不可分割地联系在一起，且存在于人们意识中。如果持有这种信念原则的人，也考虑到外在有限事物的表象观念，即联系和它的存在的规定性不可分割，因为二者在直观中与实存的规定相连，这可能是合乎理性的。然而，如果这意味着在人们的意识中，实存与有限事物的表象观念和上帝的表象观念一样，以同样的方式联系在一起，那就是缺乏思想性。这将忽视有限事物是可变的和短暂的，也就是说，实存是不一样的。也就是说，实存仅仅是与二者有过渡性的联系，这种联系不是永恒的，而是可分离的。因此，安瑟尔谟出现在有限事物中的统一，而只宣称，只有那些不仅是以主观的方式，同时是以客观的方式的，才是完善的，这确实有一定的道理。一切反对所谓的本质论证明，和反对这种安瑟尔谟式的观点对最完善的存在的规定，都是无济于事的，因为它在每一种哲学中返回自身，甚至违背它的意愿，就像在直接信仰的原则中一样，潜存于每一颗素朴的心灵中。

---

① 坎特伯雷大主教安瑟尔谟，在《宣讲》中对此进行了以下描述："不能设想比之更伟大的东西，确实不能仅仅存在于心中。因为如果它只存在于心中，它也能被设想为在现实中存在，而后者要比前者更伟大。如果不能设想比之更伟大的东西仅在心中存在，那这个不能设想比之更伟大的东西，就是可以设想比之更伟大的东西了。但这明显是不可能的。"

但安瑟尔谟的论证有疏漏之处，和笛卡尔和斯宾诺莎关于直接知识的原则所犯的错一样，这种被宣称为最完善的或也是主观地当作真正知识的统一性，是被设定好了的，只被认定是潜在的。此抽象的同一，立即被两个确定的差异对立起来，这也是长期以来对安瑟尔谟的反驳。事实上，有限事物与概念是有差别的，有限的表象观念和实存是与无限对立的，因为正如前文所叙述的那样，有限性与目的不同的客观性，同时不符合其本质和概念，或者是不涉及实存的表象观念，其本身不包括主观。这种分歧和对立仅仅是被以下事实所扬弃：有限性被证明是不真实的，这些规定被证明是片面的，对它们自身来说是非真实的，而同一因此是它们自身所要过渡到的，在其中获得了和解。

B. 客　　体

§ 194

客体是直接的存在，客体是由主观推论过渡而来的，其本身扬弃了差别，并且在它自身的同一中。与此同时，客体对差异来说毫不相关，客体本身是全体。与此同时，因为客体各个环节的同一性也是潜在的，所以对于客体的直接统一来说，它同样是毫不相关的。由于作为全体的客体，可以分裂为不同的部分，每一部分本身相对而言同样是整体，于是客体中的各个部分，作为全体既是独立的，作为部分又是不独立的，于是客体就包含着独立和不独立、部分和整体的矛盾。

【说明】在逻辑学发展的现阶段，"绝对是客体"这一定义，最明确地包含在了莱布尼茨的单子论中。每一单子被认为是一个客体，但它也是一个潜在地表象世界的客体，甚至是世界表象的全体。从这个意义出发，在其简单的统一性中，一切的差异仅仅是观念性、无独立性的。没有任何内容从单子外在过渡进入单子里面；单子自身就是整个概念，只因其自身的发展程度较高或较低而有所区别。同样地，这种简单的同一以这样一种方式衰减为绝对的多重性差异，二者是独立的单体。在单体的单体和二者内在发展的设定和谐中，这些实体也同样归结为非实体性和观念性。因此，莱布尼茨哲学代表了充分发展了的矛盾观。

【附释1】 如果把上帝看成与主观性相对立的客体，并止于此，那么，正如近代的费希特所指出的那样，这通常是迷信和奴隶式的恐惧观点。诚然，上帝是主观客体，与此同时，也是绝对的客体。对客体而言，人们特定的、主观的思维和意愿，是没有依据的，也没有作用。然而，恰恰是作为绝对的客体，上帝并不是一种黑暗和敌对的力量，也不是与主观性相互对立，而是将主观性包含在自身之中，作为其中的一个主要环节。这清楚地表现在了基督教的宗教教义中：上帝希望所有人都能获得救赎，上帝希望所有人都能获得祝福。人因为可以获得救赎，之所以可以获得祝福，这是人达到了与上帝的统一，故人类达到了与上帝合一的意识。更为确切地说，上帝对人类而言，不再是一个纯粹的客体，因而不再是恐惧和可怕的客体，特别是对罗马人的宗教意识而言。那么，在基督教中，如果上帝被理解为爱，只要上帝在他的儿子那里，与他合二为一。这样一来，上帝把自身作为这种个别的人启示给人类，将道理揭示在人的面前，从而使人类得到了救赎。这就无异于宣称，客观性和主观性的对立已被自在地克服。而如何分享这种救赎，如何放弃人们眼前的主观性，摆脱掉旧的亚当，意识到上帝就是我们真实本质的自我，这就是人们自己的事情了。

诚然，正如宗教和宗教崇拜包括克服主观性和客观性的对立一样，科学，更为确切地说，哲学，除了通过思维去克服这种对立，没有其他任务。不能把主观性和客观性看成僵硬的对立，而是要把二者看成完全辩证的。认识的目的就在于排除掉对于客观世界的生疏性，即在世界中找到归属感。

换言之，这意味着要把客观的世界追溯到概念，也就是认识的过程，也就是自觉的过程。在这里，概念就是我们最内在的自我认识。从前文的分析中可以看出，将主观性和客观性视为僵硬的、固定的和抽象的对立，是一种多么错误的做法。主观性和客观性的范畴，都是严密的辩证法。概念起初仅仅只是主观的概念，在无须借助于任何外在材料或物质的情况下，根据其自身的活动，不断进展，在进展之中对自身加以客观化。同样地，客体也不是死板、没有进展过程的。恰恰相反，它的过程意味着，证明自身是主观的，同时在向理念发展。如果是不熟悉主观性和客观性的范畴的辩证关系，想在抽象的规定中把握这两个范畴，就会发现这些抽象的范畴在不知不觉中已从指缝中流走。任何与之不一样的观点，皆出于没有理解二者之间的真正关系。

【附释2】客观性包含机械性、化学性和目的性这三种形式。具体来说，机械性的客体，就是直接无差别的客体，无差别指的是潜在的。机械的客体有差别，但是这种差别是外在的，互不相干的。另外，在化学性的阶段中，客体才表现出其中的本质差别，在这个意义上，客体之所以如此，仅仅是通过二者之间的联系，而二者之间的差异构成了二者的质。客观性的第三种形式，即目的性的联系，指的是机械性和化学性的统一。这种目的性，如机械性的客体一般，具有同一性，但被在化学性中显现出来的差异性原则所丰富，所以目的同样与和它对立的客体有关。因此，客体的目的性就过渡到了理念。

（a）机械性

§ 195

客体在它的直接性中只是潜在的概念，最初是把其看成是外在的、与主观性同一的概念，客体的一切规定性是一个外在的被设定好的内容。因此，作为一个差别的统一，客体是一个结合体，指的是一个统一体，对他物的作用仍然是一种外在的联系，这就是形式上的机械性。客体仍然处于这种外在联系和无独立性中，但仍然是独立的、彼此间外在地抵抗着的。

【说明】如同压力和冲力是机械性关系，人们也是在机械地死记硬背，这些词对人们来说没有意义，只是一种外在的感觉、表象、思维；这些词同样是外在的，一串无意义的文字结合在一起。他的行为，以及他对宗教的虔诚等，也同样是机械的，通过一个人仅仅按照宗教仪式行事，他也是机械、外在的。也就是说，二者自身的精神和意志呈现一种对立状态，而没有真正统一起来。

【附释】机械性，作为客观性的第一种形式，也是在对客观世界的思考中，首先呈现于其自身的反思中，并常常停滞于反思的范畴。然而，机械性只是一种肤浅的认识方式，无法让我们透彻地理解自然，精神世界也不能达到理解。

在自然界中，只有那些纯惰性的相当抽象的物质联系才受制于机械性。然而，狭义的所谓的物理的现象和过程（如光、热、磁、电等现象），是无法用机械的方式（通过压力、冲力、各部件的机械替换等）去理解的。将这一范畴应用和转移到有机的自然界中，对于有机体就更不能这么理解了，特别是植物的营养和生长，甚至是动物的感官体验。无论如何，必须将其看作是近代自然科学的一个关键的特征，乃至是本质的主要缺点，即使它研究的是与纯粹的机械性截然不同的、更高的范畴，但它仍然坚持用纯粹的机械性去加以诠释，从而与朴素且直观的内容相矛盾，并阻碍对自然的充分认识。就精神世界的各种形式而言，机械的观点常常未被正确地使用。例如，一般来说，人们把人看成是由灵魂和肉体构成的，灵魂和肉体被视为自在之有，而且仅仅是相互之间的外在联系。以同样的机械方法，灵魂被视为一种彼此独立自存的力量，相互并列复合在一起。

然而，从一方面来看，如果机械式地看待事物的方式出现时，自以为是地占据了理解一般认知的地位，并将机械性观点视为一个绝对的范畴，就必须断然拒绝。从另一方面来说，一个逻辑范畴的权利和规定性必须明确地赋予其机械性，因此，它绝不能局限于自然界的那个领域，这种范畴的名称就是从这种领域内得来的。因此，在力学领域之外，特别是在物理学和生理学中，人们对机械作用

（如重力、杠杆等的作用）的关注是没有异议的；然而，不能忽视的是，在这些领域内，机械法律不再是规定性的因素，而仅仅居于从属的地位。说到这里，还要指出的是，在自然界中，凡是较高的，即有机功能，以某种方式在其正常作用中受到干扰或抑制的地方，原本从属的机械性很快就会转变成为主导地位。例如，患有胃病的人在吃了少许的特定食物后，会感到胃部不适，而消化功能正常的人，即使吃了同样的食物，也不会有这种感觉。这与身体处于病态时，四肢沉重的普遍性感觉是一样的。机械性在精神世界领域也有一定的地位，但它同样仅仅只屈居于一个从属的地位。人们谈到了机械记忆和各种机械活动，如机械地阅读、机械地写作、机械地制作音乐等。就记忆而言，机械的行为方式甚至属于它的本质；然而近代教育家盲目热衷于智力自由开发，却经常忽视了事实，忘记了机械记忆，对青少年教育造成了极大的损害，如果一个人为了探究记忆的本质，求助于机械规律，并将其定律应用于灵魂，他就会被证实是一个糟糕的心理学家。记忆的机械性仅仅在于，特定的符号、声音等，仅仅在其外在联系中被感知，然后在这种联系中重现，而不需要将注意力明确地指向机械规律的规定性和内在联系。为了认识机械记忆的规定性，不需要进一步对机械性进行研究，也不可能从这种心理学研究中产生进一步的规定性。

§ 196

客体形式的机械性事物，具有受到外在内容支配的非独立性或被动性。与此同时，客体也具有自己的内在本性或独立性，从而使它具备了忍受外力支配的那种非独立性。客体，作为潜在的概念，其中的规定不会扬弃自身，在它的非独立性中，与自身相结合，并且只有这样才是独立的。因此，客体不同于外在性，并在其独立性中否定其外在性。与此同时，指的是一个包含着否定自身的统一性、中心性、主观性。这一中心性、主体性指向和联系着外在。而外在事物本身也同样是中心的，也同样只与另一个中心相联系，因此它的中心也同样存在在别的事物之中，这就是（2）有差别的机械性，可用引力、欲望、社交本能等为例。

§ 197

在上述这种联系的发展过程之中，形成了这样的一种推论。在这种推论中，如果把某物的内在否定性或否定的统一性，即中心的个体性，看成一个极端，把其他物也看成一个极端，那么把连接二者的事物，作为中项，指的就是相对的中心点，那么，这种机械性就是绝对的机械性。

§ 198

给定的推论（个体性—特殊性—普遍性），指的是三个推论的结合体。对于非独立的客体而言，其非真实的特殊性，在形式上的机械性，指的是机械性阶段所特有的客体，由于非独立性，就是外在的普遍性。因此，这些客体也是绝对中心和相对中心之间的中项、推论原则（普遍性—个体性—特殊性）；因为正是由于这种非独立性，这二者既是彼此分离的，也是过于极端的，而同时又是彼此相关联。同样地，作为实质性的普遍性（如长久地保持同一性的重力）的绝对中心性，并且作为纯粹的否定性，同样包括个体性，指的是相对中心和不独立于客体之间的间接性。推论形式（特殊性—普遍性—个体性），在本质上，同样也是一种分离的力量，指的是同一性的结合体和不受干扰的自在自为，也就是一种普遍性。

例如，太阳系一样，在实践的范围内，国家是一个由三个推论组成的体系。其一，个人通过他的特殊性与普遍性（社会、权利、法律、政府）相互结合。例如，由于身体和精神的需要，就构成了中项，这就进一步产生了公民社会。换言之，个体出于需要，与国家相连接。其二，个人的意志、个人的活动发挥着间接的作用，个体的行为和意志需要在社会之中获得满足，这也使社会和法律获得满足和实现。换言之，国家经由个体的行为，达到了物质和精神需要的自身实现。其三，但普遍体（国家、政府、法律）是实质性的中项，个人和他的需要获得满足,并获得充分的实现、间接性和维持。三个推论的结合体中的每一项规定,在间接性中,因中项将其与另外两个极端结合起来,正是在这种与自身的结合中,产生了自身,而这种自我产生即是自我保存。只有通过这种结合的性质,通过三个推论的结合体的结论,一个整体才会在其有机的结构中被理解。这说明,绝对中心、相对中心和非独立性的客体,三者都可以取得中项地位。

§ 199

客体在绝对机械性中所具有的直接性被否定了,这是因为它们的独立性是以它们的相互关系,即以它们的彼此依赖为间接性的。因此,对象被设定为在其某种存在上与他者有差异。

(b) 化学性

§ 200

有差异的客体,有其自己的内在本性,这种内在本性使事物与周围事物具有一种倾向性。正是出于这种特性,客体这才构成了它的性质,并有了它的实际存在。但作为概念的设定的同一,实存着的客体,这种它的同一和它的实存的规定性之间存在着矛盾。因此,客体不断地扬弃这种矛盾,使自己的存在与概念相符合。

【附释】化学性是客观性的一个范畴,一般来说,这一范畴并未获得特别的重视,而是与机械性合二为一,在这种结合体中,在与机械联系的共同名称下,常常与目的性进行相互对立。其原因在于,一切事物的机械性和化学性都有一个共同点,即二者仅仅是自在地实存着的概念,而目的则应被视为存在于自身中的概念。与此同时,机械性和化学性也有十分明确的不同之处,即在机械性的形式中,客体起初仅仅是与自身毫不相干的联系。然而,化学性的客体,则被视为与他物的联系。诚然，在这个意义上，机械性的客体，彼此都处于一种外在的联系之中，独立的假象仍然是与客体之间的联系。例如，在自然界中，构成太阳系的各种天体处在相对运动的联系中，而且通过这种天体间的运动来证明星球之间的联系。然而，运动，作为空间和时间的统一，仅仅是完全外在的和抽象的联系。因此，这些天体之间似乎处于外在的相互联系中，即使没有这种相互联系，也能够保持原先的运动状态。然而，这与化学性不同。化学性不同的客体，却有差别，已经有了倾向性和亲和力，也就是它能够与他物结合为一个整体的绝对动力。

§ 201

因此，在化学过程中，两个极端中的中性，就是化学的产物。概念或具体的普遍性，通过客体的差异性（特殊性、倾向性），把自身和特殊性与个体性（化合的产物）相结合，即与产物联系在一起，并且在此过程中只和自身联系在一起。同样地，在化学过程中，这个化学过程就是一个推论过程，其他的推论也被包含其中。特殊性，作为活动的个体性，和具体的普遍性一样，也同样发挥着间接性的作用。具体的普遍性即是极端的本质，在化合的产物中获得了定在。

§ 202

化学性，作为客观性与客体的不同性质的反思式关系，不仅须以客体具有差别性或并非毫不相关的本性为前提，同时须以这种直接的独立性作为其前提条件。化学的过程是从一个形式到另一个形式的来回过渡，而这些过渡形式同时仍是彼此的外在。在中和的产物中，两个极端之间所具有的特定的特性是扬弃。它很符合概念，但激励性的区分原则并不在其中，因为它已经沉陷于直接性；因此，化合的产物中性，指的是一个可分解的概念。然而，判断原则将中和的化学物分解为不同的极端，并使无差别的客体首先具有对另一客体的差异性，而这种分解的过程十分激动人心，并不存在于这最初的化学过程之中。

【附释】 化学过程仍然是一个有限的、有条件的过程。这种概念自身，仅仅是这种化学过程的内在，还没有达到自为存在的实存形式。在中和的产物中，这种化学过程消失了，而诱导的原因却落在这一过程其外在。

§ 203

化合过程和分解过程，由于彼此双方的联系仅仅是外在的，是有差异性的、有倾向性的，而不是内在的联系，从中获得了中和的产物。因此，在这两个过程中，有无差异的中和性的产物，二者看起来是相互独立的，显露出互不相干的特点。但在过渡到中和产物中时，显示出过程的有限性，在这里二者的自在自为性获得了扬弃。但另一方面，这两个过程表明，参与化合的有倾向的内容，作为在先的直接性，是不真实的。换言之，作为客体的概念，通过这种对外在性和直接性的否定，概念被释放出来，获得了独立性，因而被设定为目的了。

【附释】 从化学性到目的性的联系的过渡，包含在化学过程的两种形式的相互扬弃之中。由此，潜在于化学性和机械性中的概念，获得了释放，成为独立的存在。而随之而来的独立的自在自为的概念自身，就是目的性。

（c）目的性

§ 204

目的是由于扬弃了自身直接存在的客观性，从而过渡到自在自为的实存的概念。因此，就目的最初的发展阶段来说，片面地对客体进行否定，起初仅仅是抽象的，从而使客体处于对立的地位。然而，这种停留在与客体对立的目的，还没有达到与客体的统一，还是片面的，且对自身进行扬弃，仅仅是主观的。至于那个没有与主观的目的统一的客体，也是一种自在的、不真实的内容。但在另一方面，目的即为一种扬弃，具有否定这种对立，实现主客体统一的力量，而这就是目的的实现。在目的实现的过程之中，目的和客体统一在一起，这种统一，可以说是自己与自己的结合，因为目的并不是客体之外对立的目的。

【说明】目的就是概念，目的这个范畴是多余的。但是也要注意到，目的已经不是知性的抽象普遍现象了，而是理性的概念，并与知性的抽象普遍性相对立，即指包含着特殊性在自身之中的具体概念。

在形式上，抽象的普遍性将普遍性进行概括，而它自身并不具有这种特殊性。与此同时，目的是作为目的原因，而不是致动因。这里的区别在于，结果是潜在的结果，目的只有通过结果才能实现自己。而致动因则是外在的，原因只有过渡到结果，才能成为自己，所以只有在结果里面的原因才是原因。

在另一方面，目的被假定为在其自身中包含着规定性，或仍然作为他物出现的内容，即结果。这样一来，它的有效性就不会被过渡了，而是保持其自身。换言之，目的通过结果，从而保持其自身，最终还是其最初的原始状态；只有通过这种自我保护性，目的才具有这种真正的原始性。与此同时，在这个意义上，我们需要从思辨的观点去看问题，因为目的这个概念本身，在其规定的统一性和观念性中，包含着判断或否定，主观与客观的对立，同样是对它的扬弃。

人们往往把目的看成存在于意识中的、主观的内容，在意识中，作为一种特性存在于表象观念，这是一种很肤浅的看法，把目的仅仅看成是有限的和外在的，即为近代的目的论。通过内在目的性的概念，康德重新唤醒了人们对一般的理念，特别是关于生命的理念。亚里士多德曾经想要超出这种主观的目的论，他认为对生命的理念，就已经包含了内在的目的性，因此无限地高于近代目的性的概念了。

人的本能和需要，最清楚地反映了目的的内在性质。二者是在有生命的主体自身中感受到了内在的矛盾特性，并带来了一种否定的活动，这就是对纯粹的主观性的否定性。这就意味着，人的需要通过这种否定性的活动才能获得满足，这是因为对于客观的事物而言，内在的矛盾依然存在，需要尚未获得满足，就仍然是外在的，只有通过与主观性进行结合，从而对它的这种片面性加以扬弃，才能够真正消除那种片面性。诚然，那些大谈有限事物与主客观事物的固定性的和不可逾越性的人，对于每一种本能的活动，都能例举出反例。由此可见，这种本能就是确信，主观事物与客观事物仅仅是片面的，没有真理，主观和客观并不是绝对对立的。这是因为，如果主观和客观对立起来，就不是真理，只有扬弃这种对立观念，才能统一起来。

值得注意的是，在推论中，通过实现目的的方法，将目的与自身联系起来。目的活动的主要特点，从本质上来说，指的是对两个极端的否定性，即极端的客观性和极端的否定性。刚才提到的否定性，一方面是呈现在目的中对直接主观性的否定，另一方面是呈现在手段里或作为前提中对直接客观性的否定，否定性与精神活动的否定性是一样。更为确切地说，当精神活动提升到神性时，它一方面是对世界的偶然事物的超出（否定），另一方面是对它自身主观性的超出（否定）。这就是通过知性推论的形式去证明是上帝存在的，便忽视并扬弃了对这种精神提高的表述（详见导言和§192），亦即忽视并扬弃了对提高精神性质的推论和否定。

§205

直接的目的性的联系首先是外在的目的，而对客体的概念，则是在一个设定好了的内容中。因此，目的是有限的，一方面是根据它主观的内容，另一方面是根据它在一个作为其现有材料的客体，独立于目的之外，即实现主观目的的外在条件。与此同时，直接性的自我规定，就其自身而言，仅仅只是形式而已。直接性的目的还有一个更浅显的特点，即它的特殊性（作为形式的规定，目的的主观性）是反映在自身中，因而内容与形式的全体、潜在的主体性和概念不同。这种差异构成了目的自身内的有限性。如此一来，目的的内容是有限的、偶然的和给定的，就像目的的客体是特殊的、现成的一样。

【附释】当人们谈到目的的时候，人们往往只考虑到外在的目的。按照这种观点，事物自身并不被视为具有目的性，而仅仅是作为实现其目的的工具，一种被使用和利用的工具。一般来说，这就是实用的观点，这种观点前些时间在科学中也发挥了很大的作用，但很快就受到了应有的质疑，并被认为不足以真正深入认识到事物的本质。有限的事物自身，必须被看作一个无限的、超出自身之外的内容，从而获得它应有的地位。然而，有限事物的这种否定的性质是它自身的辩证法，为了探索事物本性的真理，人们首先必须接触其中的肯定内容。与此同时，由于目的论证的方法是基于对哲学的兴趣，即展现上帝的智慧，特别是在自然界中揭示出来的启示道理。需要注意的是，在这种寻找目的过程中，事物作为工具，人们无法超越有限，因而很容易陷入贫乏琐碎的反思之中，例如，经由我们熟知的关于葡萄树的知识，不仅可以被我们用来进一步地研究葡萄树，还可以被用来研究用葡萄树皮所制成的软木塞，以及如何通过木塞来实现密封酒瓶。在过去，许多书是按照这样的思路来创作的。由此不难看出，无论是关于宗教，还是关于科学的研究兴趣，都不能以这种方式来达成。外在的目的，仅仅立足于理念的门槛，尚未进入理念的范畴，但仅这样站在门槛前是远远不够的。

§ 206

目的性的联系是推论，或者说三段式的统一。在这种联系中，主观的目的与它外在的客观性通过一个中项连接起来，这个中项就是二者的统一，一方面作为目的性的活动，而另一方面作为直接设定为目的的客观性，即目的的工具。

【附释】目的发展为理念通过了三个阶段：第一，主观的目的；第二，正在完成过程之中的目的；第三，已经完成的目的。首先，人们有主观的目的，而从这一主观的目的来看，作为独立的概念，其自身就是同一概念的各个环节的全体。更为确切地说，第一个环节，指的是与自身同一的普遍性，就像中和性的最初的水一样，里面包含了一切，但没有任何内容是分离的。第二个环节，即通过这种普遍的特殊化过程，获得一个明确的内容。再者，由于这种特殊的内容，是由普遍的作用所确定的，普遍性通过它返回到自身，并将自身与自身结合起来。因此，人们还说，当人们面前出现一个目标的时候，人们就会做出与目标相关的决定，在一开始就把自身看成是开放的，是可以进行这种或那种规定的。同样地，以同样的方式，人们已经决心要做出某事，这就表达出，即主体来自它的内在性，为了自在自有，并与外在的客观性建立起联系。这就给出了从纯粹的主观性目的到外在的目的性活动的进展。

§ 207

其一，主观目的，指的是推论或三段式的统一体。在推论中，普遍性概念通过特殊性与个体的特殊性结合在一起。这种推论是具有自我决定力的个体性，使无规定性的普遍概念特殊化为确定的内容，即包含一切的普遍性意图，并且建立起主观性和客观性的对立，同时返回到个体性的主体自身来看，因为它规定了概念的主观性，这是对客观性的设定，与同一相比较，它作为一个有缺点的内容被结合在自身身上，因此同时使自己转向外在，试图与客观性建立起联系。

§ 208

其二，这种转向外面的活动就是个体性。因为个体性在主观目的的阶段与特殊性是同一的，在特殊性以及它的内容内，也包括外在的客观性。这转向外面的活动是这样的个体性，它首先直接指向客体，把握住客体，并把它作为自己的工具。因此，概念就是这样的一种力量，且具有创造性的力量。更为确切地说，这样的力量，使客体成为实现目的的工具，从而使主体和客体相结合。因为概念是与自身同一的否定。这也就意味着，整个中项成为概念的这种内在的活动力量。这样一来，客体才作为工具，与概念直接相结合，并从属于概念的活动力量。

【说明】在有限的目的性中，中项就这样被分解成了两个互为外在的环节，即目的活动与作为工具的客体的分裂。对象受到目的的支配，与这种客体的联系以及它对自身的服从，是直接的，这是所有推论的第一前提条件，因为在作为自身的观念性的概念中，客体自身被视作是非真实的。这种联系或第一前提自身成为中项，它同时是推论自身，因为目的通过这种联系，即它的活动，将自身与客观性联系在一起，并在其中起着主导作用。这种过程，指的就是实现最终目的的前提条件。

【附释】目的的贯彻，指的是实现目的的间接方式。然而，目的的直接实现也有同样的需要。目的直接把握了客体，因为它是客体的力量，因为它包含了特殊性，也包含了客观性。有生命的存在具有肉体，灵魂要控制肉体，并在肉体身上直接将其客观化。人类的灵魂，为了使其肉体成为其活动的工具，需要在其中发挥作用。用人的灵魂来控制肉体一样，而这里的客体，还是一种自为存在的观念性，其自己是不真实的，此外还需要概念的渗透。

§ 209

其三，目的性的活动与它的工具仍然是向外的，因为目的仍未与客体达到同一。因此，它首先必须要求从内在性中走出来，利用客体为工具，作为间接性以达成其目的。在这第二个前提中，工具作为客体与推论的另一个极端，即作为前提的客观性、材料，有着直接的联系。于是这就是所谓的"在间接性的方式下实现目的"，这样一来，整个客体就服务于目的，目的成为机械性和化学性的真理性，成为支配它的力量了。这种联系是目前机械性和化学性的领域，它是真理和自由概念。

由此，支配机械性和化学性的主观目的，在这些过程里让客观事物彼此互相消耗、互相扬弃，自身却超脱于它们之外，同时保存自身于它们之内，这就是理性的机巧。

【附释】理性有多大的力量，就有多大机巧。理性的机巧，一般指的是间接性的活动，表现为利用工具而进行的活动。具体来说，理性要让事物按照自己的本性相互影响、相互作用，理性仿佛不在其中，不直接干预这一过程。但是很机巧地实现了它的目的，这种机巧，就是理性的一种能动力量。在这个意义上，人们可以说，在这里的理性成为一个很神秘的内容。总之，天意对世界和世界过程中具有绝对的机巧。这也就意味着，上帝放任人们纵情和谋利，而其结果是实现其目标，而这些目标与他所利用的人们原来想努力追寻的目的不同。

§ 210

因此，已经实现了的目的，即主观和客观的确定的统一。但这种统一性，在本质上是以这样的方式进行确定的，即主观和客观的中和与扬弃，仅仅是按照二者的片面性，但客观性，作为自由概念，而受制于目的，并且从属于目的。这是由于目的原本就是一个具体的普遍性，本来就在自身中包含了客观性，实现了主客观的潜在统一。通过上述的发展，使具体的普遍性回归自身，扬弃潜在的统一，成为明确建立起来的统一。这种普遍性，作为简单地自身返回，是通过推论的所有三项及其运动，从而保持自身同一性内容的不变。

§ 211

然而，在有限的目的性中，已经实现了的目的，只不过是主体根据主观需要，也像中项和最初目的一样，自身就已经是残缺不完整的。这样一来，只存在一个外在的、确定的形式，反映在现成的材料的形式上，由于目的内容是有限的，这同样是一个偶然性的规定。因此，所达到的目的，仅仅是一个客体，而这种客体又可以成为其他目的工具或材料，以此类推，无穷无尽。

§ 212

有限目的的活动，在实现目的自身的过程之中，就其片面的主观性和客观性的对立而言，会陷入无穷递推的过程中。由于这种有限目的的活动，指的是一种矛盾，使在这一过程之中，所扬弃的主观性和客观性相互对立起来。这样一来，有限目的就获得了实现，片面的主客性、独立性的假象就获得了扬弃。在对工具的把握中，概念把自身确定为存在于自身中的客体的本质中。与此同时，在机械和化学的过程之中，客体的独立性已经在自身中逐渐消逝了。在受目的支配的发展过程之中，这种独立性的假象，以及对概念的否定，对自身进行扬弃。但就那实现了的目的仅仅被规定为手段或材料的事实而言，这种客体一下子就被确定为自身是空洞的，只具有观念性，即概念是客体的潜在本质。

这样一来，内容和形式的对立也消失了。在这种情况下，目的通过扬弃形式的规定性的片面性，将自身与自身结合起来，形式被视作与自身相互同一，因而才有了客观性的内容。换言之，作为形式活动的概念，只有自身作为其自身内容。因此，这个内容不是目的之外的内容，而是目的的概念自己创造出来的内容。这种过程首先确定了目的的概念，即主观性与客观性的自在存在着的统一，现在就被设定为自为存在着的统一了，因为它自身就是理念。

【附释】目的的有限性在于实现目的的过程之中，其手段和目的是外在的，手段仅仅是外在地作为遵循目的的工具，从属于目的的实现。事实上，客体自身就是潜在的概念，而概念作为目的，实现于客体的过程，就是客体自己内在本质的显现过程，客体好像隐藏着一个概念。故而，客体和概念本来就是同一的。这就意味着，在有限的范围下，人们无法体验或看到目的真正地实现了。因此，无限的目的的实现即概念就内在于客体之中，或善，绝对的善，已经自在自为地实现了。人们正是生活在这种错觉之中，同时只有这种错觉，才是激励人类去发现世界的动力。理念在其过程之中，使自身成为那个错觉，建立起另一个与自身恰恰相反的错觉，其目的包括扬弃这种错觉。只有从这种错误中才能吸取教训，获得真理，这就是无限性与有限性的和解。作为对异在或错误的扬弃，自身就是真理的一个必然的环节，真理正是在这种扬弃过程中才得以实现，它仅仅是使自身成为自身的结果。

C. 理　　念

§ 213

理念，指的是自在自为的真理，是无限的、具体的真理，指的是概念和客观性的绝对统一。理念的理想的内容不是别的，而是概念和概念的诸多规定。理念的真正内容，仅仅是概念的表象，概念在形式的外在规定中赋予自身，而且把这种形式确定到它的观念性中去，使其受到概念的支配，从而在其中维持自身。

【说明】绝对的定义，即绝对是理念，其自身就是绝对的。过去所有的定义，都要返回到这种定义中去。理念便是自在自为的真理，这是就客观性符合概念而言，而不是外界事物符合我们的主观概念。原因在于，我的观念，指的是我所具有的理念。理念涉及的对象，不是个人，也不是主观的观念，更不是外在的事物。然而，一切真实的内容，只要是真实的存在的，都是理念，并完全通过和凭借理念而成为真理。更为确切地说，这里的理念具有一种力量，即为一切实在事物之所以为真的力量，从而凡是现实的，必然合乎理性，凡是合乎理性的，就必然是现实的。这也意味着具体的真理，只有在事物的联系和发展之中才能实现。而个体的存在只是理念的某个方面；因此，还需要其他的现实性。而这些现实事物也是特别为二者自身而存在的。那孤立的个体事物并不符合其概念；它的特定存在的这种局限性，组成了它的有限性并且引起了它的毁灭。理念自身不应作为任何内容的理念，同样地，就像概念仅仅作为一个特定的概念一样。

绝对是普遍且唯一的理念，自身中包含着丰富的内容，判断的活动，能使理念的内容获得分别的陈述，从而使理念成为由一系列特殊规定所构成的体系，而这些规定性能够成为有机的体系，是因为它统一在理念之中，再返回到它的真理中。这就意味着，从判断活动的过程来看，理念，首先是判断陈述的唯一的、普遍的实体，但这个实体具有能动性和创造性的力量，即指发展了的真正的现实性，它就是主体，指的是精神层面，故而实体即主体，即精神，也即理念。

与实存相比，理念，作为其出发点和支撑点的情况下，常常被认为是一种纯粹的形式逻辑。人们一方面把实际存在着的事物以及许多尚未达到理念的范畴，均给予所谓实在或真正现实性的徽号；另一方面又以为理念仅仅只是抽象的。同样地，错误的是表象观念，仿佛理念仅仅只是抽象的。就一切不真实的内容都被它吞噬，就此而言，它是抽象的。然而，就理念自身而言，它本质上又是具体的，因为它是对立统一的，指的是自己决定自己，实现自己的自由的概念。只有这样，如果作为其原则的概念被视为抽象的统一体，而不是像现在这样被视为自身并返回到自身中的否定和作为主观性，理念才会成为抽象的形式。

【附释】人们往往把真理理解为，我知道某物是如何存在的。但这仅仅是相对于意识或形式上的真理，仅仅没出错而已。另外，在更高深层面的意义上，真理包括客观性与概念的同一。在这一点中，我们可以提到一个真的国家或一件真的艺术品，这是就更高深的意义而言的内容。如果这些物体是应有的样子，那它就是真的，也就是说，现实与概念是相符的。因此，不真的内容与其他所谓的坏内容是一样的。坏人是不真实的人，即一个不按照他的概念或目的行事的人。然而，没有任何内容可以完全脱离概念和现实的同一而存在。即使是坏的和不真的内容，也仅仅是在它的现实仍然以某种方式，按照它的概念表现出来的时候。绝对不合理的或与概念相矛盾的内容，正是因此而使自身走向毁灭。仅仅通过概念，事物才在世界中存在，即在宗教的表象观念的语言中存在：事物只有通过二者中固有的、神圣的和创造性的思想，才能构成二者的存在。

当人们谈到理念的时候，人们不应认为它是遥远的、超凡出世的内容，仿佛是脱离前面全部思维发展的内容。反之，理念是绝对存在的。同样地，理念也存在于每一个意识中，即使它被遮蔽或者消退了。人们把世界视为一个伟大的整体，由上帝创造而成，并以这样的方式让上帝在其中向人们展示自身。同样地，人们把世界看作是由神圣的天意所支配的。那么，这就意味着，世界上的外在因素，被永恒地返回到了二者所产生的统一体中，并在统一体不断发展。一直以来，哲学的研究重点在于，对理念予以思维的掌握中。具体来说，一切值得被称为哲学的内容，都是基于绝对统一性的认识，而这种统一性只适用于知性的分离。"思维是真理"这一命题的证明不是现在才提出来的论点。在过去，思维的贯彻和发展，都包含了对这一命题的证明。理念是这一发展的结果，然而，我们不能误以为，理念仅仅是在自身以外的内容为间接性。

恰恰相反，理念是它发展自身的结果。因此，它既是直接的，也是间接的。到目前为止，人们所研究的存在和本质的阶段，同样是概念和客观性的阶段。在二者的这种差异中，并不存在着一种固定的和自在的内容，而是证明其自身是辩证的，二者的真理仅仅存在于它们是理念的各个环节。

§ 214

理念可以被设想为理性，这是哲学真正意义上的理性，既可以被规定为主体和客体，又可以被规定为理念性与实在性、有限性与无限性、灵魂与肉体的统一，同样可以被规定为在自身中具有实在性的可能性，被规定为其本质只能被设想为存在的内容。原因在于理念包含了一切的知性联系，但是理念并不是把上述规定机械地凑合在一起，而是使这些对立关系被扬弃，再返回到具体的自身同一中。

【说明】知性的任务在于，指出理念所提到的一切自身是矛盾的。但是这种指责是不能成立的，或者说，在理念中已经可以找到反驳的观点。这项工作是理性的工作，当然也不像知性的工作那么容易。如果知性联系表明理念自相矛盾，比如主观仅仅是主观，而客观是与之相对的，存在与概念是截然不同的内容，因此不能从概念中推出存在来。同样地，有限仅仅是有限的，正好与无限恰恰相反，因此与它不同一等，通过一切事物的确定，逻辑反而推导出恰恰相反的情况。主观，它仅仅是主观；有限，它仅仅是有限；无限，它仅仅是无限的存在；等等。这些都没有真理，是自相矛盾的，都会过渡到自己的对立面。这样一来，过渡和统一的过程之中，两个极端是扬弃的统一，是假象或环节，理念便启示其作为它们自己的真理。

所以，用知性的方式去理解理念，会陷入双重的错误。一方面，它把理念极端化，但仍然在规定性和特性上，只要二者不在二者的具体内容统一性中，仍然是统一之外的抽象物。它对这种联系的判断也是错误的，即使它已经被明确提出；例如，它甚至忽略了判断之中的联系词的性质。这联系词表明，个体即是主体，主体反而不是个体，而是共体。另一方面，知性认为它的反思，即与自身同一的理念包含着自身的对立面，即矛盾，指的是一个不属于理念自身的外在反思。事实上，这并不是知性特有的智慧，理念自身就是辩证法。在辩证的过程之中，理念一直将与自身同一的内容与有差别的内容区分开来，将主观与客观、有限与无限、灵魂与肉体区分开来，只有在这种情况，理念才是永恒的创造，永恒的生机和永恒的精神。

因此，理念本身就是对抽象的知性的超越，或者说是将自身转化为抽象的知性，它同样是永恒的理性。理念是辩证法，指的是把对立面统一起来，回复到自身的辩证法，这种由统一到过渡对立、矛盾，然后又回复到自身的双重运动，既不是时间上的先后交替，也不是相互分离的，理念是这种双重运动的统一。这种双重运动不是暂时的，也不能以任何方式分离和区别开来，否则它又将仅仅只是抽象的知性。因此，理念是在对方之中，对于自身的永恒直观，也就是实现于客观性中的主观概念，或是主观概念本身就具有客观性。

把理念理解为，如理念性与实在性的统一、有限性与无限性的统一、同一与差异性的统一等，或多或少都是形式的。这意味着单纯的对立面只不过是某一阶段的规定性，而没有将其视为全体的概念。原因在于它们仅仅规定了特定概念中的某个阶段，而只有概念本身是自由的，才算是真正的普遍性。因此，在理念中，概念的规定性也同样只有概念自身，一个它作为普遍性继续过渡的客观性，在其中它只有它自身的全部规定性。理念是无限的判断，它的每一方面都是独立的同一，而且正因为每一方面都获得了充分的发展，所以也同样更多地传递给其他的方面。除概念本身和客观性外，任何其他特定的概念，在两个方面都能够达到完成的整体。

§ 215

理念在本质上是一个过程，因为就理念的同一性是概念的绝对的和自由的同一性来说，指的是绝对否定性，也就是上面所提到的双重运动的辩证法，故而理念是一个运动过程。概念作为特殊性的普遍性，规定了与它自身客观性的对立，接着又扬弃这种外在的对立，通过其内在的辩证法，将自身引回主观性。

【说明】在这里需要注意以下两点内容。第一，理念是一个过程。因此，理念是有限和无限的统一，指的是思维和存在的统一，这一说法是不准确的，因为统一仅仅表达了一种结果，或者说是静止的同一性。第二，理念是主观性的。具体来说，理念是从主观性到客观性，又返回到主观性的过程，但是这种表达同样也是错误的。原因在于，这里所提到的统一性，仅仅表达的是一种真正的统一的自在性、实体性。据此，无限与有限、主观与客观、思维与存在，似乎各层面中的二者是中和的。

但在理念的否定的统一中，无限性达到了有限性，思维达到了存在，主观性达到了客观性。这也就意味着，理念的统一，指的是主观性、思维、无限性，是不同于片面的主观性、片面的思维或片面的无限性的思维。因此，理念在本质上不同于实体，指的是一股能动的、创造的力量。

【附释】理念，作为一个过程，在其发展过程之中经历了三个阶段。理念的第一种形式是生命，即直接性的形式中的理念。理念的第二种形式是认识，即间接性或差别性的形式。这种认知的理念，采取了理论和实践的双重形式。认知过程的结果，指的是通过差异内容来丰富统一性。这样一来，就给出了理念的第三种形式，即绝对理念。与此同时，逻辑过程的最后一个阶段，同时表明其自身为真正的最初，并且只是通过自己本身而存在着。

（a）生　　命

§ 216

直接性的理念就是生命。概念是作为身体中的灵魂来实现的，身体的外在性，即灵魂自身的直接的普遍性，也是潜在的同一性。同样地，灵魂的特殊性也是如此。所以身体除在它躯体上的概念规定外，不存在其他的差异。与此同时，身体的个体性，指的是无限的否定性，扬弃了彼此外在的客观性以及独立持存的假象而返回到主观性的辩证法。

因此，在肉体之中，一切器官和肢体，都在不同时间段彼此互为目的和手段。而生命，由于它是最初的特殊性，作为否定的统一体存在于自身，并在身体中与自身辩证地结合起来。更为确切地说，生命，在本质上，指的是有生命力。根据其直接性，指的是有生命力的个体。在这个意义上，有限性的特点在于，为了理念的直接性，灵魂和身体是可以分离的，分离后这就构成了有生命事物的死亡。但只有在它失去了生命的情况下，这才构成了理念两方面的不同成分，即灵魂和身体。

【说明】身体的各个肢体器官，只有通过它们的统一性和与之相关的联系，才构成了身体的每一环节。举例来说，从身体上切断的手，仅仅只是名义上的手，但根据亚里士多德的说法，这只手不是内容实质。从理智的角度来看，生命往往被视为是神秘的，一般来说是不可理解的内容。然而，理智在此只承认其有限性和空疏性。实际上，生命，非但不是不可理解的内容，在生命里，摆在人们面前的是概念自身，更为确切地说，指的是作为概念存在着的直接的理念。那么，在这里，生命的缺失也直接显现出来了。然而，生命这一范畴的缺点在于，这里的概念和现实性还未曾真正地相互对应。但在另一方面，生命的每一阶段，生命的概念是灵魂，概念还是以灵魂的形态存在于身体之中。具体来说，灵魂就像被浇灌在它的身体中一样，所以灵魂仅仅是有感觉的，但还不是自由的、自觉的。这样一来，生命的过程，就在于克服它仍然被困于其中的直接性，而这种过程自身就是一个三重的过程，其结果就出现在判断形式中的理念，即作为认识的理念。

§217

有生命的事物，其中包含着三个环节的矛盾的统一，也就是说，是一个整体的推论。在这个统一体中，各个环节自身就是体系和推论（详见§198、§201、§207），但它们是主动的结论、进展的过程，而在有生命的事物的主观统一体中，仅仅只是一个过程。因此，有生命的事物，指的是它与自身结合的过程，这个过程分为三个阶段。

§218

（1）第一个阶段，即有生命的事物在生命自身内部的过程中。换言之，这个过程还没有涉及有生命的事物和其以外的事物的关系，也就是统一性分裂为多样性的过程，亦即自身发生分裂的过程。在这个阶段中，使自身发生分裂，它以身体为客体，而不以身体之外的事物为客体，也就是说，身体是无机性的。这一无机性，更为确切地说，各部分是彼此外在的，过渡到了不同的环节，在自身中的差异和对立，各自相互作用，各自相互同化，各自争取生存，在保持自身的同时，不断产生自身。但有生命的事物的所进行这种活动所获得的产物，仅仅只是主体的一种活动，它们的产物又返回到了主体。这样一来，在生命自身内部的过程，出现了有生命的主体，而且这一主体在自身中不断复制、产生自身。

【附释】有生命的事物自身的内部过程,从本质上来说,具有敏感、反感和繁殖(再生)这三重形式。在敏感的过程之中,有生命的事物与自身建立起直接且简单的联系,即灵魂。更为确切地说,灵魂无处不在,存在于它的身体和外在中,对于灵魂来说,已经不再是真理了。在反观的过程之中,有生命的事物在不断地分裂自身。在繁殖的过程之中,身体内部的各个肢体和器官互有不同差别,相互对立,从分裂自身之中返回到有生命事物的原有统一性,不断恢复自身,出现再生。有生命的事物,仅恃自身的内在这种不断更新的过程而持续其存在。

§ 219

(2)第二个阶段,即概念的判断,为了实现自由,着手把客观的无机的自然,与有生命的事物相互对立,建立起与自身的否定的联系,又潜在于客观的、有生命的事物,作为一个独立的同一,从自身中释放出来,作为一个直接的个体性,使之成为与自身对立的无机性的前提条件。因此,就其概念来说,有生命的事物,指的是包含着其否定面于自身之中,即无机的自然,而这正是概念本身的一个环节,这就意味着,有生命的事物本身,与它的具体概念相比,是片面的,因为其中仍没有包括无机的自然。在这个意义上,有生命的事物同时是具体的普遍性,相比较便有了缺陷。辩证法使自身虚无的客体进行扬弃,这就是对自身有把握的生命的活动。在这个过程中,有生命的事物,发挥自己的能动性,克服它与无机的自然之间的对立,从而保持自身,发展自身并使自身客观化。

【附释】有生命的事物与无机的自然之间的关系,是相互对立的,指的是有生命的事物主宰无机的自然过程,并与之同化。这种过程的结果,不像化学过程那样,不是双方中和,而是有生命的事物支配着无机的自然关系。这就意味着,在这种过程之中,互相对立的双方的独立性获得了扬弃,但有生命的事物被证明是凌驾于对方之上的,对方不足以抵抗它的力量。被生命征服的无机的自然,为了它自身的缘故而忍受这种征服，具体来说，原因在于有生命之物与无机的自然之间有着内在的统一性。一方面，无机的自然是自在的生命；另一方面，生命是自为的无机自然。对于有生命的事物自身而言，二者的结合，其实是自己与自己结合。当灵魂脱离身体后，客观性的基本力量开始发挥作用。可以说，这些力量不断地在有灵魂的有机体中开始与自然做斗争，不断发展自身，而生命就是与二者的不断斗争体现。有机物和无机物的同一和斗争的关系，就是有机物要同化它的过程。

§ 220

（3）第三个阶段，有生命的个体，在它的第一过程之中，具体表现为居于主体和概念的地位，并且经过第二个过程后，同化了它的外在客观性，从而它自身便取得了一种真实的客观性。这样一来，目前它在自身中是族类，指的是实质性的普遍性。族类的特殊性，在于有生命的主体与另一同类的主体之间的联系。然而，判断就是族类与这些彼此对立的特定个体之间的联系，这就是性的差别（Geschlechtsdifferenz）。

§ 221

族类的发展过程，能够促使族类发展为自为存在，因为生命仍然是直接的理念，所以族类的发展过程分裂为两个方面：一方面，原先简单的一般的生命个体，被设定为直接的，现在作为一个间接性和被产生的内容出现；另一方面，有生命的个体性，为了它最初的直接性与一般的否定联系，于是沉没于族类之中。

【附释】有生命的事物失去了生命，因为生命自身，指的是族类，指的是普遍性，却直接只作为一个个别的内容存在，这是一种矛盾。与此同时，它要通过个体的死亡来彰显自己支配个体的力量。对动物来说，族类的过程，指的是其生命力的最高点。然而，动物并不是为了自身的族类而存在，而是屈服于族类的力量而存在。直接的、有生命的事物，在族类的过程之中，发挥出自身的间接性作用，从而超越了它的直接性。这样一来，这个过程就是不断重新沦陷在直接性之中，因此生命最初只是没完没了地走向坏的无限进展的过程中。然而，从概念来说，通过生命的过程，需要扬弃这种直接性，而这一点只有人的认识才能做到，人的生命力超越于其他动物，就在于扬弃并克服了生命的理念的这种直接性。

§ 222

然而，生命的理念，其发展趋势是，不仅把自身从特定的直接的个体性中释放出来，而且是从最初的直接的个体性之中解放出来。只有如此，理念才能达到它自身，达到它的真理，即理念自身。更为确切地说，只有理念才能过渡到实存，摆脱个体性的束缚，而成为自在自为的、自由的族类，成为具有精神性和普遍性的族类。这就是精神的前进。

（b）认　　识

§ 223

理念是自由地、自为地实存着的内容。只要它把普遍性作为它的实存内容的一个环节，换言之，客观性是作为概念的自身而存在着的，它把理念自身为其对象，理念就是对象本身。理念作为被规定为普遍性的主观性，是在它自身内的纯粹差别，所以理念是一种直观。直观在这种同一的普遍性中保持着其自身。但作为特定的分类，它是更进一步的判断，以排斥自身作为同一，实际上，首先是把自身作为外在宇宙的前提。二者是两个自身同一的判断，但还没有被假设为同一，还没有实现其同一性。

§ 224

因此，这两个理念本身和作为生命的理念是同一的，但在彼此的联系中是相对的。这种相对性就构成了在这种领域内的有限性的规定，它是反思的联系。其原因在于，理念自身的区别，仅仅是第一判断，即预定假定，还不是作为一种设定。然而，对于主观的理念而言，客观性，指的是被发现的直接世界，或作为生命的理念，也即是在个体的实存的现象界。与此同时，在理念身上，只要这种判断是纯粹的区别（详见 § 223），理念是为它自身和别的他物。这样一来，理念就是自在自为的，存在于客观世界的同一的确定性。理性，带着绝对的信念出现在这一个世界中，并认为它可以确定主观世界和客观世界的同一，并将二者的同一性真正实现出来，并提升为真理。理性有一种内在的动力，试图克服两者的对立，而对立自身也是非真实的。

§ 225

总而言之，这一过程就是认识。在认识过程的单一活动中，主观性的片面性与客观性的片面性相结合，二者不断获得了扬弃。但这种扬弃，一开始只存在于自身之中。因此，这种认识过程自身，直接受到这一范围的有限性的影响，并被分裂为两重运动，两种完全不同的运动：一方面，指的是认识过程的主体，被动地在自身之中接受现存世界的客观性，并进入主观表象和思维，从而扬弃理念的片面的主观性的抽象性。另一方面，指的是在认识过程中主动扬弃客观世界的独立性的片面性，认识到客观世界本身是不真实的假象，一个巧合的结合体，其自身就是空洞的形式。与此同时，为了对其进行改造，认识过程凭借自己主观的内在本性。在这个意义上，本性在此被视为真正存在着的客观性，从而对世界做出规定。前者就所谓的理论活动，即认识活动本身，其目标在于认知真理。而后者是实践活动，目标是实现善的活动，即意志、理念的实践活动。

（1）认　　识

§ 226

认识的普遍有限性，即存在于一个判断之中，存在于对立的前提里（详见§224）。针对这一前提，认识活动的本身，指的是对认识活动进行否定。认识的有限性，通过自身的理念更确切地规定自身的过程。这种规定的过程，使认识从两个方面获得完全不同的形式。这两个方面都是完整的，但还是反思的关系，而不是概念的关系，即没有自觉到或明显建立起同一性。因此，将材料当作外界给予的予以同化，就好像是接受那些材料使它进入于同时外在于它的范畴，而这些范畴之间也没有内在的联系。这种认识过程实际是作为知性而活动的理性。因此，这种认识所能到达的真理，同样也仅仅是有限的真理。

【附释】认识的有限性，在于对一个已发现的世界进行设定，而认识的主体在此表现为一张白纸。这种观点为亚里士多德所有，尽管没有任何人比亚里士多德更认同这种外在的认识概念。这种认识方式还不知道自身是概念的活动，概念的活动仅仅是自在的，而不是自为的。这种认识过程，自身是被动的，实际上却是主动的。

§ 227

有限的认识，指的是把有差别的内容、与自身相对立的内容作为研究的对象，具有外在的自然或意识的多样性。（1）有限的认识，对于其活动形式而言，指的是形式上的同一或抽象的普遍性。因此，这种活动包括分解给定的具体事物，把它的各个差异分析、孤立起来，并赋予它们抽象的普遍性的形式。与此同时，分析法，将具体的内容作为基础，并通过从不重要的差别性和特殊性中，抽象出具体的普遍性，比如类、力、定律。

【附释】人们习惯于谈论分析法和综合法，仿佛人们选择并遵循这两种方法的内容实质的一种。然而，情况绝非如此。这取决于研究对象自身的形式，它取决于上述两种方法产生于有限认识的概念方法中的哪一种将被投入使用。首先，认识是分析性的。对它来说，对象采取了分离的形式，呈现为个体化的形态，而分析方法的活动即着重于从当前个体事物中求出其普遍性。在这个意义上，思维仅仅发挥抽象的作用，或者说，只有形式同一性的意义。这就是洛克和一切经验主义者所持有的观点。许多人说，认识作用仅仅在于将给定的具体对象分解为抽象的成分，然后孤立地考虑这些抽象成分。

很明显，这是在本末倒置，而想要理解事物的本来面目的认识，应该与自身产生了矛盾。例如，化学家把一块肉放进他的蒸馏瓶中，使用不少的方法对这块肉进行分解，于是他声称，自己已经发现这块肉是由诸多的元素组成的，例如氮、碳、氢等。但这些抽象的元素就不再是肉了。与此同时，信奉经验主义的心理学家将人的一个行为剖析为它所呈现的各个方面，然后将这些方面记录在它们的分离中现象的时候，情况也是如此，也同样无法认识到行为的真相。在这个意义上，分析研究的对象被看作一个洋葱，若是一层一层地剥开洋葱，那原本的洋葱就已经不复存在了。

§ 228

与此同时，这种普遍性（2）也是一种确定的普遍性。在这个意义上，活动继续存在于概念的三个环节中。概念，在有限的认识中，尚未达到其有限性，成为经过理智的规定的概念。将对象纳入形式的概念，即综合的方法。

【附释】综合法的运用，与分析法恰恰相反。分析法是从个体性发展到普遍性。而运用综合法，将普遍性作为定义，这就形成了一个出发点。从这点出发，通过特殊化，即分类，它发展到个体，即定理。因此，综合法便表明其自身为概念各环节在对象内的发展。

§ 229

（一）在认识过程之中，当对象首先被带到特定的一般概念形式内，使对象的类和普遍规定性被设定，这就是定义。它的材料和证明都是由分析方法带来的（详见 § 227）。然而，这里所提到的普遍规定性，仅仅表述了对象的外在标志，即为了识别而存在，它是外在于客观的存在，所得到的只有主观的认识。

【附释】定义自身包含了概念的三个环节：（1）普遍性，作为最近的类；（2）特殊性，作为类的特性；（3）个体性，作为被定义的对象自身。就自身定义而言，首先提出的问题是，定义从何而来，而这种问题要在定义产生于分析的意义上获得回答。然而，这直接引起了对提出的定义的合乎理性的争论。

要想获得这一问题的答案，取决于人们从哪种认识出发去下定义，以及人们心目中所采纳的观点。要定义的对象越丰富，也就是说，它为观察提供的各方面数据越多，从提出的定义而言就越能显示出不同之处。例如，有许多关于生命、国家等较复杂对象的定义。另外，几何学有许多定义，因为它所研究的对象、空间都极其抽象。与此同时，关于所定义的对象的内容，完全不存在必然性。在这个意义上，人们不得不承认，存在空间、植物、动物等，而不是由几何学、植物学等来说明上述对象的必然性。就这种情形看来，综合法和分析法一样都不适用于哲学，原因在于，哲学必须在一切事物面前，证明自身的对象的必然性。然而，在哲学中，已经有许多运用综合法的尝试。例如，斯宾诺莎从定义入手，认为实体即是自因之物。根据他的说法，在其定义中，思辨的真理已经确立了下来，但体现在论断的形式中。谢林的情况也是如此。

§ 230

（二）对于概念的第二环节的陈述，也就是把普遍事物的规定性进行划分，按照一种外在的观点将其进行分类。

【附释】这就要求分类是完整的，而这从属于划分的原则或依据，其原则是建立在它之上的划分，包含定义所指定的整个领域的范围。这样就更接近于分类，分类的原则取自被划分的客体自身的性质，因此，分类是自然的，而不仅仅是从属于人为的，即任意的、武断的。这样一来，以动物学为例，牙齿和趾爪主要被用作哺乳动物分类的基础，这是合乎道理的。其原因在于，哺乳动物自身，就是通过哺乳动物的身体的牙齿和趾爪部分来区分彼此的，由此确定不同类哺乳动物的普遍类型。一般来说，真正的分类需要以概念为标准。在这一点上，起初，概念包括三个环节，因而需要按照概念的三个环节划分为三类。然而，由于其特殊性分为两个部分，如此一来，分为四类也是可以的。在精神范围内，经常分为三类，这一点要归功于康德。

§ 231

在具体的个体事物中、定义中简单的规定性，被规定为一种联系，这种对象是一种有区别的规定的综合联系，也就是定理。这些规定的定理同一，因为它们是不同的，所以它们之间存在着一种间接性。因此，要把这些规定性综合起来，就需要提供材料来构建间接性的环节。通过这种间接性，就可以使这些规定性具有同一性。在这个意义上，构造就是为了提供间接性。

【说明】根据综合法和分析法之间的区别，一般来说，要使用哪一种方法没有硬性规定。如果按照综合法表现为结果的具体事物是设定好了的，那我们就可以从这种抽象的确定性出发，分析出许多命题作为结论。而这些命题，就构成了综合法中证明定理的材料。

这样一来，曲线的代数定义，指的是几何学中的定理。例如，毕达哥拉斯定理作为判定直角三角形的定义，通过分析会得出过去在几何学中的证明定理。选择证明方法的任意性，是从外在的设定出发的。根据概念的本质，分析法是排在第一位的，因为它首先必须把给定的经验的具体材料提升为普遍的抽象形式，然后才能在综合法中利用这些抽象概念，作为定义对其进行分析。

分析法和综合法都有其一定的适用范围，但对于哲学认识是无效的，不言而喻，因为它们把思维和存在的同一性作为前提。它们的认识方式，在其中表现为知性理智的方式和形式的同一。对斯宾诺莎而言，他主要是用几何方法来研究思辨的概念，但这一方法的形式主义是直接且显而易见的。通过乌尔夫的哲学理论，几何方法变得迂腐，就它的内容来说，也只是从理智的形而上学。近代以来，在哲学和科学中对这些方法的滥用，已经被所谓的构造方法的滥用取代。

在康德的影响下，这样的说法曾经一度非常盛行：数学构造了它的概念，这无非是在说，数学研究的不是概念，而是与感性直观的抽象规定。更为确切地说，概念的构造，指的是从感知中抽象出来的感性规定的陈述，即根据预先设定好的计划，以表格的形式对哲学和科学的对象进行分类，未经过任何概念的规定，只根据任性和随意性进行分类，被称为概念的构建。与此同时，这表明康德式的方法是一种形式主义。这就意味着，在这种形式主义的背后，可能存在着一种关于理念、概念和客观性的统一，以及理念是具体的内容。但这种所谓的构造，远远不能代表这种统一性，仅仅概念自身才具有这种统一性，同样地，那种直观的感性的具体性，也仅仅是理性和理念的具体性。

由于几何学的研究对象，与空间的感性以及抽象的直观有关，故而它可以毫无障碍地将抽象的理智的规定因素固定在空间中。因此，在几何学中，唯独有限认识的综合法才是最完善的。然而，在运用综合法的过程中，一旦遇到那无法比较、无法衡量和不合理的量，它就碰了壁。在这里，如果它想进一步确定，综合法就会超过理性原则的范围。在这里，正如前文所提到的一样，概念是恰恰相反的，所谓的合乎理性的内容，被视为是具有合理性的，但非理性的内容，反而是合乎理智的开端和迹象。当许多其他的科学走向抽象的理性的进展的限度的时候，由于它们不像空间或数，以一种简单的方式行事，所以它们能够轻而易举地超过这一限度。这样一来，它们便消除了同一的后果，从外在、表象观念、意见、看法作为研究的出发点，获取它们需要认识的内容或对象，往往是与前面恰恰相反的内容。这种有限的认识对其方法的性质及其与内容的联系的无意识，既不允许它认识到内在其进展中受到了定义、分类等的指导，受到概念规定的必然性的指导，也不允许它意识到它的限度。再者，当它过渡限度的时候，它处于一个知性的规定不再适用的领域，但它仍然以空疏的形式，在这一范围内被加以运用。

§ 232

有限的认识，通过证明所达到的必然性，也是外在的、主观的，只为主观的洞察力所规定。但在真正的、内在的必然性中，认识自身已经离开了它的设定和出发点，即现有和赋予它的内容。必然性自身，就是指自在自身的概念。更为确切地说，主观的理念便自在地达到了自在自为地规定了的，而不是被赋予的，只能通过主观活动的间接性才能达到。这样一来，这就意味着，这个能动的主体过渡成为意志的理念，而且这个主观的理念就是意志的理念。

【附释】认识通过证明而达到的必然性，与构成它的出发点的必然性恰恰相反。在它的出发点和认识中存在一个给定的和偶然的内容。然而如今，在认识运动的推论中，它知道这种内容具有必然性，而这种必然性是由主观活动来发挥间接性的作用。

同样地，主观性起初是相当抽象的，仅仅只是一张白纸，而现在证明的是发挥主导作用的原则。但在这个意义上，就存在着从认识的理念到意志的理念的过渡。更为确切地说，这种过渡包括这样一个事实：普遍性在其真理中应被理解为主观性，作为自己运动，和自己建立起联系的概念。

（2）意　　志

§ 233

主观的理念，作为自在自为的、自在的、简单的内容，指的是善。善，具有实现自身的动力，与真理的理念有相反的联系，要求改变当前世界，以符合主观的目的。一方面，这种意志具有设定的客体非真实的确定性。另一方面，作为有限之物，意志同时设定了善的目的，即主观的理念和客体的独立性。

§ 234

更为确切地说，意志活动的有限性处在对立矛盾之中。在客观的世界的自相矛盾的规定中，善的目的既已被实现，又没有被实现。意志既被确定为非本质的，又被确定为本质的，既是现实的，又仅是可能的。这种矛盾，表现为善的实现的无限进展，而在这种过程之中，善仅仅作为一种理所应当的内容被建立下来。然而，就形式来说，为了消除这种矛盾，需要扬弃纯粹的主观性的片面性，以及客观性的片面性，从而扬弃两者的对立。不仅如此，还需要扬弃生于普遍性的对立，换言之，要扬弃一般主观性的片面性。原因在于，这种新的主观性，即新创造出来的对立面，与以前存在的应当存在的主观性，没有什么区别。这种返回自身，同时是对自身的内容的回忆，也就是对自身中的善和双方的同一的回忆，对认识的理论态度为前提的回忆（详见 § 224），即客体是其中的实质和实体。

【附释】理智的重点在于如何认识世界。而另一方面，即意志的重点，则在于主观地把世界设定为理所应当的世界。直接的、现有的内容，不被意志视为一个固定不变的存在，而仅仅只作为一个假象，作为本身虚无的内容。在这个意义上，矛盾就出现了。在这里，人们掺杂了道德的立场。联系生活实际，根据康德哲学的基本观点，也根据费希特哲学的基本观点，善应当是需要人们实现的。人们必须努力实现善。这种观点表现为人们的意志活动的有限性和矛盾。然而，如果当时的世界像它设定为应当的那样，那意志的活动就会消逝。因此，意志自身要求存在的目的也无法被实现。这样一来，便已经正确地说出意志活动的有限性了。但这种有限性是不能停止的。正是意志自身的过程，通过这种过程，同一和包含在其中的矛盾获得了扬弃。这种和解包括意志在其结果中，回归到所假定的前提，因此，回归到理论和实践的理念的统一。意志清楚地认识到，目的作为自在自为之中的存在，而理智则掌握着作为真实概念的世界。这就是理性认识的真正态度。

虚无和消逝，仅仅只是一种表象，而不是世界的真正本质。世界的本质，指的是自在自为的概念，因此，世界真正本身就是理念。当人们认识到世界的最终目的正如它的永恒成就一样，不满足的努力也就消逝了。通常来说，这是年长者的立场，而年轻人则认为这个世界很糟糕，必须对世界进行一番全面的改造。另外，宗教意识认为世界是受上帝的旨意支配的，因此与它应当存在的内容相对应。然而，善与应当内容之间的这种统一，并不是一成不变的，而是发展的过程，善，即世界的最终目的，不断地创造自身，在精神世界和自然世界之间，仍然存在着区别：一方面，自然世界仅仅是不断地返回到自身，仅仅是循环重复；另一方面，精神不断地前进。

§ 235

因此，善的真理，被视为理论和实践的理念的统一，指的是主体和客体的统一，即善是在自身活动中实现的，客观的世界是在自身中实现的理念，这是因为理念同时永远地将自身确定为目的，并通过活动去实现善这一目的。更为确切地说，这种由认识有限性的分类，并通过善概念的活动，回归到认识和意志的统一，就是思辨的理念，即绝对理念。

（c）绝对理念

§236

作为主观和客观的统一体，理念，指的是以自身为对象，它自身即是客体，在理念中，前面所有的范畴和规定性都汇集在一起，融为一体。这样一来，这种统一是绝对的和全部的真理，所以绝对理念是精神，它是有着自我意识的、思维逻辑理念。

【附释】绝对理念既是理论与实践的理念的统一，也是生命的理念与认识的理念的统一。在认识中，人们的理念处于分离和差异状态之中，而认识的过程向人们揭示了，认识是对这种差异的克服，即对这种统一性的恢复，而这种统一性自身和它的直接性，首先是生命的理念。生命的缺点，在于仅是存在于自身的理念。另一方面，认识同样是片面的，而且只是自在自为的理念。这二者的统一性和真理性，就是自在自为的理念，因此也是绝对理念。迄今为止，人们在发展的各个阶段中，一直将理念作为人们研究的对象。然而，如今，理念自身就是客观的，自己以自己为对象。这是纯思，或者说是思想的思想，亚里士多德将其称为最高形式的理念。

§237

绝对理念，就其自身而言，由于没有过渡过程，也没有前提条件，根本就没有规定性，也就不会是流动的和明显的。绝对理念，指的是概念的纯粹的形式，作为主体，认识它自身。绝对理念本身，就是内容，因为它是区别于自身的理念性和区别于自身的同一。然而，在绝对理念中，形式的同一作为规定的内容体系被包含在内。这种内容是逻辑的体系。换言之，绝对理念仅仅是以整个逻辑体系作为自己的内容。所以，这个方法就是对理念各个环节发展的特定认知。

【附释】 当谈到绝对理念的时候，人们会认为它是现成的真理，且只有绝对理念才是合乎理性的结果。人们可以毫无顾忌地宣扬绝对理念的一切广度和深度。然而，在这个意义上，理念的真正内容，无非就是整个体系，人们迄今为止所研究的整个体系。因此，可以说，绝对理念就是普遍性，但普遍性不仅仅是一种抽象的形式，特定的内容作为另一种形式与之对立，而且是作为绝对的形式，一切的确定，由它所设定的全部充实的内容，都返回到其自身中所影响。更为确切地说，绝对理念被比作老人，它说出的宗教命题，甚至于孩子们看来，也是通俗易懂的内容。然而，对老人而言，这些命题包含其整个生命的意义。即使孩子理解了宗教内容，也仅仅是将其视为宗教内容。但对于老人来说，在宗教命题之外，却代指了全部生活和整个世界。

一般来说，人类的全部生活和构成其内容的个别事件也是如此。一切的工作都只针对目标，而当这一目标实现的时候，人们就会惊讶地发现，除自身想要的内容外，别的什么都不存在。在这一方面，关键在于整个运动中。当人们回顾他自己的生活经历的时候，或许会觉得目标是完全有限的，但目标，就是其日常生命的全部起起落落。那么，绝对理念的内容就在人们到目前为止的全部生活经历中呈现。

最后的结论为，这里每一阶段的展开，既是一个本质论意义上的发展过程，也是认识论意义上的自觉过程。与此同时，存在着一种哲学观点，即一切自身作为有限的事物而显现出来的事物，所取得的意义与价值，归功于它属于整体，并且是理念的一个有机的环节。

所以，人们已经知晓了内容，而人们还需知晓的内容，则是明白地认识到"内容是理念的有生命的发展"，而这种纯粹的回顾正好包含在理念的形式中。到目前为止，我们所研究的每个阶段都是绝对的形象，但起初是有限方式下的写照，因此在每一阶段，绝对促使自身走向整体，其展开就是人们所提到的方法。

§ 238

思辨方法的两个环节包括：（1）开端，它是存在或直接的。对于它自身来说，它是独立自为的，原因很简单，它是开端。但从思辨的理念来看，它是理念的自我规定。与此同时，这种自我规定，作为概念判断的绝对否定或运动的过程，对其加以判断，将自身确定为自身的否定。存在，对于开端这样一个抽象的肯定。这就意味着，它是否定的，本身就暗含着间接性的，是以无为前提的。然而，作为概念的否定，它存在于其异在之中，与自身和自身的确定性的完全同一。更为确切地说，它是尚未作为概念或自在自为的概念从而建立起来。从这个方面来说，这种存在，作为仍未确定的概念存在，即自在的、直接的、特定的概念，就像普遍性一样。

【说明】这样一来，逻辑学从直接的存在开始，是从直观和知觉出发的，因此是以有限的认识的分析方法作为开端。更为确切地说，逻辑学从普遍性出发，因此是以有限的认识的综合法作为开端。然而，由于逻辑学的理念，既是普遍的内容，又是存在着的内容即直接的概念自身，被概念所设定。这就意味着，逻辑学的开端既是分析法的开始，又是综合法的开始。

【附释】哲学的方法既是分析的，也是综合的，但不是在这两种有限认识方法的纯粹并列或交替的规定性上，而是以这样一种方式，即哲学的方法将分析和综合进行扬弃，并将其包含在自身之中，并相应地在其每一个运动中同时表现为分析法和综合法。哲学的思维，既是分析的，又是综合的。原因在于哲学的思维，只接受它的研究对象，即理念，并且采取放任的态度，似乎只观察对象或理念自身的运动和发展，如是而已。更为确切地说，概念的自我运动、自我规定，同时既是分析的，又是综合的。在这一点上，哲学思考完全是被动的。然而，哲学上的思维是综合的，并被证明是概念自身的活动。但为了达到这一目的，需要努力使自身、偶然的想法和特殊的意见中脱离出来。

§ 239

（2）进展。进展指的是理念所包含的原始统一的内容，并对其加以判断。直接的普遍性，作为自身的概念，即辩证法，促使它自身对于直接性和普遍性加以否定，从而使原本抽象的直接性降为环节。如此一来，进展对开端加以否定，或者说对最初者予以规定。因此，相关者也就显现了出来，而两个相异的方面的联系就是反思，反思是间接性的阶段。

【说明】这种进展既是分析性的，因为只有包含在直接概念中的内容，才能被内在的辩证法所设定；这种进展又是综合性的，因为这种差异还没有在这种概念中获得设定。

【附释】在理念的进展中，开端证明了它自身是自在自为的内容，即被设定的和间接性的内容，而不是实存的和直接的内容。朴素的唯物主义认为，只有对本身直接意识来说，自然才是最初的和最直接的内容，而精神则是以自然为间接性的内容。事实上，这就意味着，根据精神哲学所提到的精神，自然是由精神来设定的内容，指的是精神自身使自然成为其前提条件。

§ 240

进展的抽象形式，在"存在"的范围内，是从一方过渡到另一方；在"本质"的范围内，指的是映现在对立面；在"概念"的阶段中，指的是对立双方的同一，普遍性不仅与个体性相区别，而且能保持自身于个体事物之中，与个体事物之间具有同一性。

§ 241

在第二范围里，原先自在自为的概念得以分化，成为映现，因此自身是潜在的理念。第一范围的发展，也成为第一范围的回归，正如第一范围发展成为到第二范围的过渡一样。更为确切地说,只有通过这种双重的运动,对立双方的每一方实际上就是自身,因而就是全体,都完成了自身对同一的认识,此时双方都达到了内在的统一。只有当对立双方扬弃其自身的片面性时,统一体才不至于偏袒某一方。

§ 242

在第二范围里,有差别的对立双方发展到它原先的联系,即发展为它自身,这种矛盾表现在无限的进展中,只有在目的自身里才能得以解决。与此同时,只有在目的之中,互有区别的对立双方,最终被确定为概念中的内容。目的,指的是最初的否定,并且作为与它的同一,同样是自身的否定。在这个意义上,最初作为观念和环节的统一,获得了扬弃,同时被保存了下来。概念,通过它的差异和它的扬弃,它的潜在的不同的确定,与自身结合在一起,就是实现了的概念。更为确切地说,概念从自在自为的存在开始,通过分化,显现出了差异,再被扬弃,成为实现了的概念,便成为包含一切自在自为的内容,即理念。从作为绝对的最初理念来说,目的就是消除了开端是直接的东西,而理念是最终结果这种假象,从而达到"理念是唯一的全体"的认识。

§ 243

由此可见,实际上,方法也不是外在的形式,而是内容的内在形式,指的是内容的灵魂,方法与内容的不同之处,就在于内容是就其概念各个规定性来说的,方法则是对这个发展过程而言的。只有当概念的环节也在二者的规定性中成为其自身,作为概念的同一的时候,二者才会彼此区别开来。因为在概念的这一规定性或内容自身和形式将返回到理念,所以理念被呈现为系统的全体,就是唯一的理念。其特定的各个环节既自在的是同一概念,又通过概念的辩证法推演出理念简单的自为存在。就是以该种方式,逻辑学把握住了自身作为纯粹理念的概念,而收尾。

§ 244

理念，指的是自在自为的存在，根据这种它与自身的统一性来考虑，指的是直观理念；而直观的是理念自然。但作为直观的理念，是通过外在的反思，即知性思维，被设定了直接性或否定性的片面特性。然而，理念的绝对自由，就在于它不仅是过渡成为生命，也不像有限的认识那样，让生命映现在自身内，而是在自身的绝对真理中，它自己决定让它的特殊性环节，或它最初的规定和它的异在的环节，从自身中释放出来。直接的理念，作为它本身的反映，自由地从自身中同化为自然。

【附释】我们从理念开始，现在又返回到了理念的概念。这种到最开始的回归，也是一种进展。我们在开始时研究的是存在，是抽象的存在，现在则进入了作为存在的理念。然而，这种存在的理念即是自然。

图书在版编目（CIP）数据

小逻辑 /（德）黑格尔著；孙瑜，凌颖译 . —北京：中国华侨出版社，2024.6
ISBN 978-7-5113-8761-5

Ⅰ.①小… Ⅱ.①黑… ②刘… Ⅲ.①辩证逻辑
Ⅳ.① B811.01 ② B516.35

中国国家版本馆 CIP 数据核字（2024）第 099877 号

小逻辑

著　　者：（德）黑格尔
译　　者：孙　瑜　凌　颖
责任编辑：姜薇薇
封面设计：胡椒设计
经　　销：新华书店
开　　本：710mm×1000mm　1/16 开　　印张：22　　字数：308 千字
印　　刷：三河市华润印刷有限公司
版　　次：2024 年 6 月第 1 版
印　　次：2024 年 6 月第 1 次印刷
书　　号：ISBN 978-7-5113-8761-5
定　　价：78.00 元

中国华侨出版社　北京市朝阳区西坝河东里 77 号楼底商 5 号　邮编：100028
发行部：（010）64443051　　　传　真：（010）64439708
网　址：www.oveaschin.com　　E-mail：oveaschin@sina.com

如果发现印装质量问题，影响阅读，请与印刷厂联系调换。